模具 CAE 分析

主　编　黄　颖
副主编　刘万菊　李玉庆　周树银　张玉华
参　编　王　朋

北京理工大学出版社
BEIJING INSTITUTE OF TECHNOLOGY PRESS

图书在版编目（CIP）数据

模具CAE分析/黄颖主编. —北京：北京理工大学出版社，2020.1重印
ISBN 978-7-5640-6833-2

Ⅰ.①模…　Ⅱ.①黄…　Ⅲ.①注塑-塑料模具-计算机辅助分析-应用软件　Ⅳ.①TQ320.66-39

中国版本图书馆CIP数据核字（2012）第227167号

出版发行/北京理工大学出版社
社　　址/北京市海淀区中关村南大街5号
邮　　编/100081
电　　话/(010)68914775(办公室)　68944990(批销中心)　68911084(读者服务部)
网　　址/http://www.bitpress.com.cn
经　　销/全国各地新华书店
印　　刷/北京九州迅驰传媒文化有限公司
开　　本/710毫米×1000毫米　1/16
印　　张/11.5
字　　数/211千字
版　　次/2020年1月第1版第4次印刷
定　　价/32.00元

责任编辑/钟　博
责任校对/陈玉梅
责任印制/吴皓云

前　　言

计算机辅助工程（CAE）技术在当今的塑料工业领域得到了广泛应用。工程师们借助 CAE 技术可以全面把握塑料注射成型过程，寻求一种增加产量、提高质量、节省时间和费用的最佳方案。

CAE 软件的指导意义十分广泛，也非常实用。CAE 分析可以输出重要的设计数据，如压力分布、温度、剪切速率、剪切应力、速度等，设计者可由 CAE 获取诸如充填模式、熔合纹与气穴的位置、注射压力和锁模力大小、纤维取向、冷却时间、最终成型情况等信息。作为一种设计工具，CAE 能够辅助模具设计师优化流道系统与模具结构，协助产品设计师从工艺的角度改进产品形状、选择最佳成型性能的塑料，帮助模具制造者选择合适的注射机，指导模塑工程师设置合理的工艺条件。CAE 软件在优化设计方案方面更显优势，使用 CAE 分析可以对不同的成型方案进行反复的评测对比，寻求最优设计。同时，CAE 软件又是一种教学工具，通过对注射成型过程各阶段的定性与定量描述，CAE 能够帮助设计者熟悉熔体在型腔内的流动行为，把握熔体流动、保压、凝固的基本原则，帮助设计新手克服经验不足导致的偏颇，帮助有经验的工程师注意那些也许会被忽视的细节。

虽然 CAE 技术具有节省时间和原材料、降低废品率、提高产品质量、缩短产品开发周期等优势，但它并不是解决所有成型问题的万能方法。实际上 CAE 只是一种分析工具，用来帮助或完善工程师的设计而不是取代它们。因此，和其他工具一样，CAE 技术作用的大小取决于使用者的经验水平和熟练程度。确切地讲，CAE 分析结果的精度在很大程度上取决于设计人员提供的输入数据以及对输出结果的正确判断与解释。

现在有大量的书籍资料介绍注塑模具的设计，探讨注塑成型 CAE 开发原理的文献也很丰富，但关于如何使用 CAE 软件的资料仍然很少。本书的目的就是向读者介绍注塑成型的基本原理和 CAE 的使用经验，致力于填补信息资料在 CAE 软件实践应用方面的欠缺，以便大家更好地应用 CAE 软件，最大限度地发挥软件的指导作用。

本书要特别感谢华中科技大学模具技术国家重点实验室的软件研究人员提供的宝贵资料。由于编者水平和实际经验有限，错误和不足之处在所难免，敬请同行专家和业界先进批评指正。

编　者

目　　录

第一章　概　　述

华塑塑料注射成型过程仿真集成系统 7.5（HsCAE3D 7.5）是华中科技大学模具技术国家重点实验室华塑软件研究中心推出的注射成型 CAE 系列软件的最新版本，用来模拟、分析、优化和验证塑料零件和模具设计。它采用了国际上流行的 OpenGL 图形核心和高效精确的数值模拟技术，支持如 STL、UNV、INP、MFD、DAT、ANS、NAS、COS、FNF、PAT 等 10 种通用的数据交换格式，支持 IGES 格式的流道和冷却管道的数据交换。目前国内外流行的造型软件（如 Pro/E、UG、Solid Edge、I - DEAS、ANSYS、Solid Works、InteSolid、金银花 MDA 等）所生成的制品模型通过其中任一格式均可以输入并转换到 HsCAE3D 系统中，进行方案设计、分析及显示。HsCAE3D 包含了丰富的材料数据参数和上千种型号的注射机参数，保证了分析结果的准确可靠。HsCAE3D 还可以为用户提供塑料的流变参数测定，并将数据添加到 HsCAE3D 的材料数据库中，使分析结果更符合实际的生产情况。

华塑 HsCAE3D 7.5 能预测充模过程中的流前位置、熔合纹和气穴位置、温度场、压力场、剪切力场、剪切速率场、表面定向、收缩指数、密度场以及锁模力等物理量；冷却过程模拟支持常见的多种冷却结构，为用户提供型腔表面温度分布数据；应力分析可以预测制品在出模时的应力分布情况，为最终的翘曲和收缩分析提供依据；翘曲分析可以预测制品出模后的变形情况，预测最终的制品形状；气辅分析用于模拟气体辅助注射成型过程，可以模拟具有中空零件的成型和预测气体的穿透厚度、穿透时间以及气体体积占制品总体积的百分比等结果。利用这些分析数据和动态模拟，可以最大限度地优化浇注系统设计和工艺条件，指导用户进行优化布置冷却系统和工艺参数，缩短设计周期、减少试模次数、提高和改善制品质量，从而达到降低生产成本的目的。

1.1　系统功能

华塑 HsCAE3D 7.5 具有以下功能。

（1）支持通用三维造型系统的文件输入，能导入由 Pro/E、UG 等造型软件输出的多种零件数据，包括 stl，unv，inp，mfd，dat，ans，nas，cos，fnf，pat 等十种文件，并可以导入华塑网格管理器输出的 2DM 网格文件。

（2）数据管理器能更方便地集中管理分析数据与操作进程。

（3）支持开放式材料数据库、注塑机数据库、模具钢数据库、冷却介质数据库和填充物数据库，并提供了数据的导入和导出功能。

（4）强大的网格诊断和修复功能，可以为塑料注射成型过程模拟提供高质量的网格，保证分析结果的精度和可行性。

（5）快捷、实用的流道设计系统、多型腔设计系统，支持导入和导出 IGES 格式的流道。

（6）方便快捷的冷却系统设计，工艺条件设置，支持导入和导出 IGES 格式的冷却水管，并提供了对喷流管、隔板等各种冷却结构的支持。

（7）快捷的气辅设计，支持导入 IGES 格式的气道边界。

（8）塑料熔体的双面流流动前沿的真实显示，塑料熔体充模成型过程中的压力场、温度场、剪切力场、剪切速率场、熔合纹与气穴等的预测。

（9）实体流功能逼真地模拟了熔融塑料在模具型腔中的流动情形。

（10）制品任意截面上各种数据场的显示结果使用户能轻松地观察到制品内部各个不同的位置在不同时刻的各种数据，对实际生产具有更大的指导意义。

（11）注射成型冷却过程的模拟，为用户提供型腔表面温度分布数据，指导用户进行注射模温度调节系统的优化设计。

（12）适于热塑性塑料的应力/翘曲分析，可以预测制品在保压和冷却之后，出模时制品内的应力分布情况，为最终的翘曲和收缩分析提供依据；并可以预测制品出模后的变形情况，预测最终的制品形状。

（13）气辅分析用于模拟气体辅助注射成型过程，在进行好充模设计和气辅设计之后，气辅分析可以预测气体的穿透厚度、穿透时间以及气体体积占制品总体积的百分比等结果。

（14）简体中文、繁体中文、英文 3 种语言版本，网页、Word 2 种格式的分析报告的自动生成。

（15）注射机和模具动作仿真模拟，对成型过程中的模具与注射机运动、塑料传输过程及相关的压力、温度等物理量进行模拟仿真，实现注射成型过程的可视化。

（16）批处理功能支持多个分析方案的连续分析。

（17）提供了方便快捷的视图操作功能，支持各种视图操作方式的自定义设置。

（18）支持多窗口、多任务工作模式使方案的对比更加方便。

1.2 新增功能

华塑 HsCAE3D 7.5 新增功能介绍如下。

（1）高质量的网格。全面提高了自动生成的网格的质量，提高了分析结果的准确性与精度；提供了更丰富的网格诊断和修复功能；提供了对网格质量的评价，更方便评价分析结果的准确性。

（2）更快更准的流动分析。采用了全新的流动分析算法，使得流动分析计算更加迅速，流动过程预测更加准确，熔合纹的预测更加准确。

（3）更精确的保压分析。采用了全新的保压分析算法，保压过程的温度、压力结果预测更加准确。

（4）更快更健全的冷却分析。全面改进了冷却分析算法，大幅度提高了冷却分析的计算速度；提供了对无冷却系统注塑成型的支持。

（5）更准更完善的应力翘曲分析。高质量的网格、准确的流动保压结果为更准确的应力翘曲分析结果提供了前提；改进的应力翘曲算法使得应力翘曲计算更加完善。

（6）气体辅助注射成型过程模拟。新增的气辅模块用于模拟气体辅助注射成型过程，在进行好充模设计和气辅设计之后，气辅分析可以预测气体的穿透厚度、穿透时间以及气体体积占制品总体积的百分比等结果。

（7）方便的图形操作。提供了图形操作功能的自定义，可以设置旋转、缩放、平移等操作的快捷方式，使这些操作符合使用者的使用习惯。

（8）更加完善的流道系统设计。提供了更加完善的流道系统设计，允许随时进行撤销、重做操作，添加了对扇形浇口的支持，并允许从 IGES 文件中导入流道系统。

（9）更加强大的冷却系统设计。冷却系统设计支持高级编辑功能，平移、阵列、复制、粘贴功能使冷却系统设计更加方便快捷，回路信息和冷却介质设置更加完善，允许从 IGES 文件中导入冷却系统并进行编辑。

（10）更加齐全的材料与注射机数据库。当前系统支持更多种类的塑料材料，系统当前支持的塑料种类达 8 000 余种；提供了更齐全的数据库查询和备份功能。

（11）丰富的分析结果。添加了流前温度、入口压力曲线等更多的分析结果，提供了更加直观的结果显示方式。

（12）支持工具栏与快捷键的自定义。

（13）工艺条件设置：提供了更多的注射参数设置方式和保压参数设置方式，使注射成型工艺条件设置更方便，更贴近实际。

（14）浇口位置优化：自动计算制品上的最优浇口位置。

（15）多型腔设计过程的镜像功能：在多型腔设计过程中，提供型腔镜像的功能，节省了左右对称的制品采用一模多腔方案时的网格划分与修复的时间，方便了流道系统设计和冷却系统设计。

（16）冷却系统设计：在华塑 CAE7.5 中，冷却回路不再依赖于参考面，允许自由建立冷却回路。冷却系统设计更加方便。

（17）熔合纹预测算法改进：改进了熔合纹预测算法，使得熔合纹的预测更加准确。

（18）图形工具栏增加了视图锁定功能。

（19）充模系统设计增加了 U 型流道。

（20）冷却系统设计增强了部分功能：螺旋管、隔板和喷流管增加了空间定位功能。

（21）冷却分析：实现了冷却分析的并行计算。采用高效的并行计算模式和算法，大大提高了计算速度。

（22）翘曲分析：改进了翘曲分析算法，大大提高了复杂零件翘曲分析结果的准确性。

（23）后处理增加了设置绘制类型和动画生成功能：①设置分析结果的绘制类型，如颜色图和等值线。②AVI 动画生成。

1.3 功能特色

华塑 HsCAE3D 7.5 功能特色如下。

（1）三维真实感塑料注射成型过程仿真集成系统，包括了流动、保压、冷却、应力、翘曲、气辅全过程的模拟。

（2）方便地显示流动前沿、温度场、压力场、剪切力场、剪切速率场、型腔温度分布、制品翘曲变形、气体穿透厚度、气体穿透时间等用户关心的模拟结果。

（3）自动预测熔合纹和气穴的位置。

（4）支持国内外塑料数据库，可以测试并添加新获得的塑料流变数据以形成具有企业特色的数据库。

（5）支持 Windows 98/NT/2000/XP/2003 Server 等中文简体、繁体和英文操作系统。

1.4 运行环境

硬件最低配置：内存≥256 M，CPU≥600 MHz，20 G 硬盘空间，显卡分辨率 800×600 24 位色。

软件最低配置：Windows 2000、Windows XP、Windows 2003 Server 等，OpenGL 1.1。

硬件推荐配置：内存>512 M，CPU 2.4 GHz，40 G 硬盘空间，显卡分辨率 1 024×768 24 位色。

操作系统：Windows 2000，OpenGL 1.1。

1.5 HsCAE 的安装

1. 说明

华塑 CAE 系统分为教学版和企业版两种版本，您可以参考安装光盘上的标志符号确定您所购买的华塑 CAE 系统版本。

在安装华塑 CAE 时，如果您购买的是多节点的华塑 CAE，您必须在使用华塑 CAE 的计算机所在的局域网内的任意一台计算机上安装华塑加密狗服务器程序。

2. 硬件环境

（1）CPU 600 MHz 以上；

（2）内存 256 M 以上；

（3）显卡分辨率 800×600 以上，支持 OpenGL 1.1 以上；

（4）硬盘 500 M 以上空余空间；

（5）光驱 CD 或 DVD 光驱。

3. 软件环境

（1）预安装中文操作系统 WIN 2000/XP 或 WIN 2003 Server 系统；

（2）安装了 Office 2000 或更高版本（生成分析报告必备）。

4. 软件安装步骤

华塑 CAE 系统的安装分为华塑 CAE 主程序的安装、加密狗服务器程序的安装、加密狗驱动的安装三个部分。

5. 华塑 CAE 主程序的安装

（1）将华塑 CAE 系统安装光盘插入光驱后，将出现如图 1-1 所示的欢迎界面。

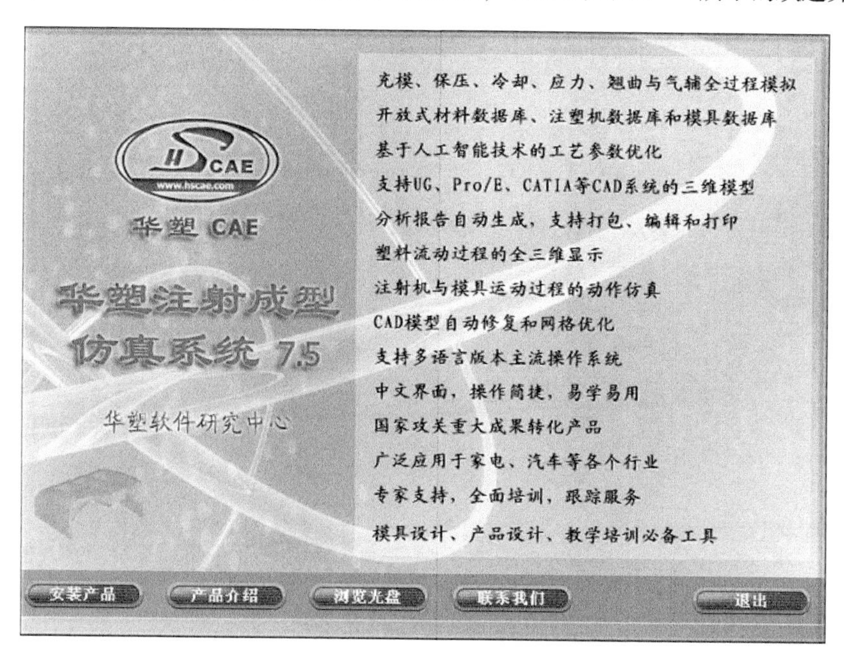

图 1-1 欢迎界面

（2）选择图 1-1 中的“安装产品”后，出现如图 1-2 所示的界面，在“华塑注射成型仿真系统 7.5”项下单击“安装”按钮。

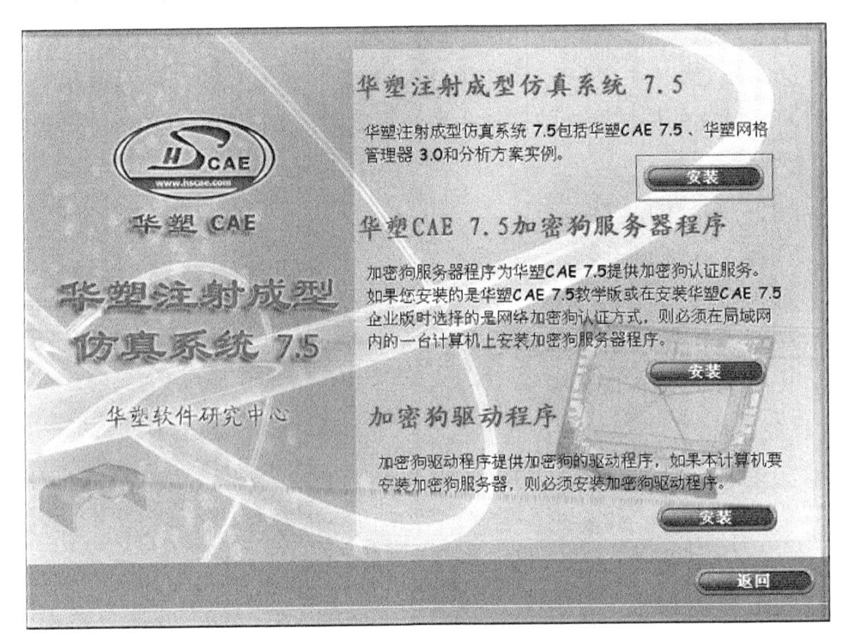

图 1－2　安装产品界面

（3）进入华塑 CAE 主程序的安装后，首先是欢迎界面（如图 1－3 所示），选择“下一步”按钮。

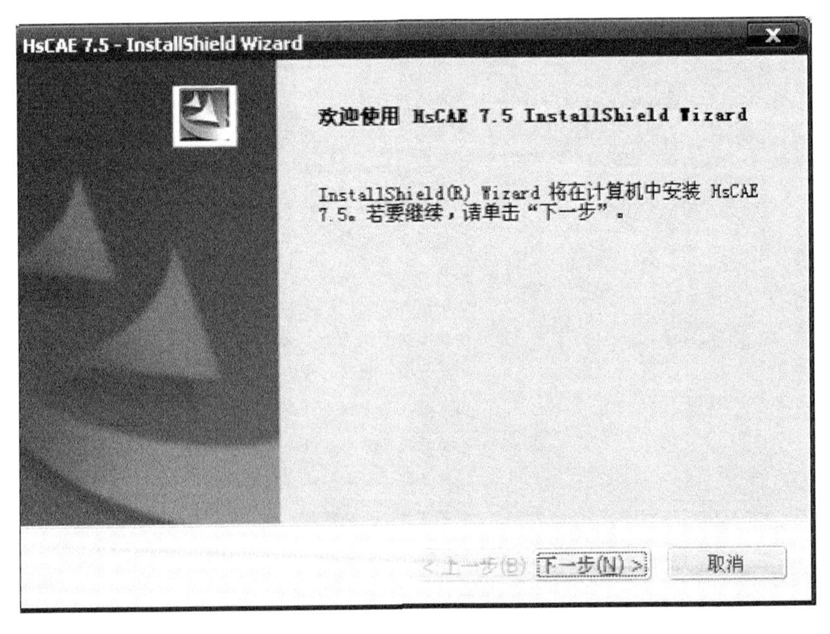

图 1－3　华塑注射成型仿真系统欢迎界面

（4）在如图 1－4 所示的软件“许可证协议”中，必须选择“我接受许可证协议中的条款”才能单击“下一步”继续安装。

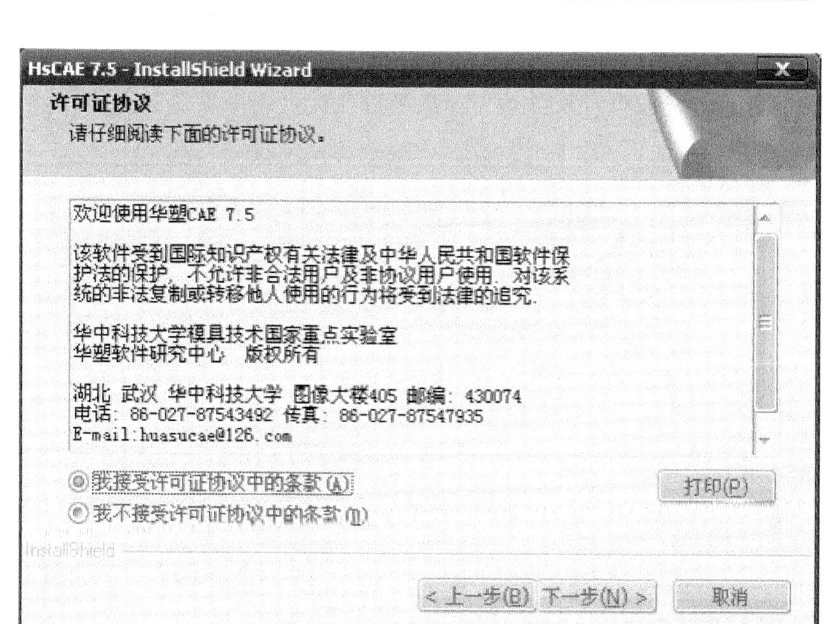

图 1-4 软件“许可证协议”

（5）在图 1-5 中选择软件安装的路径后单击“下一步”按钮。注意必须保证选择的路径有足够的空余空间以便安装本软件。

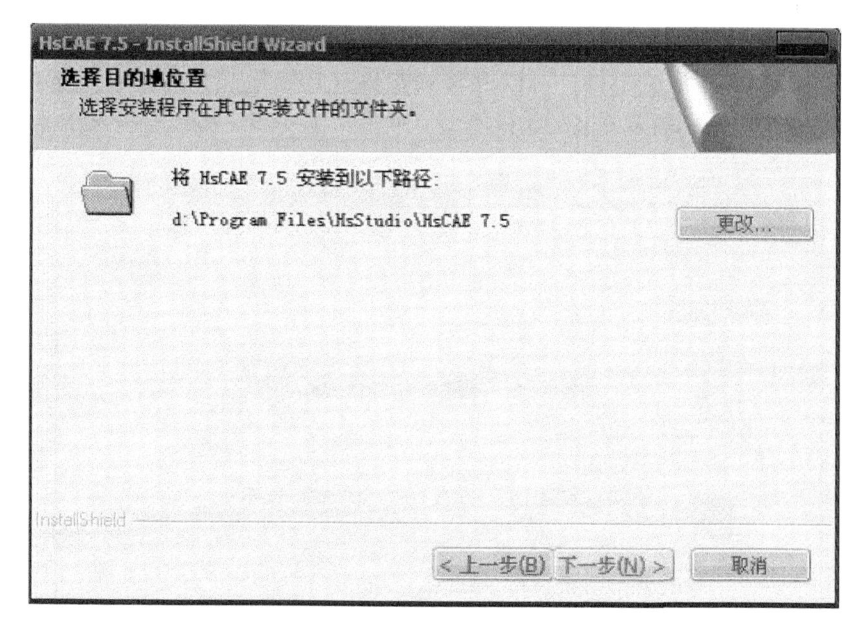

图 1-5 选择软件的安装路径

注意：如果图 1-1 中的欢迎界面没有出现，您可以打开光盘，双击 autorun.exe 运行该程序。

(6) 在图 1-6 所示的页面中，选择分析方案存放的路径。分析方案存放的路径是您的分析方案数据存放的地方，您可以在此处选择默认的安装路径，然后选择下一步。

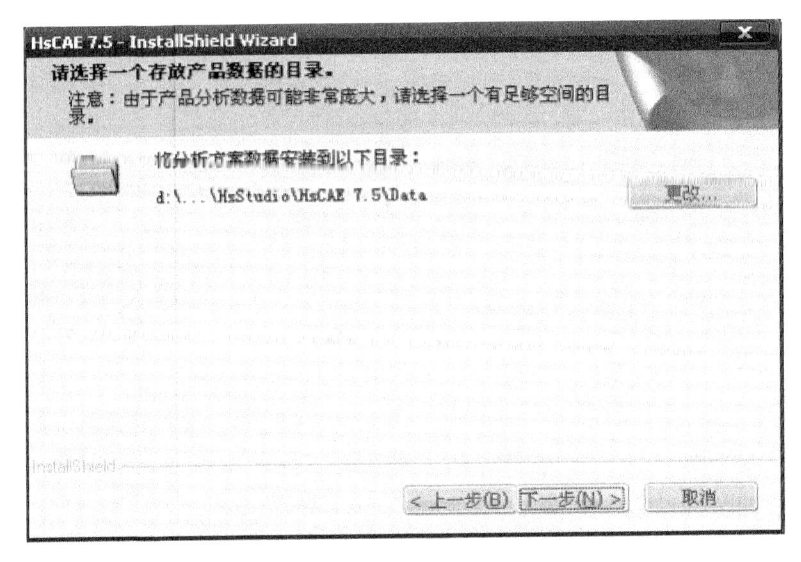

图 1-6　选择分析方案数据的路径

在华塑 CAE 中的系统设置功能可以更改分析方案存放的路径。

(7) 在图 1-7 所示的选择安装类型的页面中，如果选择“全部”，系统将安装全部的华塑 CAE 系统组件，可以跳转到步骤（10）继续安装；如果选择的是“定制”，则可以定制需要安装的组件类型，单击“下一步”按钮，进入步骤（9）。

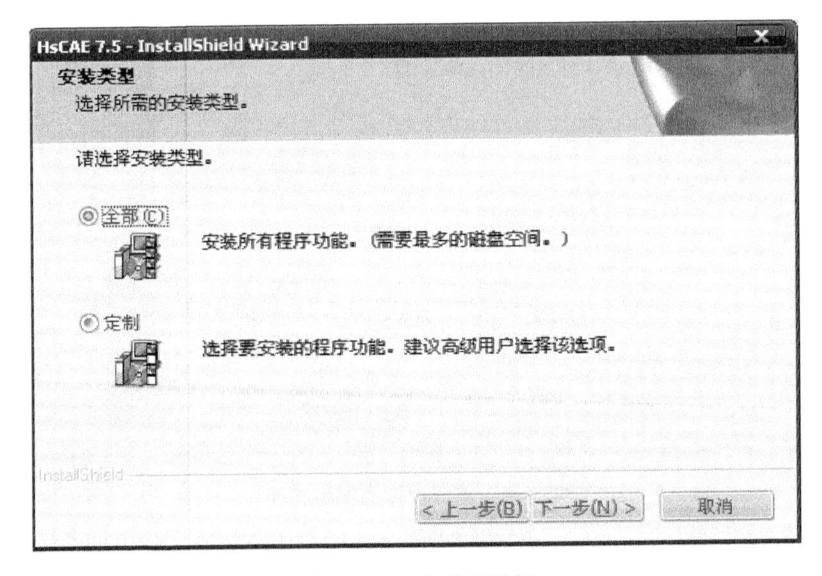

图 1-7　安装类型选择

（8）如果在图 1 –7 中选择的是定制安装，则会出现图 1 –8 所示的选择安装组件的页面，在该页面中，选择需要安装的组件后单击“下一步”按钮。

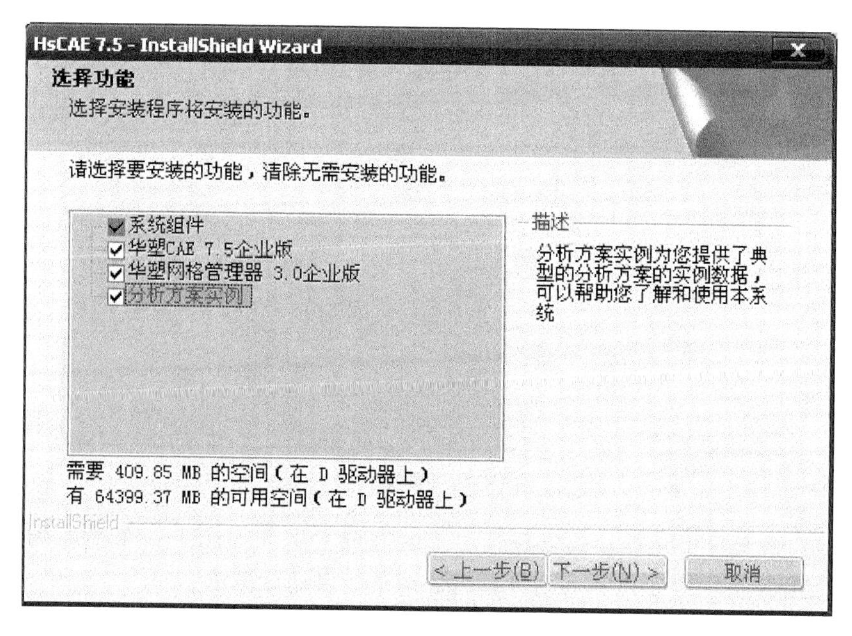

图 1 –8　安装组件选择

（9）在出现图 1 –9 所示的开始安装页面中，单击“安装”按钮，便进行华塑 CAE 系统的安装。在安装过程中，将会出现如图 1 –10 所示的安装进度页面。

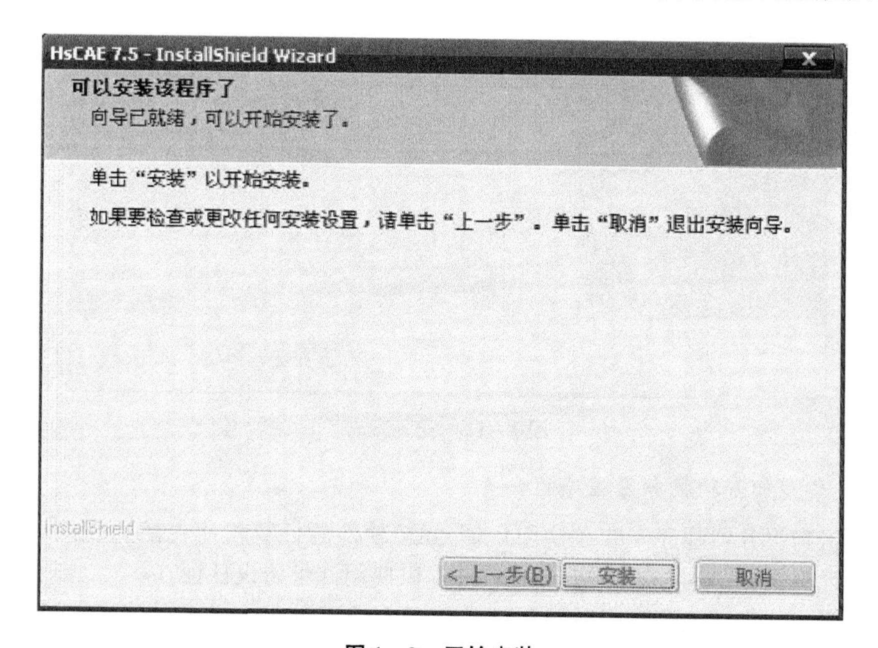

图 1 –9　开始安装

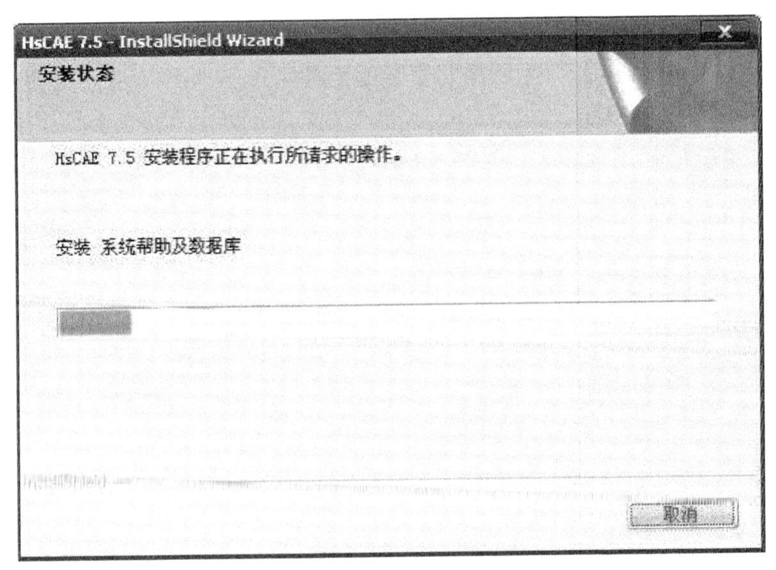

图 1-10　安装进度

（10）在安装完成后，系统将提示安装完成，出现如图 1-11 所示的页面。如果安装程序提示需要重新启动计算机，请重新启动计算机。

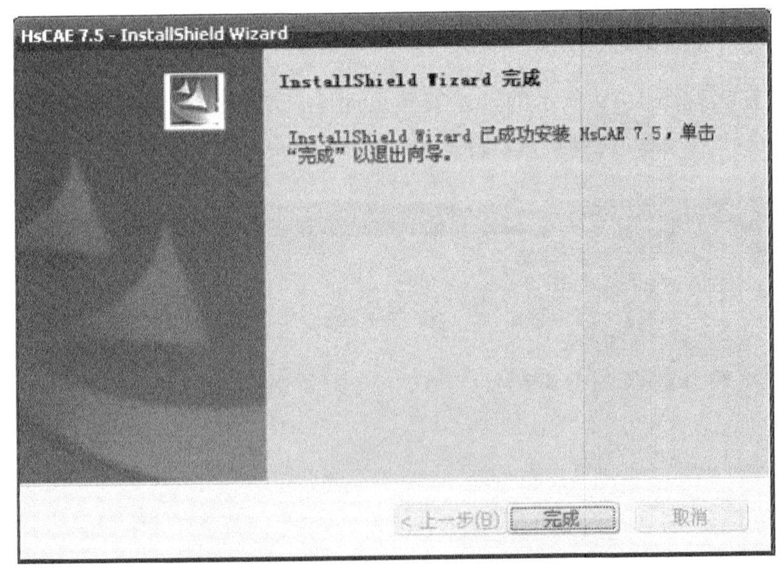

图 1-11　安装完成

6. 华塑加密狗服务器程序的安装

加密狗服务器程序安装在使用华塑 CAE 软件的计算机所在的局域网内的任意一台计算机上，用于为华塑 CAE 软件提供使用许可协议认证。

需要安装华塑加密狗服务器程序的情况有购买的是多节点的华塑 CAE 和在安装华塑 CAE 主程序时选择的是网络加密狗的认证方式。

（1）将华塑 CAE 系统安装光盘插入光驱后，将出现如图 1－12 所示的欢迎界面。

图 1－12　欢迎界面

注意：如果图 1－12 中的欢迎界面没有出现，则可以打开光盘，双击打开 autorun. exe 程序。

（2）选择图 1－12 中的“安装产品”按钮后，出现如图 1－13 所示的界面，在“加密狗驱动程序”项下单击“安装”。

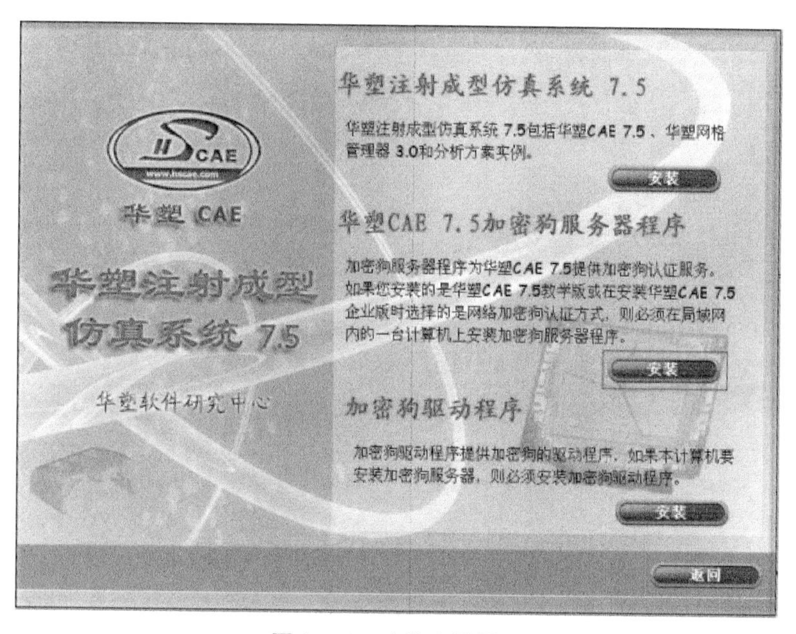

图 1－13　安装产品界面

(3) 进入华塑 CAE 加密狗服务程序的安装后，首先是欢迎界面（如图 1－14 所示），单击“下一步”按钮。

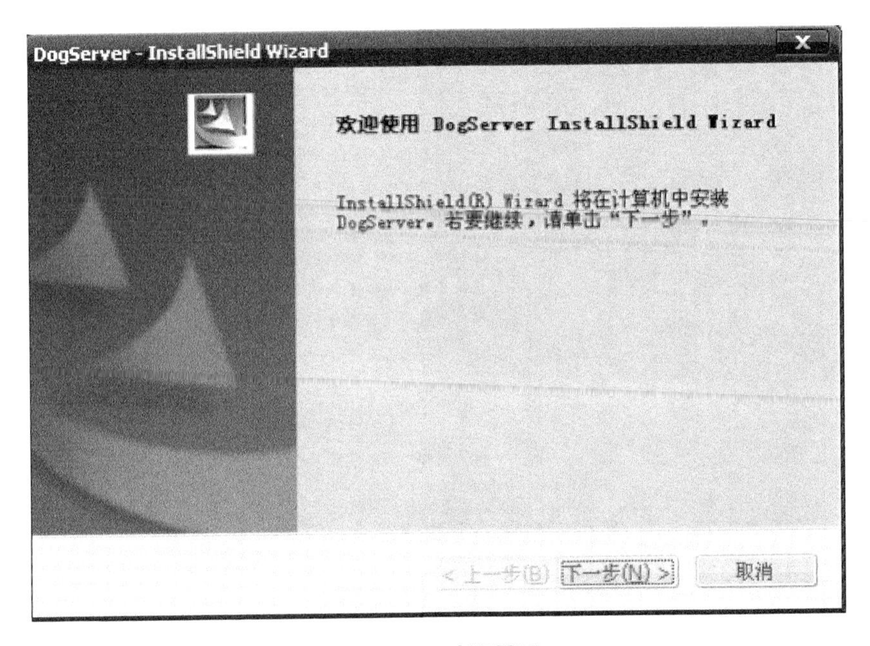

图 1－14　欢迎界面

(4) 在如图 1－15 所示的软件“许可证协议”中，必须选择“我接受许可证协议中的条款”才能选择“下一步”继续安装。

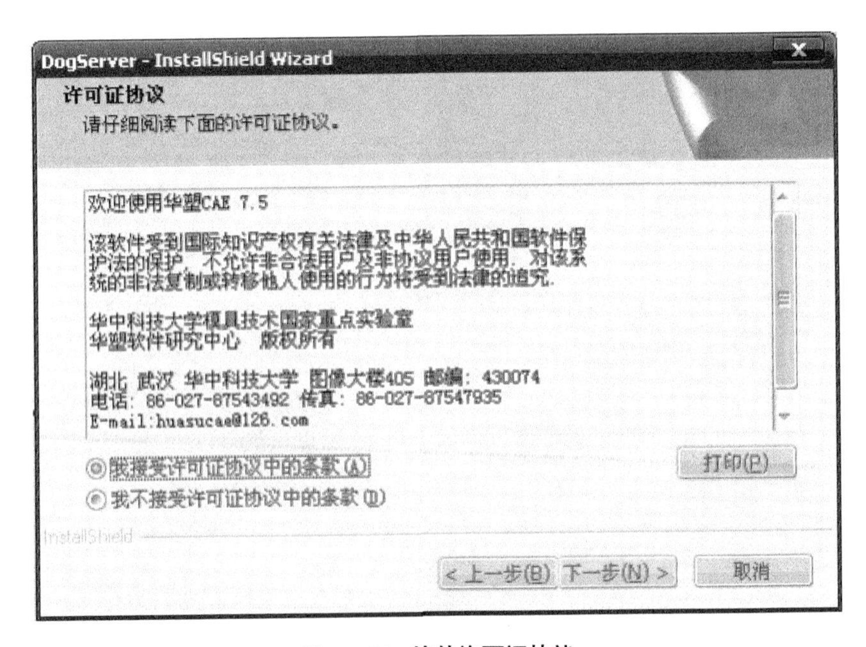

图 1－15　软件许可证协议

（5）在图 1－16 中选择软件安装的路径后单击“下一步”按钮。注意：必须保证选择的路径有足够的空余空间以便安装软件。

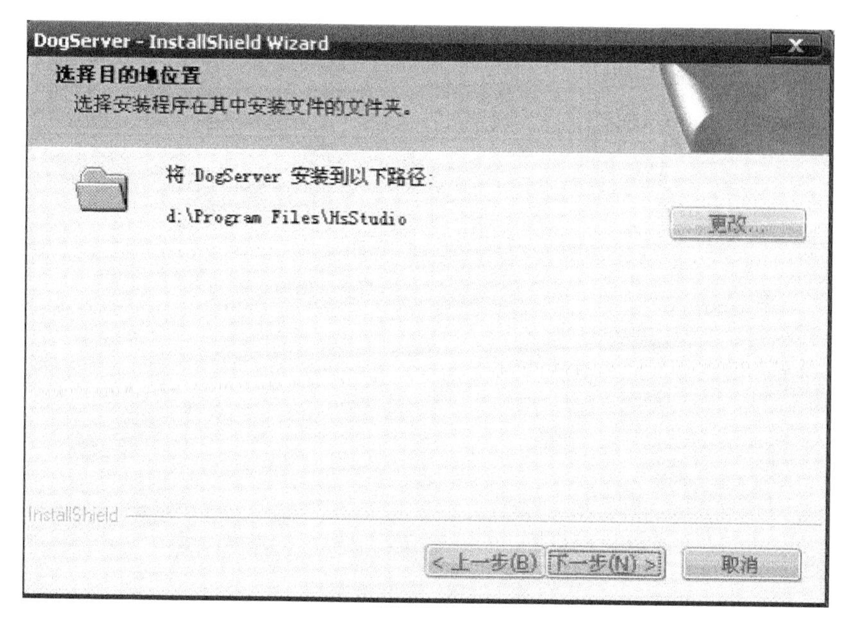

图 1－16　选择软件的安装路径

（6）在出现的如图 1－17 所示的开始安装页面中，单击“安装”按钮，即可进行华塑加密狗驱动程序的安装。

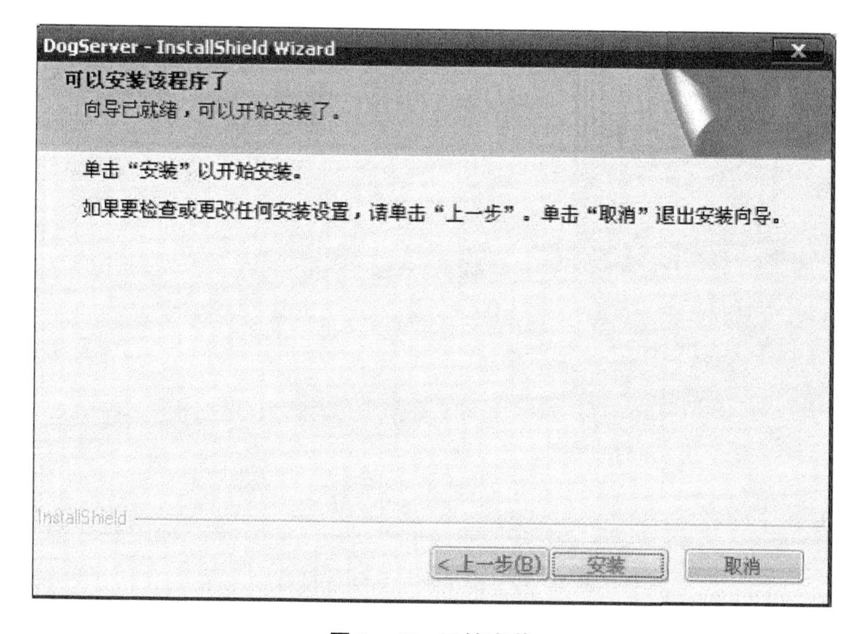

图 1－17　开始安装

在安装过程中，将会出现如图 1－18 所示的安装进度页面。

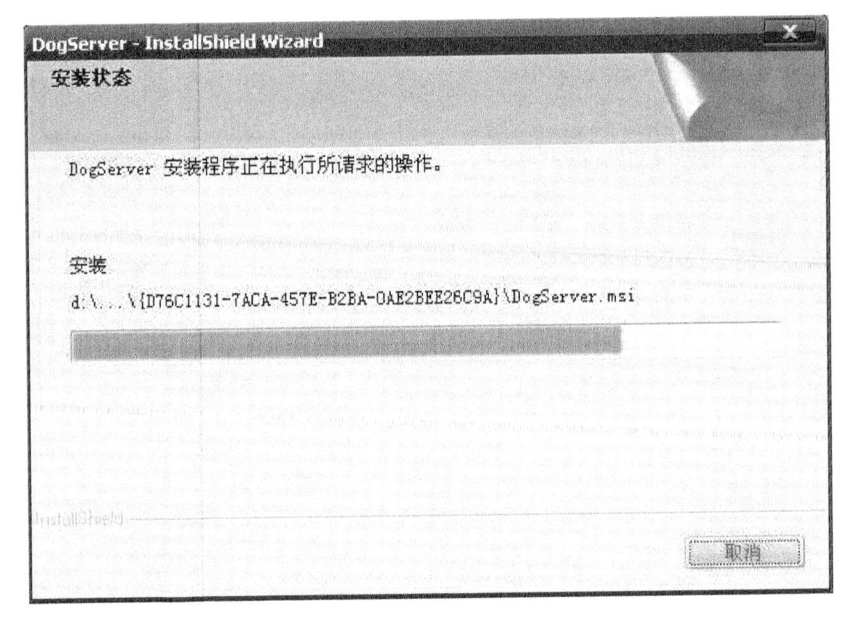

图 1－18 安装进度

（7）在安装完成后，系统将提示安装完成，出现如图 1－19 所示的页面，安装程序提示需要重新启动计算机，请重新启动计算机后进入步骤（8）。

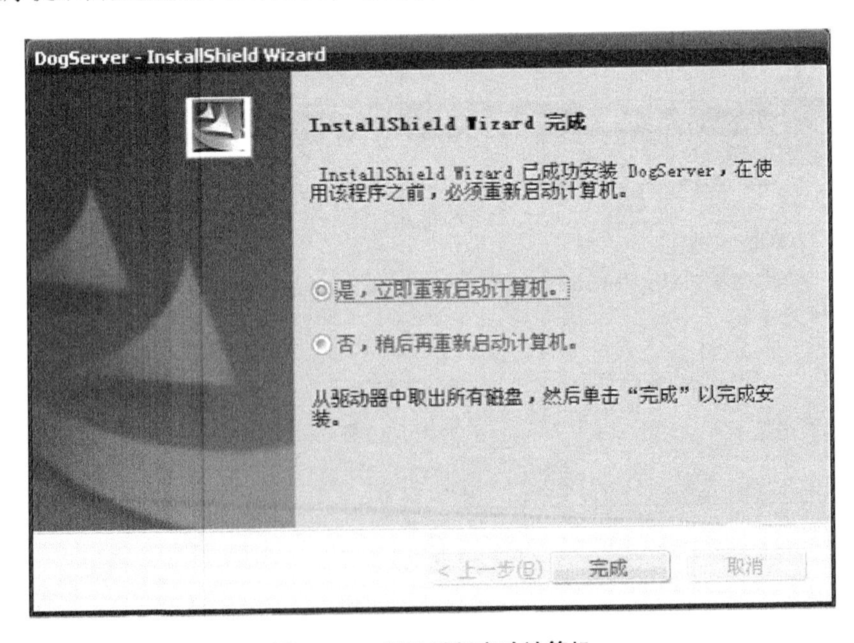

图 1－19 提示重新启动计算机

（8）重新启动计算机后，在开始菜单中启动加密狗服务器程序，如图 1－20

所示。

图1－20 启动加密狗服务器程序

（9）当启动加密狗服务器程序后，出现如图1－21所示的界面，请选择“允许同一客户端重复登录”，以保证华塑CAE系统和网格管理器系统能够同时使用。至此，加密狗服务器程序安装完毕。

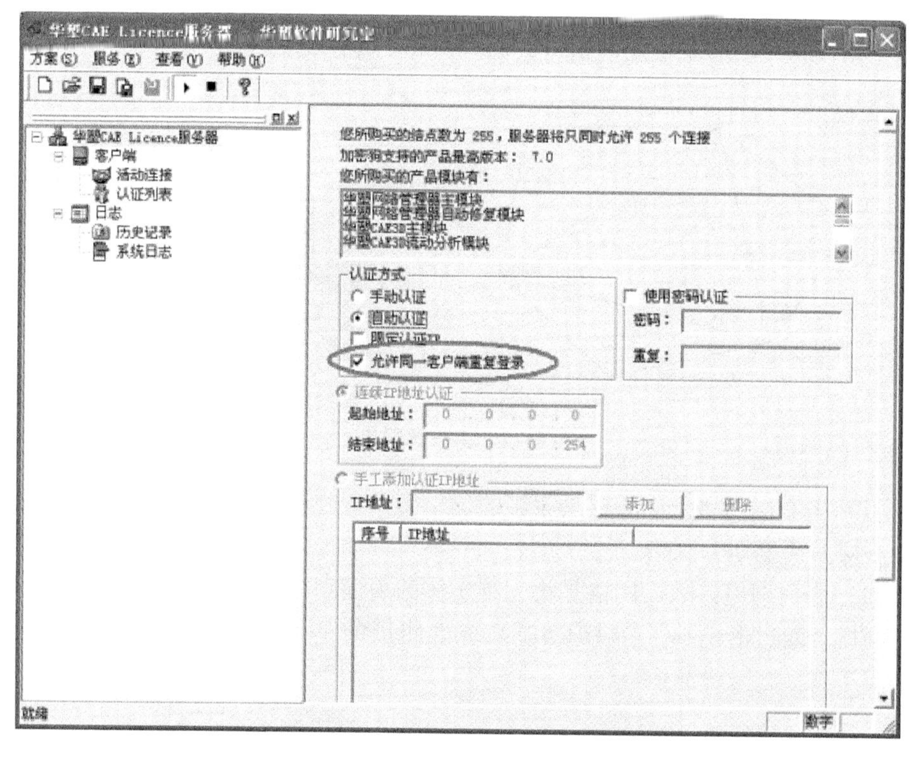

图1－21 加密狗服务器程序设置

第二章　模型导入与网格修复

2.1　网格的概念

网格，即有限元网格是用简单的图形（例如三角形、四面体）来描述实体的几何形状而形成的网状连接体，这些简单的图形只在顶点（在网格中叫节点）处连接，它是有限元分析的基础，如图 2－1 所示。注塑模领域，网格的发展经历了多个阶段，主要有中心层网格、表面网格和实体网格。

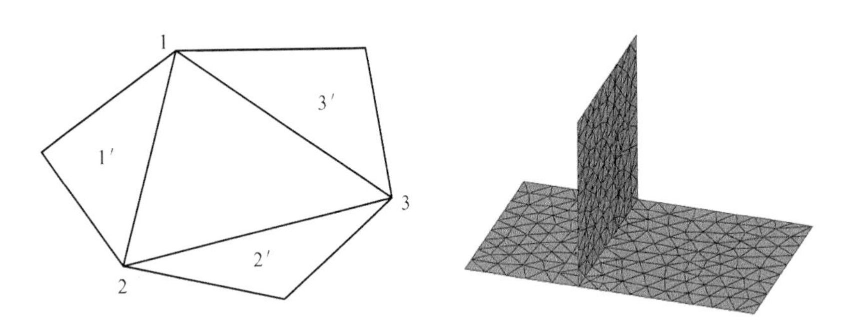

图 2－1　有限元网格

（1）中心层网格。中心层是假想的位于模具型腔和型芯中；而中心层网格是在中心层曲面上划分网格。

（2）表面网格。表面网格是将三维实体的表面划分成简单的单元。常见的有三角网格、四边形网格。在 HsCAE 系统中使用的是表面三角网格，如图 2－2 所示。

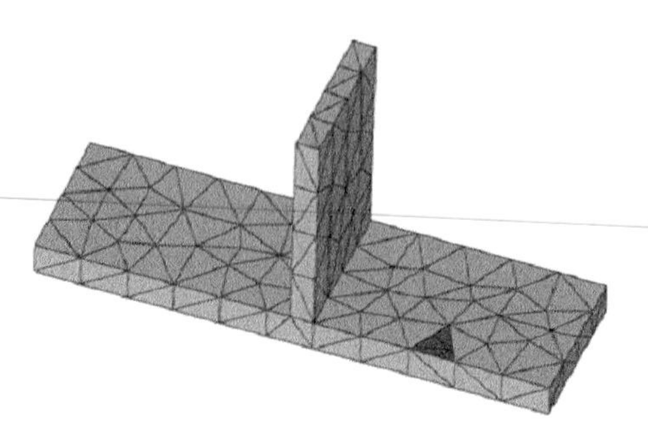

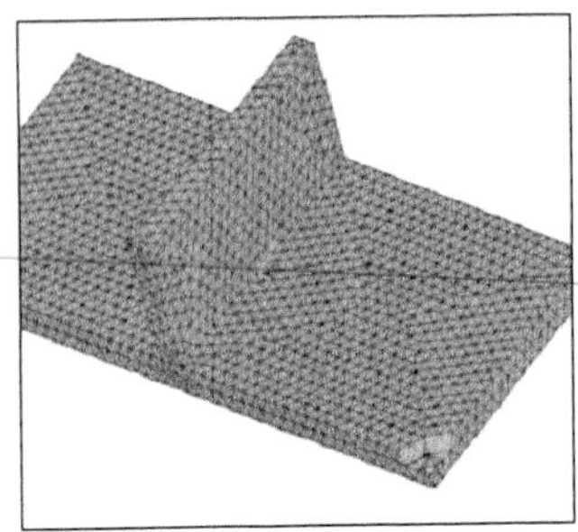

图 2－2　表面三角网格

（3）实体网格。实体网格是将零件实体本身剖切成简单的单元，这些单元都是三维的。常见的实体网格有四面体网格、立方体网格、三棱柱网格等。实体网格的数量巨大，目前的算法只能用于形状简单的制品，不能大面积推广应用。

（4）STL 网格。华塑 CAE 导入的网格多为 STL 网格，它是一种通用的接口文件，其包括的信息有三角形三个节点的坐标和三角形的法矢。STL 网格不能直接用于有限元分析，如图 2－3 所示。

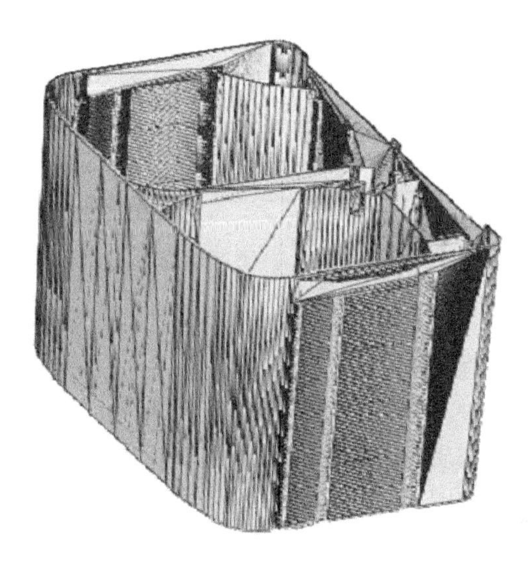

图 2－3　STL 网格

（5）2DM 网格。华塑 CAE 系统用于有限元分析的网格是 2DM 网格。它不仅无冗余地包括了 STL 的所有信息，为了便于分析处理，它还包括配对节点和单元的厚度信息。因为 2DM 是表面网格，所以在厚度方向对应面上建立关联关系来约束塑料的流动，如图 2－4 所示。

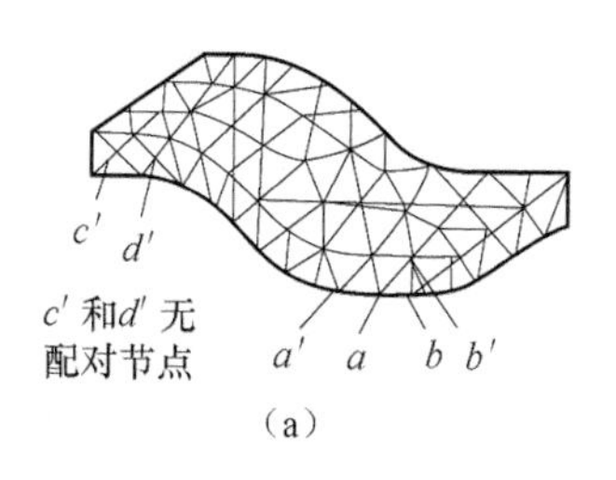

（a）

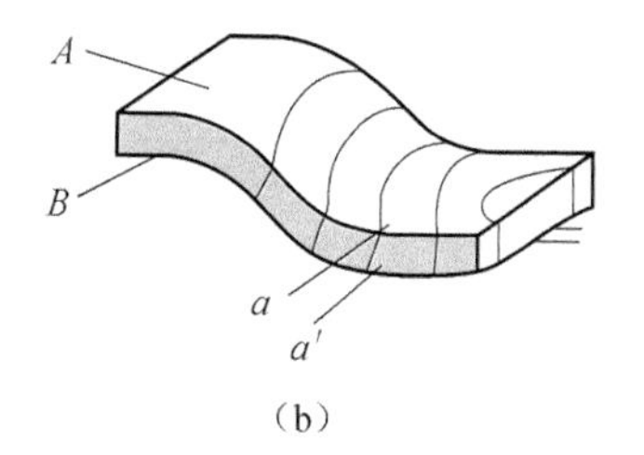

（b）

图 2－4　2DM 网格

（a）表证配对节点；（b）表证单元的厚度

（6）配对节点：表面上任意一节点在对应厚度方向（反面）上找到的一个距离最小的节点。单元厚度则模拟制品在该处的厚度，为便于分析计算，在个别地方有所调整。

2.2 网格规则

（1）共顶点规则。每一个三角形必须与相邻的小三角形共用两个顶点，也就是说，顶点不能落在任何一个三角形的边上或三角形内部，如图 2 -5 所示。

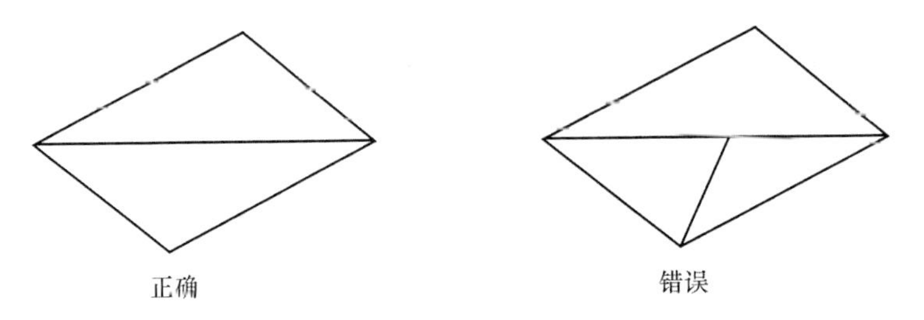

图 2 -5　共顶点规则

（2）充满规则。在三维模型的所有表面上，必须布满小三角形面片，不得有任何遗漏，即不能有空洞。

（3）长高比。单个三角形的质量标准，一般来讲，三角形面片越接近正三角形，其形态就越好，网格质量也越优。正三角形的长高比为 1.16，当为直线时，其长高比就是无穷大，如图 2 -6 所示。

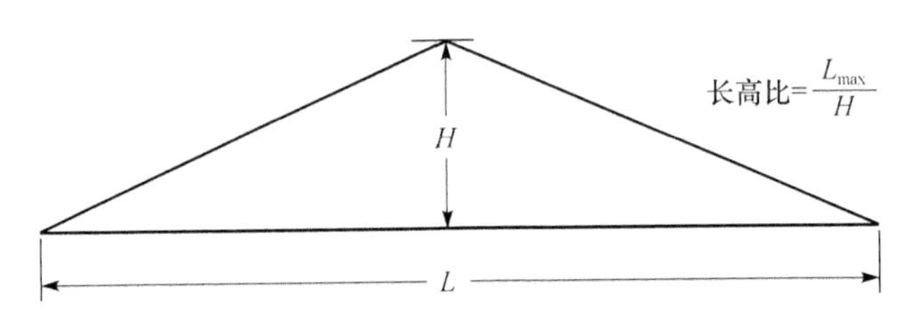

图 2 -6　长高比

（4）2DM 网格节点配对规则。一一对应，即若节点 A 存在配对节点，且为节点 B，那么 B 的配对节点一定为节点 A，如图 2 -7 所示。

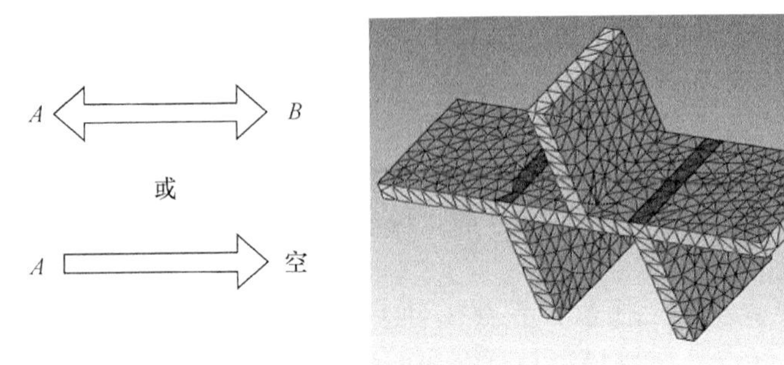

图 2 -7　2DM 网格节点配对规则

（5）2DM 单元厚度准则。单元厚度是流动分析必需的条件，如果存在单元没有厚度将会使分析产生巨大偏差，甚至错误，如图 2－8 所示。

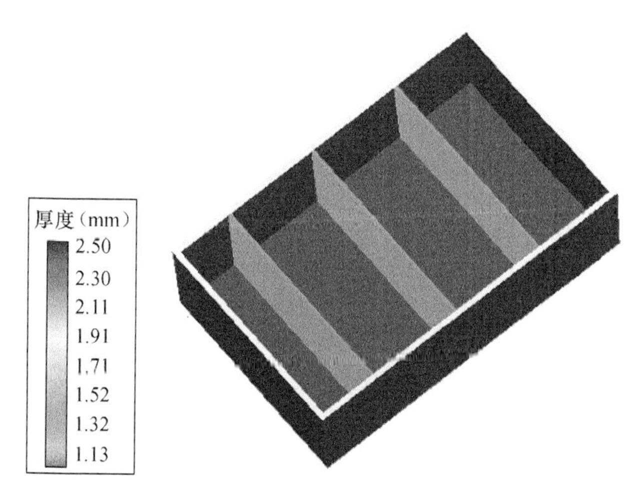

图 2－8　2DM 单元厚度准则

2.3　HsCAE 可导入的网格模型（见图 2－9）

CAD系统	文件格式
Ansys/HyperMesh	*.ans
I-Deas	*.stl *.ans
UG	*.stl *.dat
Nastran	*.dat *.nas
Pro-E	*.stl *.ans *.fnf
…	…

图 2－9　CAD 系统文件保存格式

目前最主要的导入文件是 STL。

2.3.1　CAD 系统导出选项

输出类型——二进制/文本（Output Type—Brinary/Text）。

弦高（Triangle Tolerance）。

邻接公差（Adjacency Tolerance）（0.002 5～1.2 mm）。

自动生成法矢（Auto Normal Gen），STL 网格对 CAD 模型的拟合程度与弦高和邻接公差的关系，如图 2－10 所示。

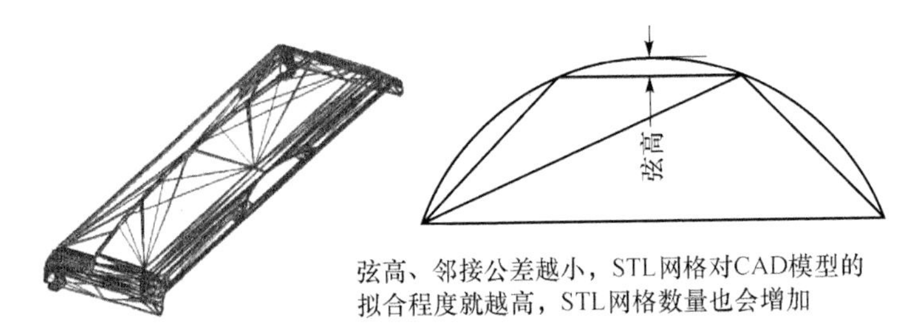

图 2－10 STL 网格对 CAD 模型的拟合程度与弦高和邻接公差的关系

2.3.2 模型转换

导入 CAD 模型：

（1）在导出 STL 模型时最好能去掉小圆角、小倒角、微小的孔和筋。

（2）需确保导出的零件在 CAD 中是一个整体，且在曲面接合处需缝合。

（3）把 CAD 模型转成网格：选择零件尺寸单位、定义网格边长和核查模型的每个单元，如图 2－11 所示。

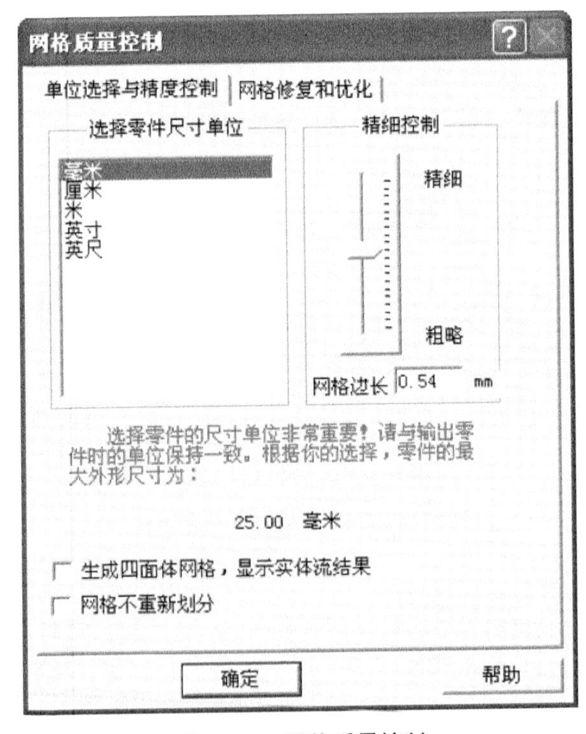

图 2－11 网格质量控制

2.3.3 网格密度对计算时间及精度的影响

当模型的网格密度增加时，计算时间会以指数正弦曲线增加；而当网格密度达到一定程度后再继续提高，分析精度提高程度不大，如图 2－12 所示。

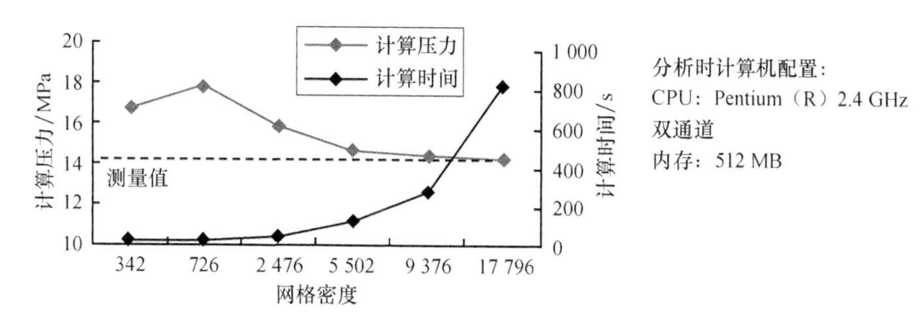

图 2－12　网格密度对计算时间及精度的影响

2.4　常见的网格错误类型

（1）缝隙，即三角形面片的丢失，有时也表现为大于大曲率的曲面相交部分，三角化时就会产生这种错误，如图 2－13 所示。在显示的网格上，会有错误的裂缝或孔洞（其中无三角形），这就违反了充满规则。此时，应在这些裂缝或孔沿处增补若干小三角形面片，从而消除这种错误。

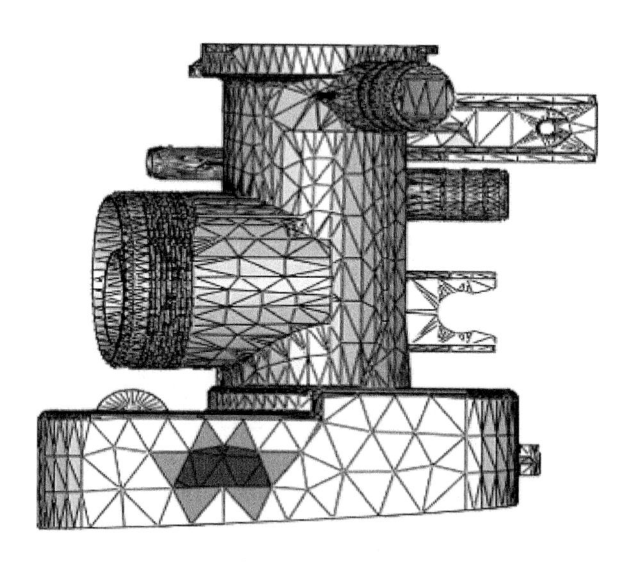

图 2－13　缝隙

（2）畸变，即三角形的所有边几乎共线。通常发生在从三维实体到网格文件的转换算法上。由于采用在其相交线处向不同实体产生三角形面片，就会导致相交线处的三角形面片的畸变。畸变单元的长高比较大，如图 2－14 所示。

（3）三角形面片的重叠（如图 2－15 所示）。面片的重叠主要是由于在三角化面片时数值的圆整误差所产生的。由于三角形的顶点在 3D 空间中是以浮点数表示的，而不是整数。如果圆整误差范围较大，就会导致面片的重叠。

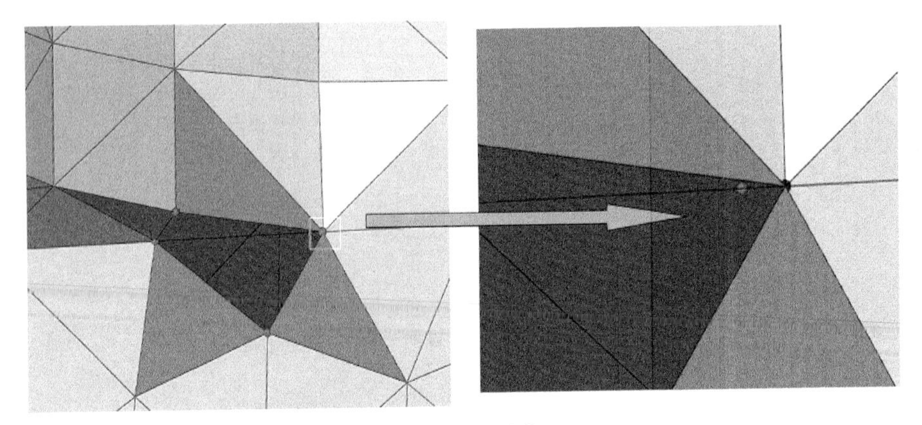

图 2-14　畸变

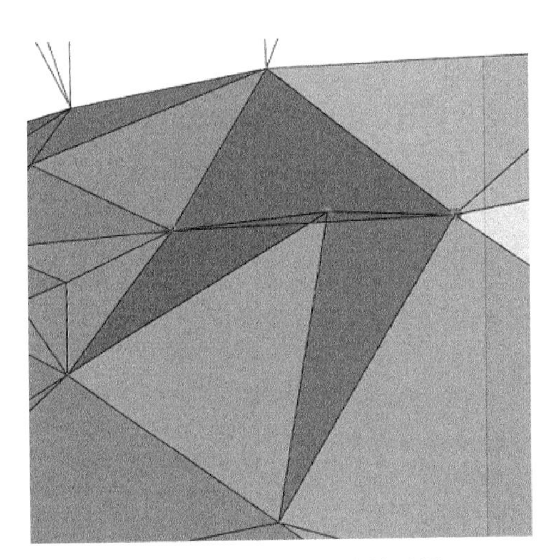

图 2-15　三角形面片的重叠

（4）顶点错误（如图 2-16 所示）。按照共顶点规则，在任一边上，仅存在两个三角形共边。若存在两个以上的三角形共边，就产生了顶点。

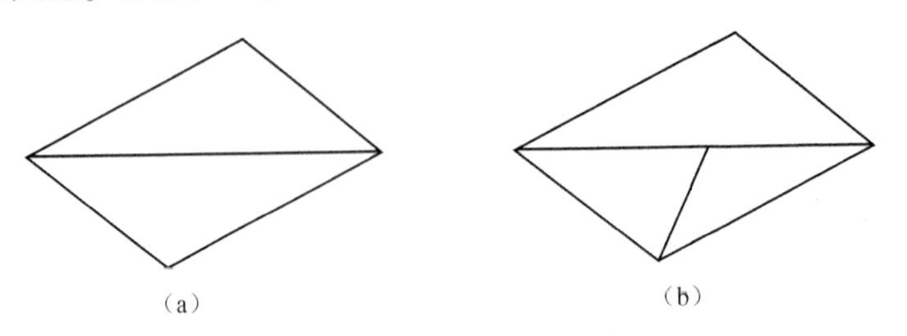

图 2-16　顶点正确与顶点错误

（a）正确；（b）错误

（5）内插（如图 2-17 所示），即一个三角形单元穿过了厚度方向上的两个大面。内插和三角形面片的重叠是目前最难修复的错误。

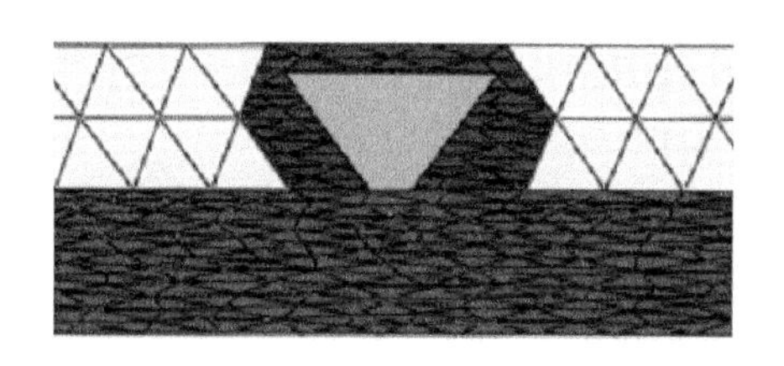
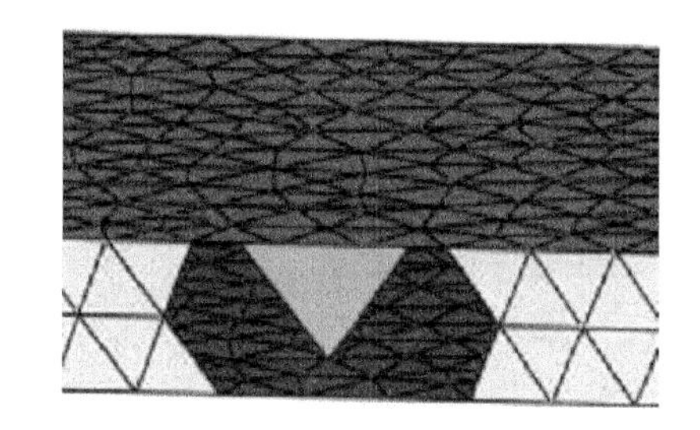

图 2－17 内插

(6) 孤立节点和孤立单元（如图 2－18 所示）。孤立节点是相邻单元的节点；孤立单元是不存在任何相邻单元的单元。孤立元素的存在使网格序号紊乱，并可能对后续操作产生不可预期的后果。

(7) 2DM 网格的质量问题（如图 2－19 所示）。

(a) 单元厚度不合理，单元厚度偏离制品的值较大；

(b) 配对节点不合理，配对节点偏离厚度方向上对应处较远。

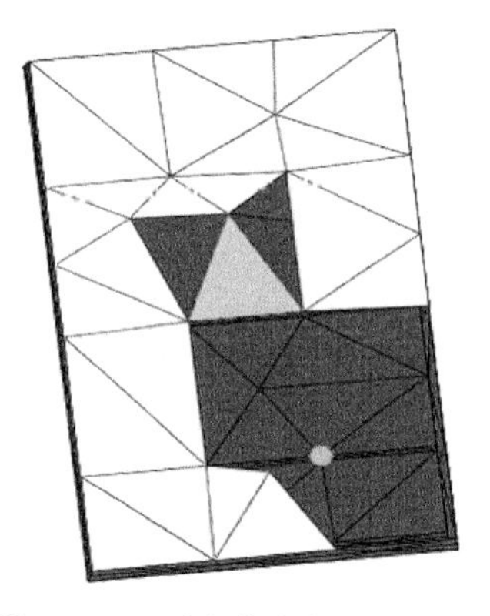

图 2－18 孤立节点和孤立单元

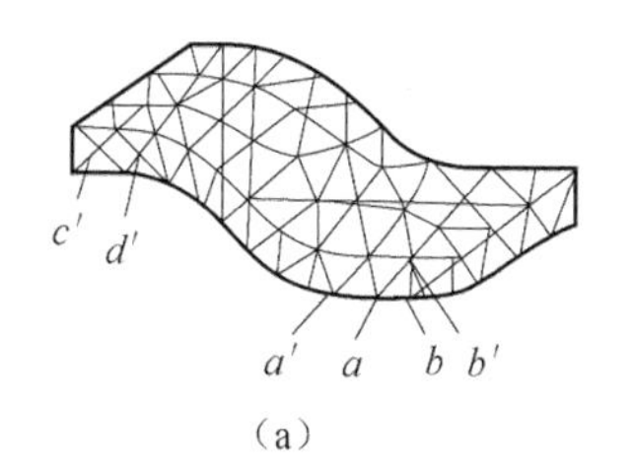

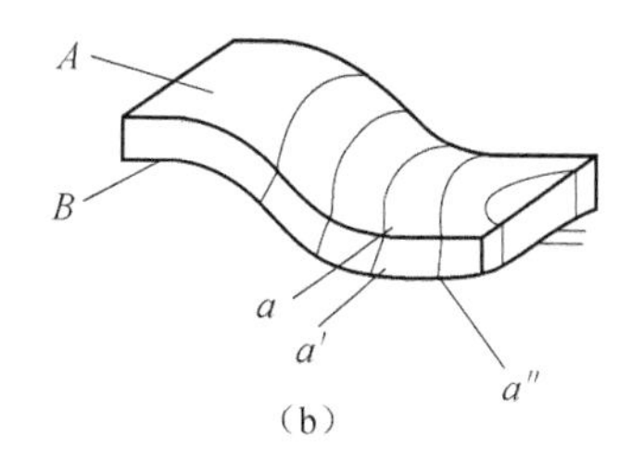

图 2－19 2DM 网格的质量问题

2.5 网格修复的重要性

在导出网格时，对于形状比较复杂的零件，经常会产生许多错误，如果这些错误不加以及时修复，则将严重影响随后的数据处理和分析计算的精度，严重时会导致无法分析。所以需要对网格进行修复！

2.6 分析程序对网格的基本要求

分析程序对网格的基本要求如下所述。

(1) 所有的网格单元必须有厚度；

（2）不存在孤立节点和孤立单元；

（3）长高比大于60的单元比例在0.1%以下；

（4）重叠错误单元数量在总单元数量1%以下；

（5）边界错误数量在总边界数量的10%以下；

（6）节点配对率在50%以上；

（7）网格没有错误；

（8）网格所有单元的长高比在20以内；

（9）节点配对率在80%以上；

（10）单元厚度信息正确；

（11）零件边界信息正确。

2.7 网格的导入与导出

在实际使用华塑CAE分析一个有网格错误的零件时，步骤如下。

（1）将STL导入网格管理器中，若有错误就自动修复，并保存；

（2）在HsCAE中新建一方案，将自动修复后的STL导入，系统会自动生成2DM网格文件；

（3）将上一步的2DM文件导入网格管理器中，检查该2DM网格是否存在质量问题，若有，修复并保存；

（4）在HsCAE原方案中重新导入修复后的2DM网格；

（5）HsCAE前处理和后续的分析都是在2DM网格基础上进行的；

（6）STL、2DM两者都可以导入到华塑CAE和网格管理器中；

（7）2DM导入到网格管理器中后，可以另存为STL导出；

（8）因为在HsCAE中，系统会将导入的STL转化为2DM网格用于后续的设计和分析，所以在网格管理器中优化STL网格没有意义。

2.8 网格修复的流程

网格修复的流程如图2－20所示。

1. 查看错误数量、类型以及分布

在“模型显示”下选中“错误面片”和“错误节点”选项，网格中有错误的地方就会高亮显示（默认的设置下是红色显示）找到错误的位置之后，根据上述的网格的规则和错误类型来查看错误的具体类型，同时查看“运行信息提示框”中的输出信息，对错误进行充分的了解。对于2DM网格，可以利用“2DM信息提示”中的功能对网格各个方面进行了解，只有充分了解了错误，才能有针对性地改正错误。

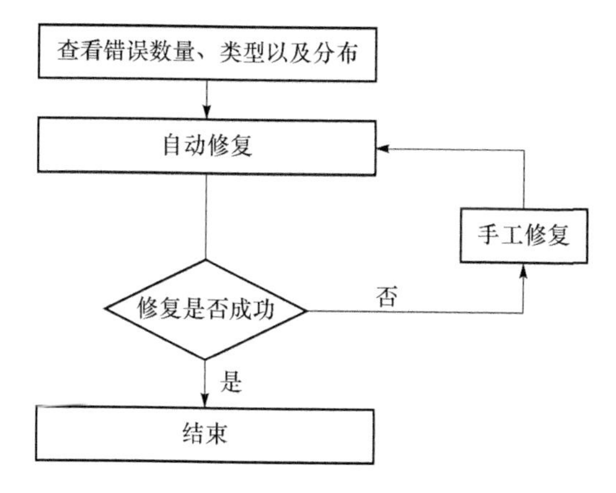

图 2－20　网格修复的流程

2. 自动修复

自动修复功能是华塑网格管理器最突出的功能，在“自动修复”页面中设置自动修复的合适的参数，点击“开始修复”即可。一般情况之下，都使用默认的参数，只有在有特殊要求时才修改这些控制参数。

3. 手工修复

目前的网格修复技术，无论是国内还是国外都还没有完美无缺的解决方案。所以单纯靠计算机自动修复所有制品的错误是不现实的。对于含有复杂错误或者有特殊要求的网格，往往需要自动修复与手工修复多次交替操作完成整个修复过程。一般遵循“自动－手工－自动－手工－……”的操作顺序完成整个修复过程。手工修复的具体功能包括删除节点、边界、面片、合并、移动节点、手工生成面片和手工生成节点等。此外，对于 2DM 网格，还可以修改单元厚度和配对节点。

2.9 网格优化

网格优化的目的：提高网格质量，从而提高分析计算的精度，还可从某种程度上提高分析计算的速度（例如，冷却分析中的网格错误检查；网格密度对翘曲分析的影响）。

网格优化的方面：优化网格的长高比；提高节点正确的配对率；修正单元厚度；修正边界信息。

1. 长高比优化

2. 配对信息优化（如图 2－21 所示）

（1）节点配对为“一对一”配对，即节点 A 配对节点 B，则节点 B 一定配对节点 A；

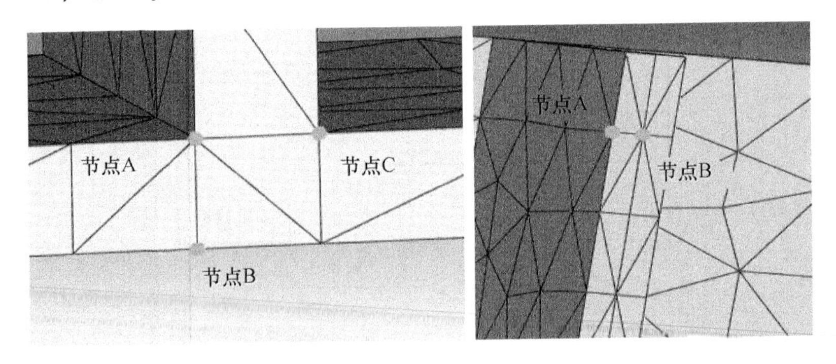

图 2-21 配对信息优化

(2) 筋板节点尽可能地配对筋板节点;

(3) 边界面上节点无配对节点。

3. 边界信息优化

在表面模型中，塑料在制品表面流动，而不在制品厚度方向上流动，正确的边界信息可以缩短分析计算的时间并提高分析结果的精确度，如图 2-22 所示。

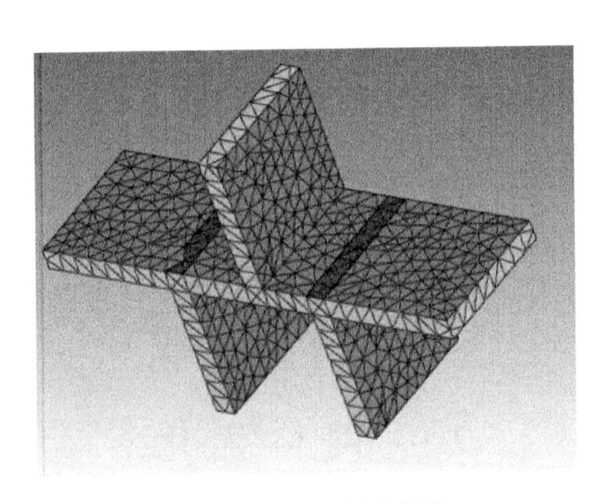

图 2-22 边界信息优化

2.10 常见错误的修复

1. 修复孔洞（如图 2-23 所示）

在手工修复中，修复孔洞这个功能使用得较为频繁。其方法为：点击按钮，在制品上选择三点，系统会依据这三点生成一个单元。沿着孔洞的边界选择节点生成单元，填补孔洞。

手工修复的一般规律：先将存在错误的局部删除，再手工修复好。

2. 修复重叠（如图 2－24 所示）

将重叠错误处局部放大后将其单元选中，然后扩展其周围单元：单击按钮⊛，在弹出的对话框中，设定“以选中面片为中心”扩展，“扩展选中面片”，如图 2－25 所示。

再将扩展后结果放入到一个新的图层中。

在制品放大很多倍时，可在预查看处设置旋转中心，以免旋转制品时将其旋转得不见踪影。

将重叠错误处局部放大（如图 2－26），看到放大处的网格局部有斑点（图中红圈标示处），依据经验，这就是网格重叠处！

将斑点所处的单元删除，就可以看到该处的网格的确有重叠，再继续删除重叠的单元。

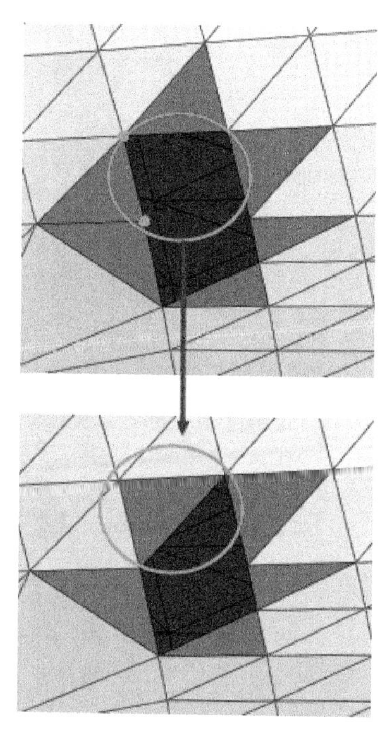

图 2－23　修复孔洞

删除完重叠单元后将孔洞填补好，如图 2－27 所示。至此，该处重叠修复好！

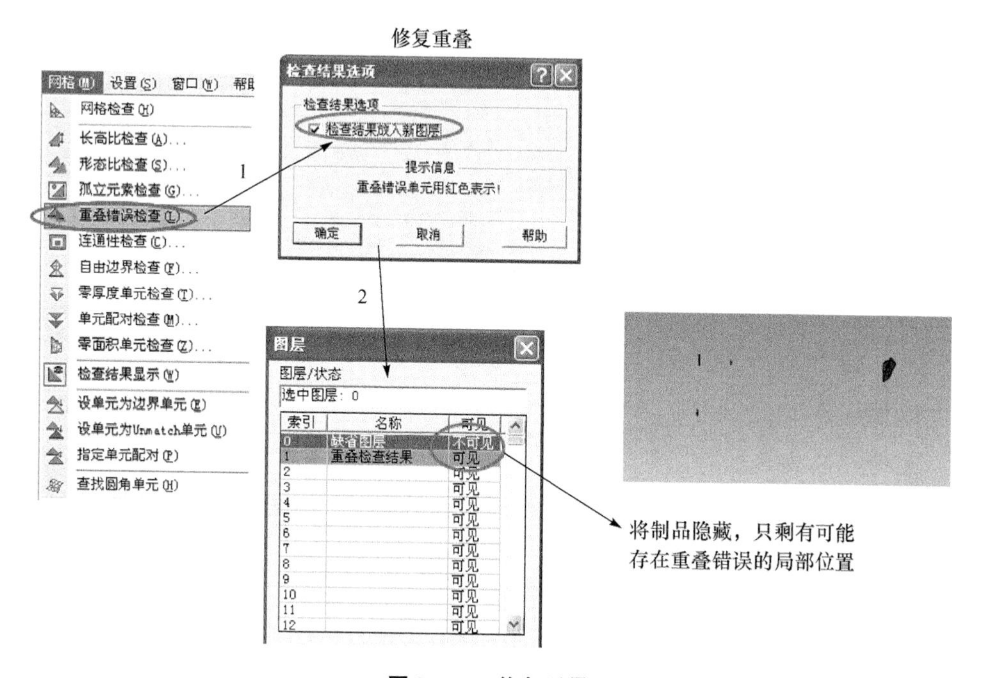

图 2－24　修复重叠

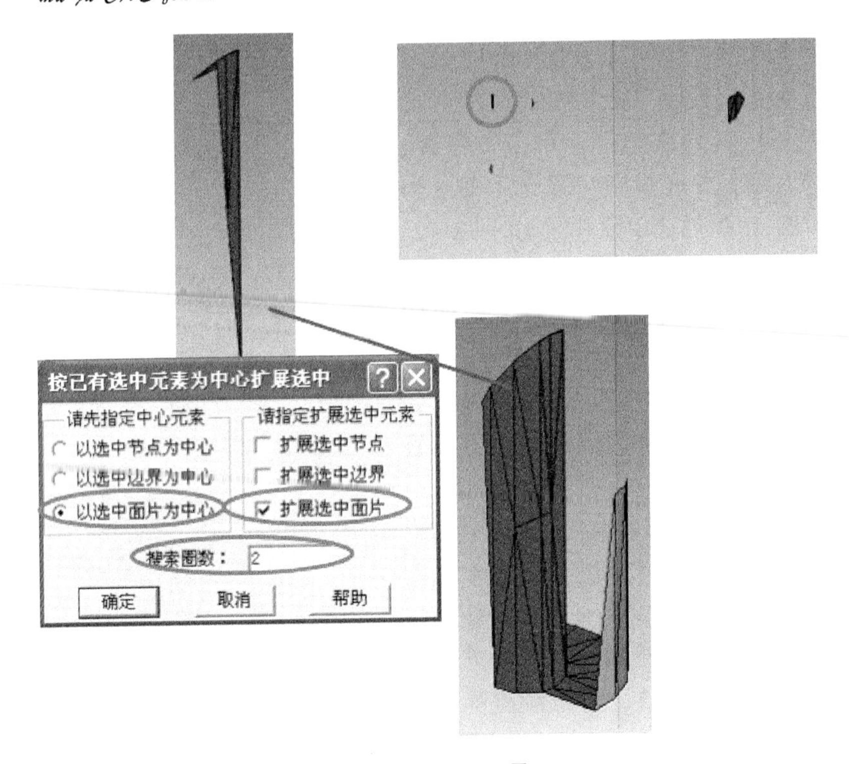

图 2－25　修复重叠

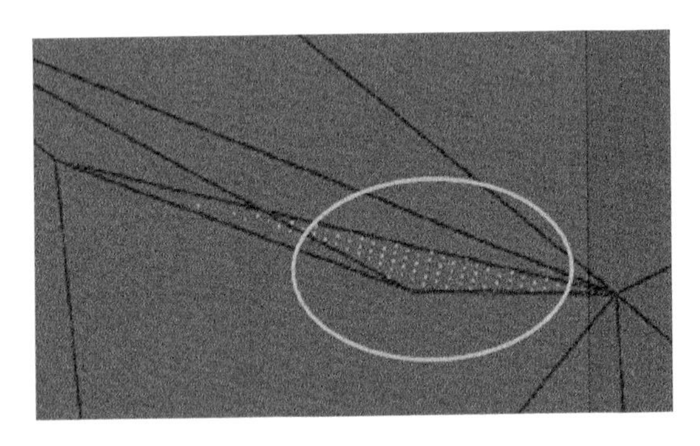

图 2－26　将重叠错误处局部放大

其他重叠处可按照同样的方法修复。

3. 删除畸变单元

畸变单元的长高比很大，直接选择时很不易选中，如图 2－28 所示中蓝色框中的单元。

方法一（如图 2－29 所示）：

单击按钮，进行区域框选，框选的控制参数如图 2－29 中对话框所示，选择畸变单元所在的局部区域。框选结果会将畸变单元下框选面的正确单元也选中，

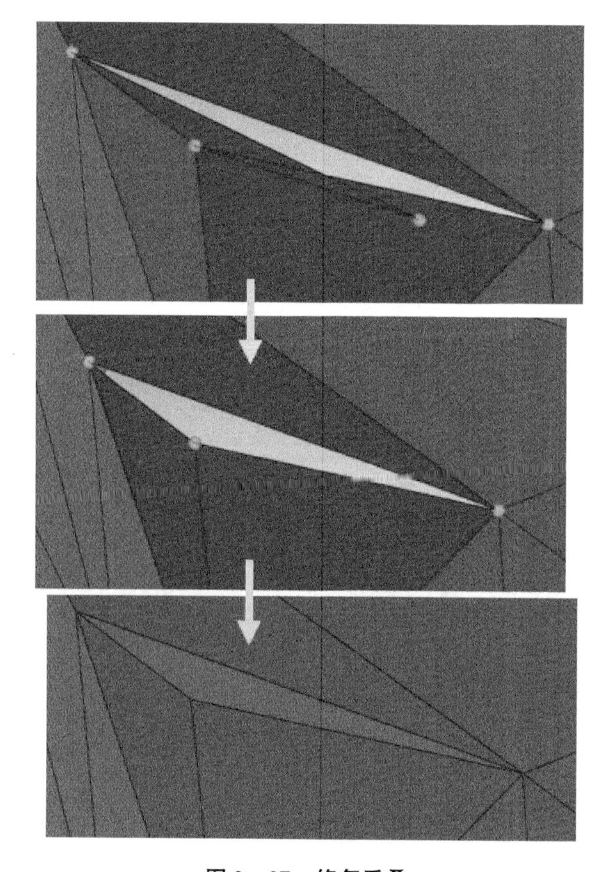

图 2－27　修复重叠

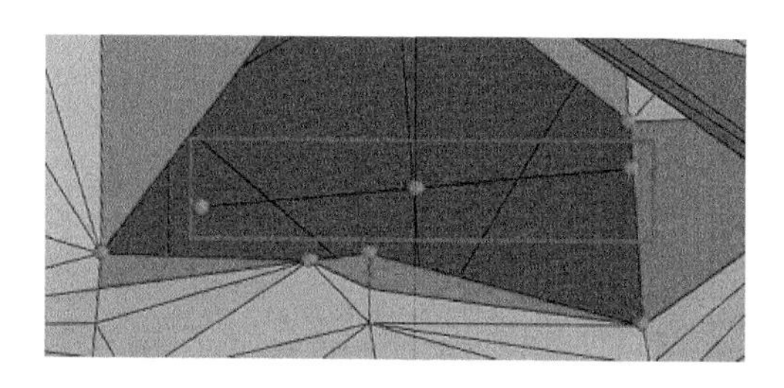

图 2－28　畸变单元

需将此单元取消选择。

单击✖，就可将此畸变单元删除。

方法二（如图 2－30 所示）：

单击菜单："网格"→"形态比检查"，在弹出的对话框中的"最大值"文本框输入一个很小值（例如 0.000 001），就可将所有形态比小于该值的单元选中。

单击✖，就可将这些畸变单元全部删除。

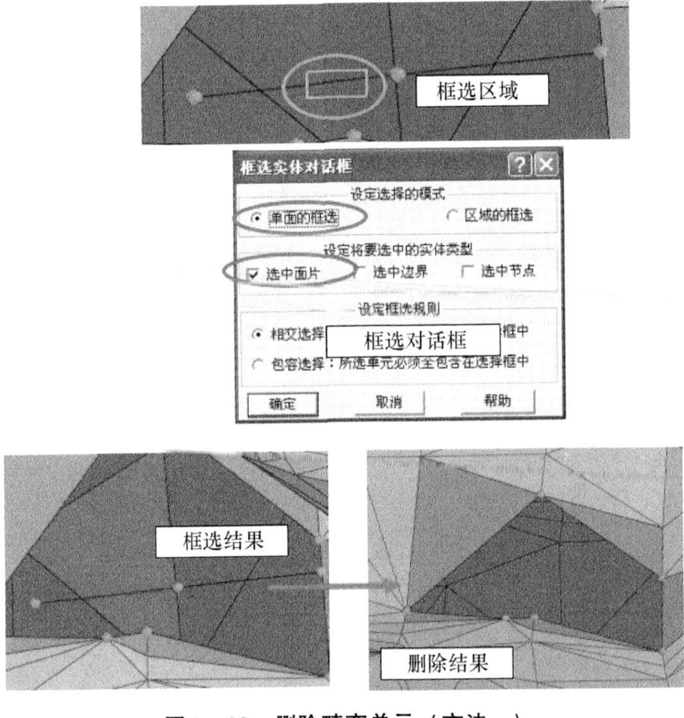

图 2－29　删除畸变单元（方法一）

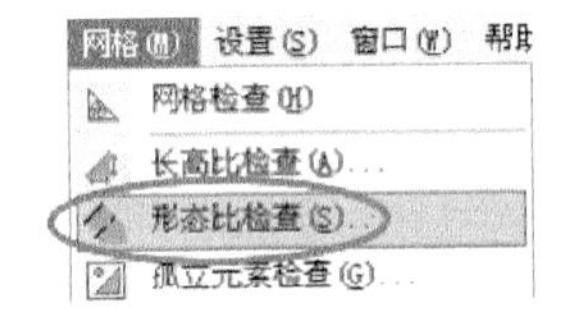

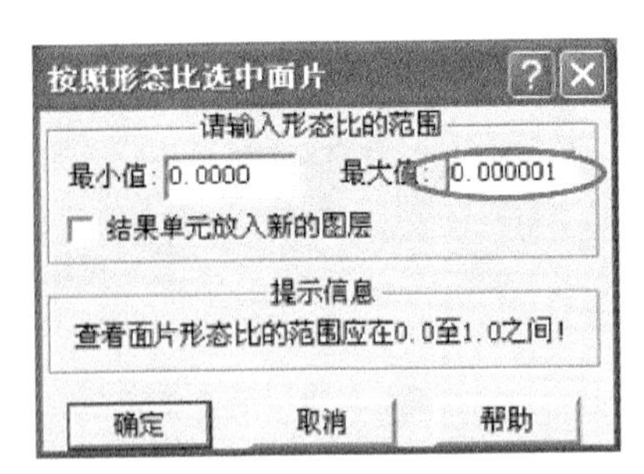

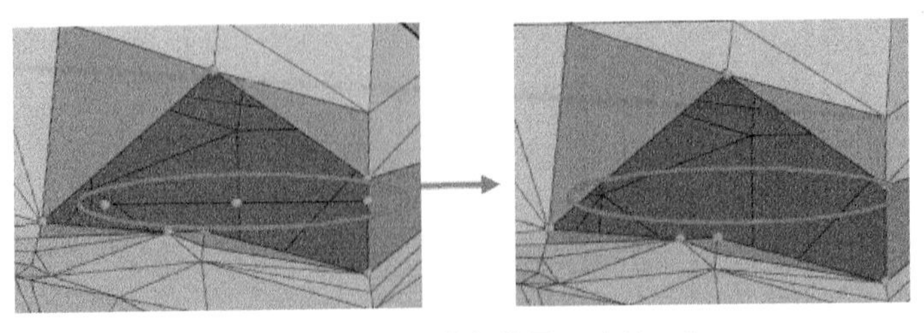

图 2－30　删除畸变单元（方法二）

第三章　系统功能

本章将对系统主要功能进行详细介绍，主要包括以下功能：CAD 模型的导入、有限元三角网格的自动划分、方案数据的管理、充模/冷却/翘曲/气辅等方案的设计。其中最后一个部分“方案设计”是用好 HsCAE3D 7.5 为生产设计服务的关键。

3.1　数据管理

随着计算机技术应用日益广泛，无论对企业、公司还是个人，数据管理已经成为一个沉重的负担，随着数据量的增大，管理的难度往往以级数倍增。CAE 分析软件就具有数据量大的特点，不仅需要各种各样的前处理数据，如网格数据、方案数据、工艺数据等，而且还会产生庞大的后处理数据。对于普通用户来说，如何管理这些数据是一个十分艰难的问题。为此 HsCAE3D 7.5 提供了一个友好的数据管理界面（数据管理器），如图 3-1 所示，用户可以在此完成方案的添加、删除、复制、粘贴、重命名、查找等操作。这样用户就可以专心地进行方案设计，提高了软件的使用效率。

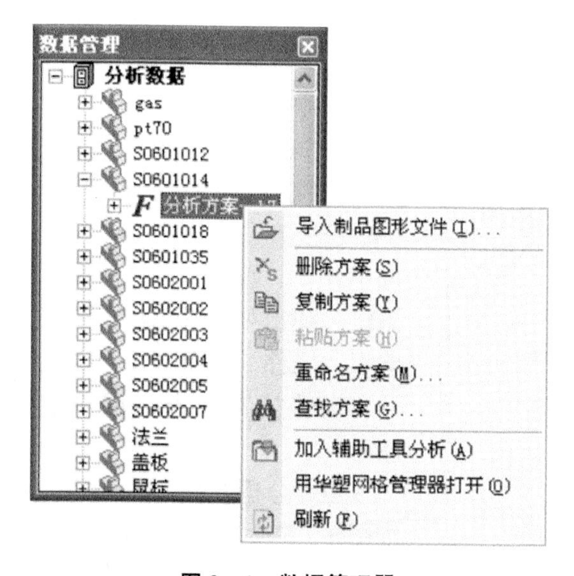

图 3-1　数据管理器

3.1.1 新建零件或方案

数据管理器采用树形目录的方式管理零件及该零件对应的一个或者多个方案的数据，下面介绍如何新建零件，如何添加分析方案。

用户新建一个零件时，系统会在指定的数据目录下用零件名为用户建立一个新的零件目录，用户添加分析方案后，系统会在该零件目录下用方案名为用户建立方案目录。在以后的操作中产生的文件和数据均保存在该目录下，这给用户对大量零件和数据的管理提供了方便。如用户新建一个叫“Demo”的零件，然后添加一个叫“一模两腔”的分析方案，则系统便会产生一个“%DataPath%\Demo\一模两腔”的目录用于存放Demo零件一模两腔分析方案的所有数据。

注意：数据目录是一个预设的文件夹，用户可以在“系统设置”中更改，手册中用字符串“%DataPath%”来代替。

注意：方案名由字母、数字或下划线组成，不能包含/、\、:、*、?、"、<、>、| 等字符。

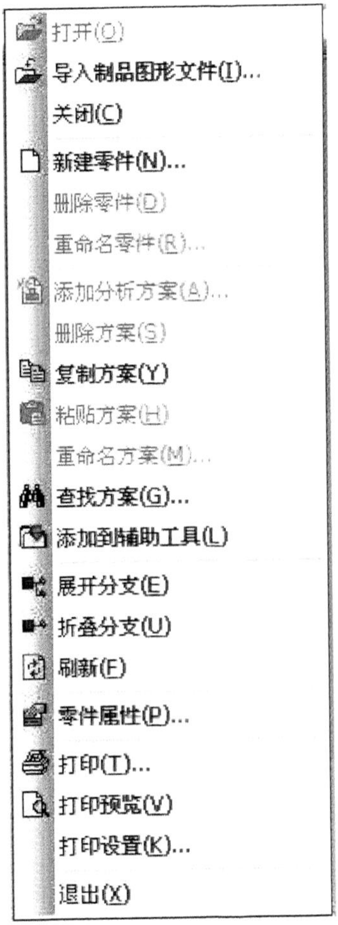

打开(O)
导入制品图形文件(I)...
关闭(C)
新建零件(N)...
删除零件(D)
重命名零件(R)...
添加分析方案(A)...
删除方案(S)
复制方案(Y)
粘贴方案(H)
重命名方案(M)...
查找方案(G)...
添加到辅助工具(L)
展开分支(E)
折叠分支(U)
刷新(F)
零件属性(P)...
打印(T)...
打印预览(V)
打印设置(K)...
退出(X)

图3-2 “文件”菜单

选择“文件”菜单中“新建零件”菜单项，如图3-2所示，弹出“请输入名称”对话框，在编辑框中输入新零件名（如“Demo”）后单击“确定”按钮，如图3-3所示。在“数据管理器”中的“分析数据”分支中就会产生“Demo”的子分支。如果Demo零件已经存在，则系统会弹出如图3-4（a）所示的重名提示框。新建零件后即可添加分析方案，将光标移到“数据管理器”中“Demo”分支节点上，选择“文件”菜单中“添加分析方案”菜单项，同样会弹出“输入名称”对话框，在编辑框中输入方案名（如“一模两腔”）后单击“确定”按钮即可将“Demo”在分支中产生名为“F 分析方案---一模两腔”的子分支。如果方案“一模两腔”已经存在，则系统会弹出如图3-4（b）所示的重名提示框。除了“文件”菜单，用户也可以使用数据管理器的右键快捷菜单来完成以上操作，如图3-5所示。

至此分析方案已经建立，此时的零件管理树如图3-6所示，其中的零件“法兰”是之前存在的零件，所以用户计算机上的显示可以各不相同，此时就可以进行下一步工作——导入数据了。

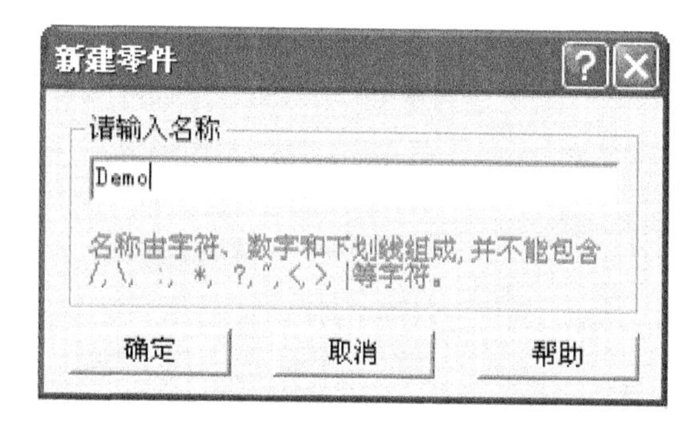

图 3-3 “请输入名称”对话框

(a)

(b)

图 3-4 重名提示框

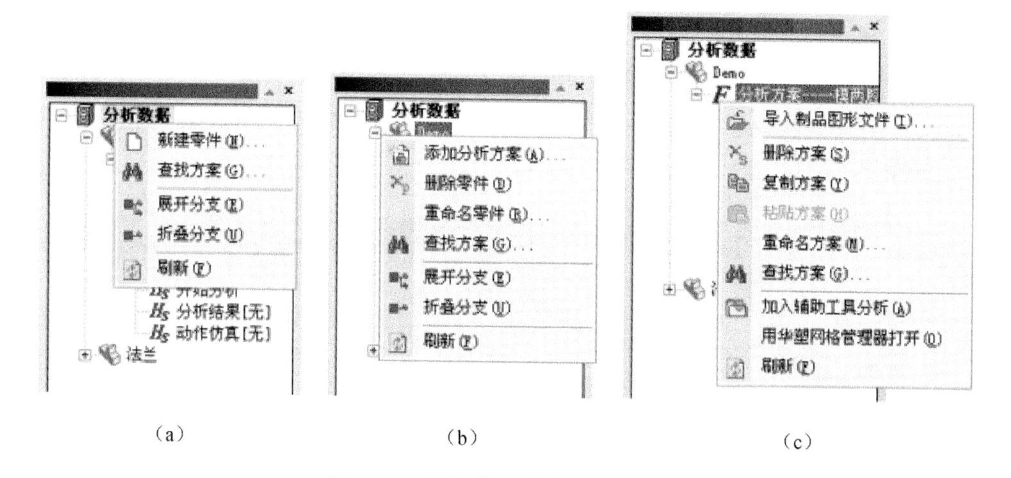

(a) (b) (c)

图 3-5 数据管理器右键快捷菜单

(a) 根目录菜单；(b) 零件目录菜单；(c) 方案目录菜单

3.1.2 导入数据

华塑 CAE 系统的造型文件来自其他软件，无论是通用软件还是专业软件，抑或造型软件还是模拟软件，只要能输出系统可以接收的文件格式就能被华塑 CAE 系统导入。目前有下列十种：STL、UNV、INP、MFD、DAT、ANS、NAS、COS、FNF、PAT（以这些名称为文件后缀的 CAD 造型文件）。国际上流行的大

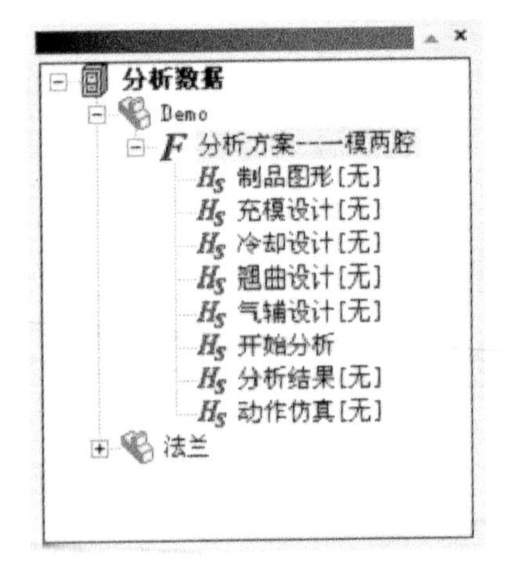

图3－6　零件管理树

部分软件，如 Pro/E、UG、Solid Edge、I－DEAS、ANSYS、Solid Works、InteSolid、金银花 MDA 等都能输出其中一种甚至多种，其中 STL 是采用三角离散的 CAD 表面模型，其他均采用四面体离散。此外，还有一种后缀为 2DM 的特殊文件格式，这是华塑 CAE 系统专用的文件格式，用户导入 CAD 模型后系统自动划分有限元网格，就会生成该数据文件，其中不仅包含了 CAD 模型的几何信息，还包含了许多重要的为模拟服务的信息。用户导入 CAD 文件后，系统自动划分的网格有时不够满意，用户可以把该 2DM 文件使用华塑网格管理器（HsMeshMgr）进行修订，以改善网格质量，再导入到本系统中进行处理，这样可以得到更加准确的模拟结果。在华塑 HsCAE3D 7.5 中可以先在华塑网格管理器中进行网格划分并进行网格检查与修复，在得到满意的网格后再导入到华塑 HsCAE3D 7.5 中。

选择“文件”菜单中“导入制品图形文件”菜单项，如图3－2所示，弹出标准的打开文件对话框，选择需要导入的文件后单击“打开”按钮，如图3－7所示。如果用户是用旧的零件替代新的零件，那么系统会先弹出一个提示框询问用户是否真的要替换，如图3－8所示，选择“是”才弹出打开文件对话框，否则取消操作。

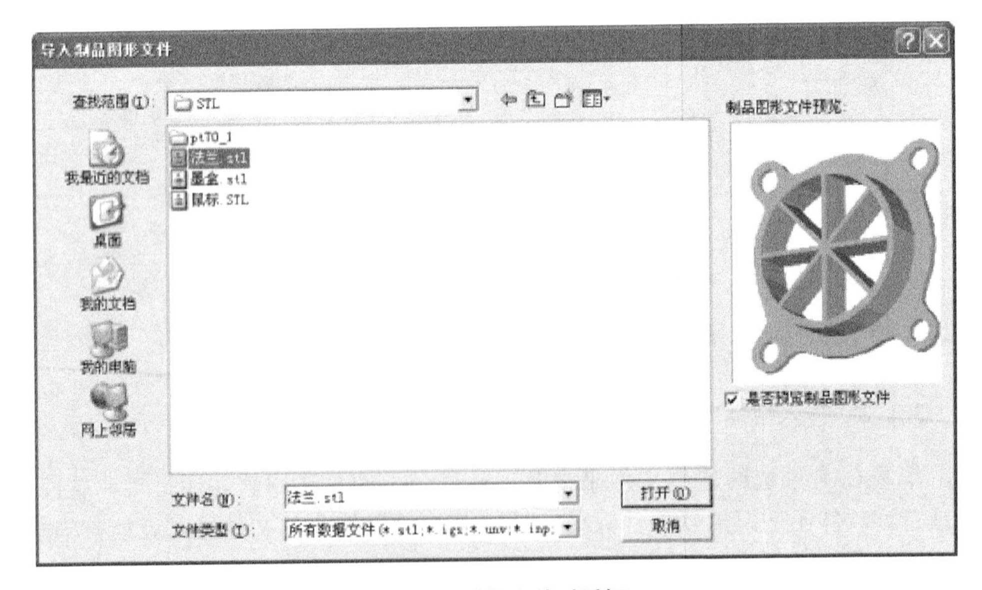

图3－7　选择文件对话框

确认打开的文件之后，系统把指定的零件导入方案中。读取 CAD 模型文件并准备进入前处理工作，如果用户导入的是 STL 文件，此时会弹出“单位选择与精度控制”对话框，如图 3－9 所示。用户在该对话框中设置前处理参数，包含以下几个方面：

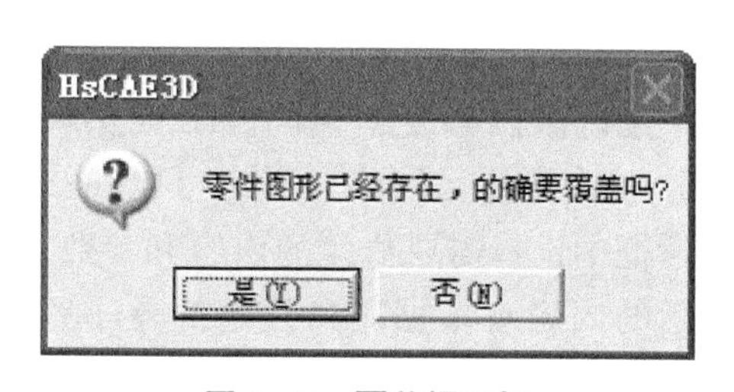

图 3－8 覆盖提示框

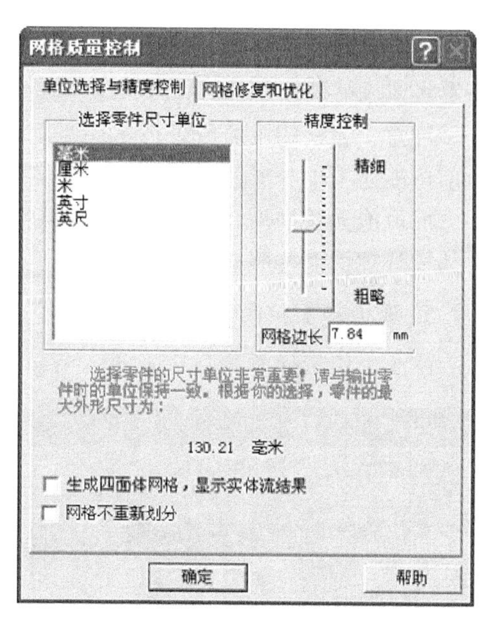

图 3－9 “单位选择与精度控制”选项卡

1. 选择零件尺寸单位

有些制品图形文件输出时可以设置多种尺寸单位（如 STL 尺寸单位可以为毫米、英寸等），而 STL 文件本身并没有记录输出时使用的尺寸单位，故在导入时必须由用户确认尺寸单位。要求尺寸单位与实际输出的尺寸单位一致，否则无法得到正确的模拟结果，错误的尺寸单位换算得到的模拟结果是没有意义的。

2. 精度控制

有限元网格的数量直接影响处理效率和结果的精度。一般来说，使用系统默认的处理精度就可以得到满意的结果。但是，当用户需要对零件做特殊处理时，用户可以控制处理精度。精度控制的“精细”端表示精处理，处理精度越高、处理效率越低；精度控制的“粗略”端表示粗处理，处理精度越低、处理效率越高。对于体积很小很复杂的零件，当用户需要提高处理精度时，可以往“精细”端适当拖动以达到目的；对于体积很大很复杂的零件，当用户需要提高处理效率时，可以往“粗略”端适当拖动以达到目的。在 HsCAE3D 7.0 版本中，用户还可以设定网格的边长。

3. 最大尺寸提示

最大尺寸提示栏提示选择尺寸的重要性以及当前所选单位的制品最大尺寸

（毫米为单位）。用户可以参照最大尺寸判断选择的尺寸单位是否与输出时的尺寸单位一致。

4. 网格划分方法

图 3－9 最后一栏是网格划分方法选择，选中时表示生成四面体网格，即后续工作按照实体流处理，这样就可以查看实体流的结果。否则按照双面流处理，不能查看实体流结果。在 HsCAE3D 7.0 版本中，用户可以选择网格是否重新划分。

注意：当前的主流处理技术还是双面流技术，实体流技术还属于前沿技术，目前可能还不十分成熟。如果选择了实体流处理，一方面处理效率要低一些，另一方面可能无法处理，（在更新版本中将不断完善，直至稳定）此时可以不选择实体流处理，而按照双面流处理。

5. 网格修复和优化

除了单位选择和精度控制外，导入数据的时候需要设置网格修复与优化参数，如图 3－10 所示。

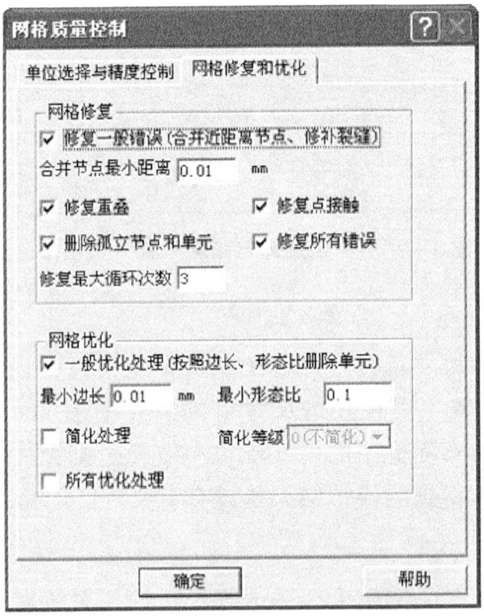

图 3－10 “网格修复和优化”选项卡

系统可以修复错误的 STL 网格和划分好的有限元网格，用户可以在该对话框中选择需要修复的内容和参数。包括的内容有根据用户设定的最小距离合并小于该距离的两个节点、修复重叠错误、修复点接触错误以及删除网格中的孤立节点和孤立单元。

修复一种错误可能会产生新的错误，所以网格修复为循环修复。为了避免无限循环，需要设置最大循环次数。

网格优化处理包括：删除最小边长小于给定值的单元；删除形态比小于给定值的单元；简化处理用于减少单元个数，提高分析速度。简化处理可能使形态比变差，并可能产生网格错误。

简化处理需要设置简化等级，0 级不简化，1 级简化 20%，2 级简化 50%，3 级简化 70%。百分比为即将删除单元数与原始单元数的比值。

3.1.3 方案拷贝、粘贴、删除、重命名以及查找

用户在使用华塑 CAE 软件进行模拟设计时往往需要进行多个方案的比较，然后从中选出最佳方案来指导生产。从图 3－5（c）快捷菜单可以看出与方案相关的

几个重要操作，如复制、粘贴、删除、重命名以及查找。下面分四个方面来介绍。

1. 复制和粘贴方案

制品图形和工艺条件等都可以使用复制命令。“复制方案”命令主要是用于同一零件的不同方案之间的数据传输，因为同一零件的不同方案，其制品图形、工艺条件等基本相同。用户可使用复制命令以及粘贴命令来实现数据拷贝，节约方案设计的时间。

首先选择命令“复制方案”可以将某个方案（如A方案）的数据信息复制到系统缓存中，然后选择“粘贴方案”命令将这些数据复制到新方案（如B方案）中，系统此时会弹出如图3－11所示的对话框提示用户选择需要复制的数据项目。

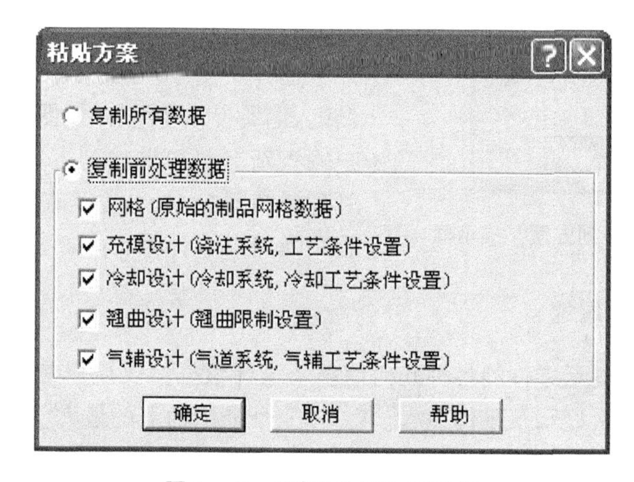

图3－11 “粘贴方案”对话框

用户可以选择复制所有数据，也可以只复制前处理数据，如果需要复制翘曲设计的数据，必须选择复制原始的制品网格数据，因为这一项数据依赖于网格数据。如果需要复制气辅设计的数据，必须选择复制充模设计的数据。

用户在“粘贴方案”的时候，如果B方案已经打开，此时不能进行粘贴操作，需要将B方案关闭后才能进行。

2. 删除方案或零件

删除某方案时，选择该方案名，选择“删除方案”菜单项，系统将提示用户确认是否需要删除该方案的所有文件，若确实要删除，单击“是（Y）”，否则单击“否（N）”。

当用户认为某一零件已经没有存在的必要时，就可以删除该零件，该操作会删除与该零件相关的所有数据。删除零件的操作与删除方案的操作基本相同。删除零件意味着将该零件的所有方案全部删除。用户要删除某个方案时必须先关闭该方案，删除某个零件时，必须先关闭该零件下所有已经打开的方案。

注意：删除后的方案或零件数据文件不进回收站。也就是说，该操作无法恢复，只有确定零件或方案无用后才进行删除。

3. 重命名方案

重命名方案允许用户为一个分析方案进行重新命名，选择“重命名方案”菜单项后会弹出“输入名称”对话框，如图 3－3 所示，用户输入新名即可。

注意：方案被打开以后不能进行删除、粘贴方案或者重命名等操作，该方案对应的零件也不能进行删除操作。

4. 查找方案

查找方案允许用户查找指定的方案名。当数据管理器中的方案比较多时，查找方案可以帮助您快速地找到你所需要的方案。

选择“查找方案”菜单项后会弹出“输入名称”对话框，如图 3－3 所示，用户输入新名。如果找到方案，系统将零件管理树自动定位到已经查找到的方案上，否则弹出提示对话框，如图 3－12 所示。

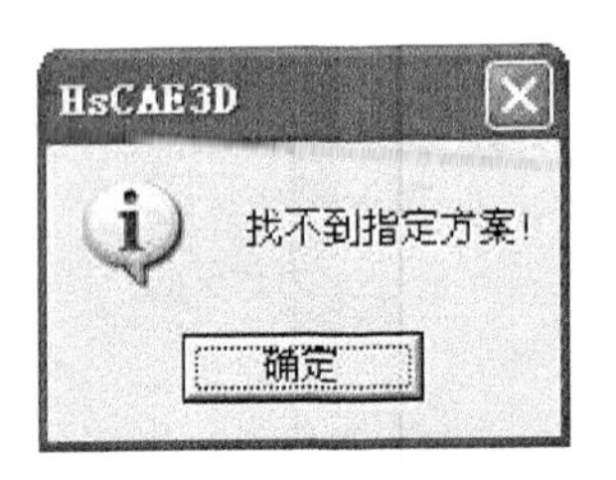

图 3－12 “找不到方案”提示框

3.1.4 零件属性

此命令用来显示零件的各种几何信息及统计数据，供用户参考。如图 3－13 所示，对话框依次显示了零件在 X、Y、Z 三个坐标轴上的最大、最小值和长度、顶点数量、面片数、表面积、平均壁厚、最小壁厚、最大壁厚、制品体积、流道体积和材料利用率等。

零件属性

方案： G:\xbm\Data\Demo\一模两腔\

尺寸	最小值(mm)	最大值(mm)	长度(mm)
X	-25.000	5.000	30.000
Y	-65.107	65.107	130.214
Z	-65.107	65.107	130.214

顶点数	1331	面片数	2706
表面积(mm^2)	53246.234	平均壁厚(mm)	4.093
最小壁厚(mm)	3.000	最大壁厚(mm)	6.685
制品体积(mm^3)	100889.472	流道体积(mm^3)	0.000
材料利用率	1.000	网格评价>>..	

确定 帮助

图 3－13 “零件属性”对话框

如果用户设计的方案为一模多腔，对话框中显示出的制品坐标最大、最小值和长度为所有型腔的总和，包含了型腔之间的距离。

制品体积为所有型腔体积的总和，制品体积加流道体积为材料总体积，材料利用率为流道体积（其中不包含热流道）占材料总体积的比例。

用户还可以对该零件进行网格评价。选择“网格评价”，通过当前网格单元形态、节点配对情况的评价，判断当前的网格对分析精度的影响。如果网格质量不好，建议先用华塑网格管理器进行修复后，再进行分析。

3.2 显示控制

为了便于用户查看零件，系统提供了功能强大的显示控制，包括常见的视图变换、图形操作和显示模式控制。“三维视图”菜单提供了所有相关命令，如图3－14所示，“图形工具栏”提供了较为常用的命令，如图3－15所示。

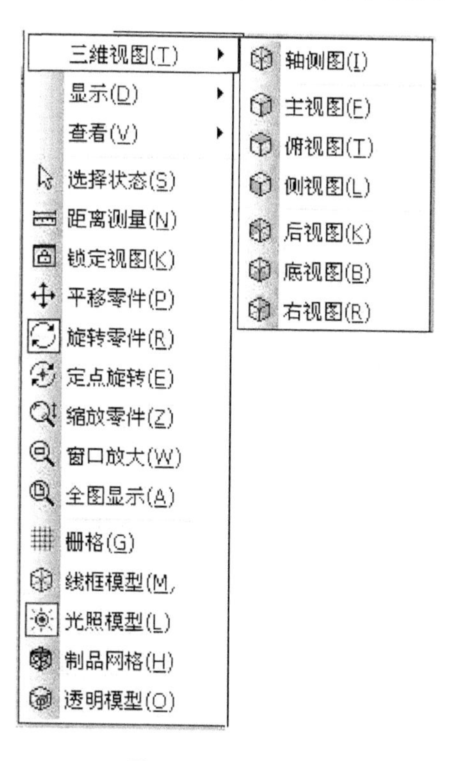

图3－14 显示菜单

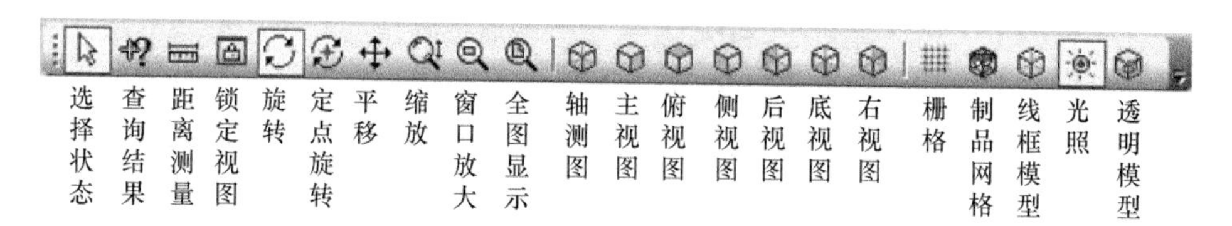

图3－15 “图形工具栏”

3.2.1 视图变换

在所有显示了制品图形的窗口内，可使用以下命令得到一些常用的投影视图，如表3－1所示。

表3－1 图标及名称

图 标	名 称
	轴侧图
	主视图
	俯视图
	侧视图
	后视图
	底视图
	右视图

3.2.2 图形操作

以下命令用于调整图形显示的取景参数，该命令执行时，光标也相应地变化，如表3－2所示。

表3－2 图形取景操作

图 标	功 能	说 明
	旋转零件	图形随鼠标的移动旋转
	定点旋转	设计或取消旋转中心
	查询结果	可以查询制品几何及后处理信息
	距离测量	测量制品上两点间的距离
	锁定视图	将两个方案中的视图进行锁定关联起来，当旋转移动其中一个视图时，另外一个视图也跟着进行旋转移动
	平移零件	图形随鼠标实时移动
	缩放零件	动态显示零件大小，鼠标向上拖动为动态实时缩小，向下为放大
	窗口放大	把所选窗口的内容放大至全窗口显示
	全图显示	自动计算合适的图形放大比例以显示所有图形

1. 旋转

在该命令下，按住鼠标左键并拖动，图形随鼠标的移动旋转。旋转的角度与鼠标拖动的方向相同，旋转的角度与鼠标拖动的距离成正比。您也可以通过直接按住鼠标右键来旋转零件。

2. 定点旋转

当选择了该命令后，通过在视图上用鼠标左键选取一点设置旋转中心，当前的旋转中心以线框显示的小球表示。当再次选择该命令，则取消了设置的旋转中心。

3. 查询结果

在该命令下，在制品上选择一个起始点，系统会在运行信息窗口显示制品几何信息和对应后处理的信息，如流前、温度等。

4. 距离测量

选择该命令后，用鼠标左键在制品上选择一个起始点，系统在运行信息窗口中显示了起点坐标，如图 3－16 所示。然后单击鼠标左键选择终点后，运行信息窗口显示出所选择终点的坐标以及两点之间的距离，如果此时显示的是制品翘曲变形结果，该命令还能显示出两点翘曲变形后的长度。根据两点原始长度和翘曲变形后的长度值对比，用户可以得知两点翘曲变形的严重程度。

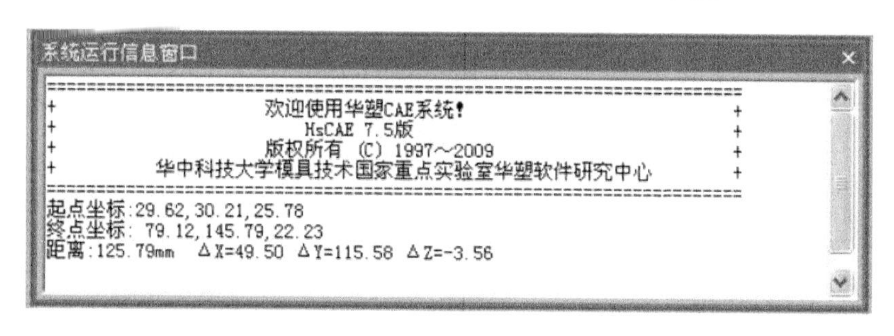

图 3－16 距离测量信息

5. 锁定视图

选择该命令后，可以将当前方案中的视图锁定，再在另外一个方案中单击该命令，可以将这两个方案中的视图进行锁定关联起来，当旋转或者移动其中一个视图时，另一个视图中各图形也作出相应的改变。

6. 平移

选择该命令后，按住鼠标左键后拖动鼠标，图形随鼠标实时移动。您也可以通过在窗口中按住 Shift 键和鼠标右键并拖动鼠标来平移零件。

7. 缩放

动态显示零件大小。鼠标向上拖动为动态实时缩小，向下为放大。可以通过鼠标的滑轮来进行缩放，滑轮向外滚动的时候为放大，滑轮向内滚动的时候为缩小。

8. 窗口放大

在该命令下，按住鼠标左键拖动的窗口将被放大，把所选窗口的内容放大至全窗口显示。

9. 全图显示

自动计算合适的图形放大比例以显示所有图形。

3.2.3 显示模式控制

制品的显示有多种方式，如表 3－3 所示。

表 3－3 显示模式

图标	功能	说明
	显示栅格	显示栅格用于估计零件大小，栅格大小可在“系统设置”中修改
	线框模型	显示三维图形的轮廓形
	光照模型	显示三维图形的实体光照效果
	制品网格	显示制品的网格单元
	透明模型	三维图形以透明的形式显示

不同的显示方式可以得到不同的显示效果，如图 3－17 所示。图（a）为光照模型，（b）为线框模型，（c）为无光照模型，（d）制品网格模型，（e）透明模型。

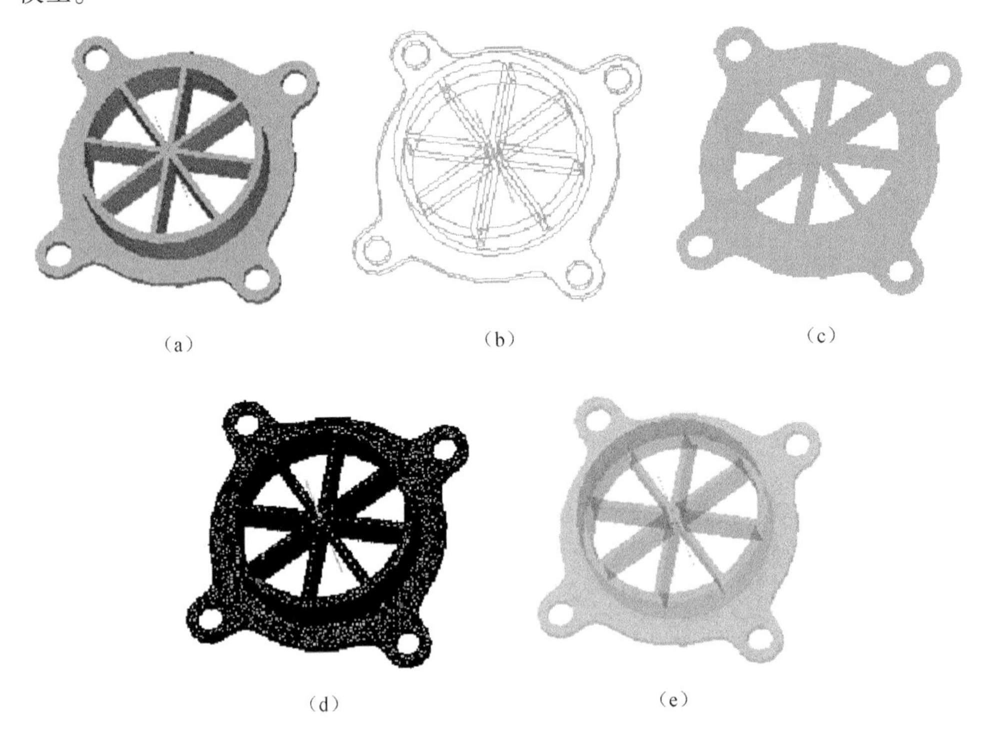

图 3－17 显示效果图

（a）光照模型；（b）线框模型；（c）无光照；（d）制品网格；（e）透明模型

3.3 网格介绍

网格是以离散的方式描述制品模型，是 HsCAE 分析的基础。网格由一系列的单元组成，每个单元包含数个节点。HsCAE 将在网格的单元和节点上计算流前时间、冷却时间、翘曲变形等制品属性。网格的质量直接影响分析结果的精确程度。华塑软件研究中心开发专用的网格管理与修复工具——华塑网格管理器，具体操作说明详见本书第二章。

3.3.1 网格质量评价

网格的质量由以下几个方面来评价。

1. 长高比

网格的粗细均匀程度和网格单元的形态对流动分析有很大的影响。网格单元的最理想形态是等边三角形。在 HsCAE3D 系统中用长高比来描述网格单元的形态，长高比越大的单元，形态越狭长。在狭长单元的各部分，压力、温度、流动速率应该有很大的不同，所以长高比很大的单元的存在会严重影响流动分析的精度，当长高比很大的单元达到一定比例时，系统将无法进行分析。长高比示意图，如图3－18 所示。

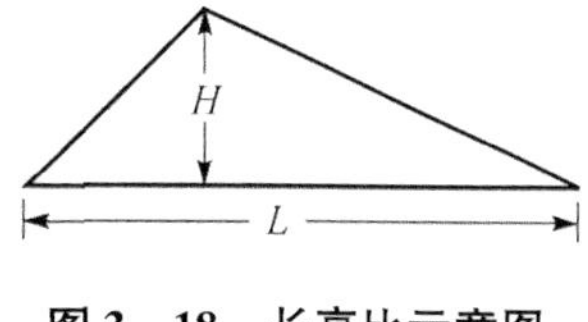

图 3－18 长高比示意图

（长高比＝A/B）

2. 配对率

表面模型的分析是基于型腔上下表面的流动和温度的模拟，而协调上下表面流动的重要关系就是网格配对关系。HsCAE 系统能够自动地依据模型的表面特征对网格配对，但是由于注塑件的复杂和上下表面特征的不一致，自动生成的配对关系并不一定能够满足分析的要求。尤其是翘曲分析对配对率要求更高，更多的时候需要用户手工调整配对关系。当网格节点的配对率低于一定程度时，程序将无法进行分析。

3. 网格错误

网格的错误是无法避免的，特别是导入 STL 文件时，由于 STL 本身存在大量错误，生成网格的过程中虽然进行了修复处理，但是网格仍有可能需要用户再次修复。常见的网格错误有：空洞、裂缝、法矢反向、重叠等。当有大量错误存在时，分析的模型将和用户期望的模型有很大出入，分析结果也将有很大误差。其中重叠错误对冷却分析结果的影响尤甚。

4. 网格厚度

制品厚度对流动阻力、传热等的影响很大，在很大程度上决定分析结果的准确程度。HsCAE 会在网格配对的基础上自动计算网格单元的厚度，但有时会在一些特殊部位产生较大的厚度误差，从而影响分析结果的精度。用户可以在 HsCAE 系统和华塑网格管理器中查看网格厚度，并可以在华塑网格管理器中手工修改制品厚度，以提高分析的准确性。

5. 分析要求

HsCAE3D 系统对分析网格有以下要求。

(1) 所有的网格单元必须有厚度；

(2) 不存在孤立节点和孤立单元；

(3) 长高比大于 60 的单元比例在 0.1% 以下；

(4) 重叠错误单元数量占总单元数量 1% 以下；

(5) 边界错误数量占总边界数量的 10% 以下；

(6) 节点配对率在 50% 以上。

在 HsCAE3D 系统和华塑网格管理器（HsMeshMgr）中都有“网格评价”的功能，以评价当前网格是否符合分析的要求。另外，在分析进行之前系统会自动检查网格，不符合要求的将无法进行分析。

3.3.2 网格修复

网格有缺陷不可避免，特别是对大中型零件而言，大多数情况下都需要用户手动修复。手动修复在网格管理器中进行。

华塑网格管理器手动修复具有如下功能。

(1) 检查网格中是否存在零厚度单元或错误厚度单元，并可以将这些单元设定为自定义厚度。

(2) 检查网格中是否存在孤立节点和孤立单元，并可以删除这些节点和单元。

(3) 可以通过合并节点、删除单元、生成单元等方式修复单元的长高比。

(4) 检查网格中是否存在重叠错误的单元，并可以删除互相重叠的单元和修补形成的空洞。

(5) 修复边界错误。

(6) 修复节点配对。

3.3.3 网格优化

手工修复之后，制品网格就可以达到分析的要求。如果需要使分析结果更加精确，则需要其他的优化操作。制品网格的精细程度、单元形态对流动分析结果影响很大；而对翘曲分析而言，配对信息和边界信息影响尤甚。因此网格的优化方向是：控制网格的精细程度、调整网格单元的长高比、修正配对信息和边界信息。网格优化一般有网格局部划分、配对信息优化、边界信息优化和单元厚度优化等方法。

HsCAE3D 系统规定良好的网格应符合以下条件：

(1) 网格单元数量在 10 000 ~ 100 000；

(2) 网格所有单元的长高比在 20 以内；

(3) 节点配对率在 80% 以上；

(4) 零件边界信息基本正确。

3.4 方案设计

导入 CAD 模型后系统会根据导入的数据自动划分有限元三角网格，并进行网格优化、节点配对等前处理工作，之后就可以进行前处理阶段最重要的工作——方案设计。比如在流动分析之前需要进行充模设计，包括多型腔设计、流道设计以及设置充模工艺条件等。下面分别介绍方案设计的方法和步骤。

3.4.1 充模设计

充模设计主要是为流动保压分析服务，其中包括：脱模方向、进料点、多型腔、流道设计、工艺条件等几个方面。其菜单命令如图 3－19 所示。

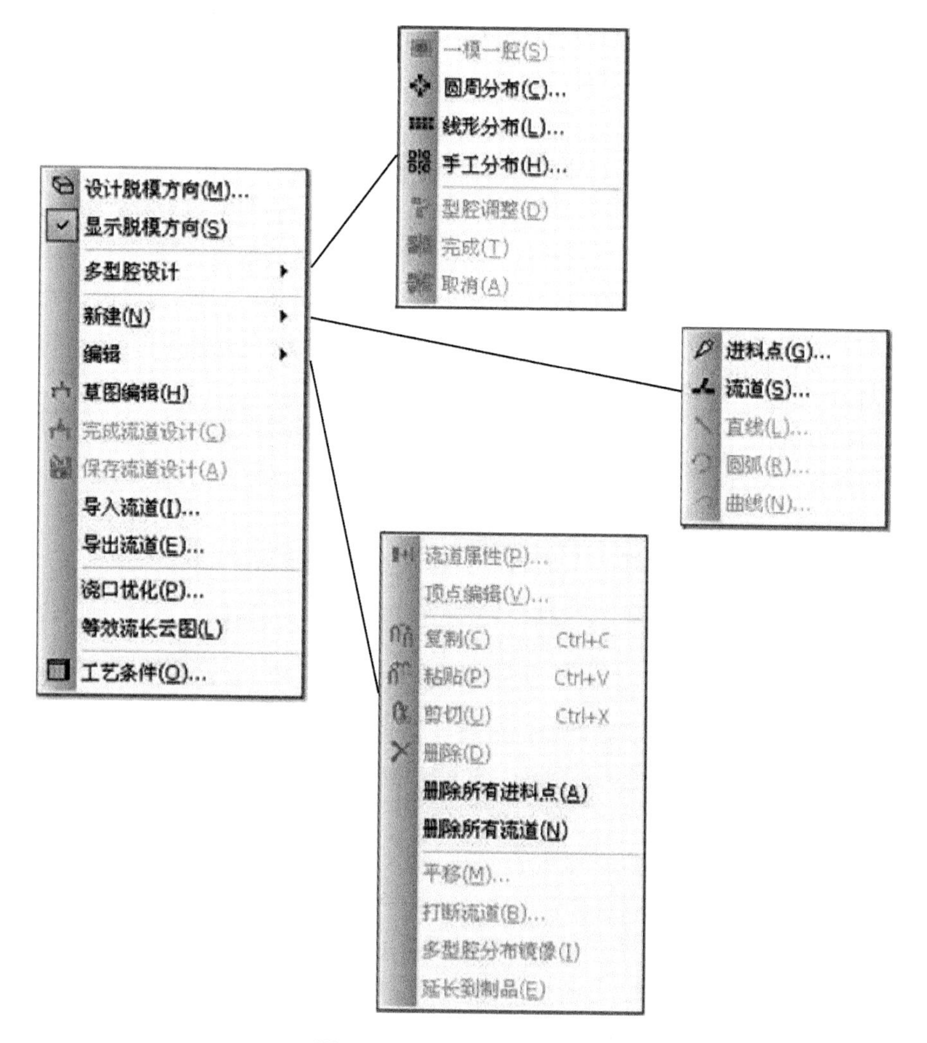

图 3－19 “充模设计”菜单

1. 脱模方向

脱模方向由动模中心指向定模中心，是进行多型腔设计和流道设计的必需的参考方向，在进行多型腔设计和流道设计前必须设计脱模方向。用户第一次进入充模设计窗口时，系统会将世界坐标系中的 Z 轴正方向作为默认的脱模方向。脱模方向用一根单向箭头表示，箭头指向定模的方向。“显示脱模方向”命令用于控制脱模方向的显示与隐藏。

脱模方向的设计比较简单，一般情况下可以直接选择 X、Y、Z 三个方向中的一个，但是考虑到特殊情况下，用户需要自行设计，用户可以通过在零件上选点的方式获得，脱模方向为该点所在平面的法矢方向。脱模方向设计对话框如图 3－20 所示。

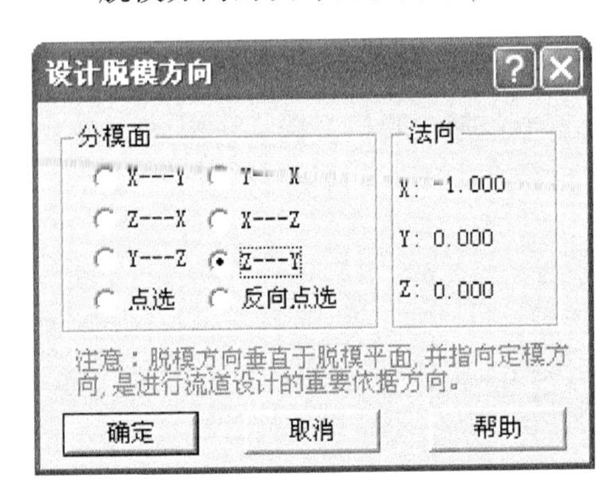

图 3－20 “设计脱模方向”对话框

2. 进料点

进料点在制品上，是塑料熔体进入制品的位置，进料点通常与浇口或流道相连，在华塑 CAE 系统中，进料点默认以黄色的箭头表示。

“新建→进料点”菜单项可以在制品上新建一个进料点。当选择该命令后，系统弹出如图 3－21 所示的对话框，在该对话框中直接输入进料点的坐标，或选择该对话框中的“选择”按钮后通过鼠标左键在制品上点选一点，得到该点的坐标后，选择“应用”按钮即可在制品上添加一个进料点。成功后，在该处将出现一个“ ”标志表示用户已经成功设计好一个进料点。如果用户觉得某个已经设计好的进料点不是很合理时，可以单击图形工具栏的“选择”按钮“ ”选中该进料点，选择“编辑→删除”菜单项，如果删除成功则对应的进料点标志“ ”会消失。

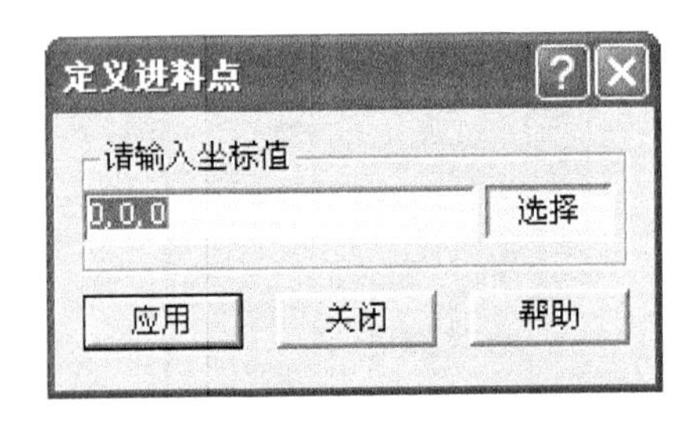

图 3－21 “定义进料点”对话框

考虑到与系统其他功能的兼容性，故用户在添加进料点的过程中需要注意如下几点。

(1) 在用户已经设计好进料点的情况下，如果需要进行多型腔设计，则当前方案中已经设计好的进料点将会全部丢失，用户需要重新设计进料点；

(2) 用户在已经设计好多型腔的前提下，如果需要将设计在某个型腔的进料点镜像到其他型腔上，可以先选中该进料点，然后选择“编辑→多型腔分布镜像”，系统会在所有其他型腔相同的位置添加进料点。

注意：可以选择“编辑→删除所有进料点”的菜单命令，用于将所有已经设计好的进料点全部删除。这样可以避免逐个删除时可能造成的疏漏。

3. 多型腔设计

HsCAE3D 系统中的多型腔设计系统是一个相对独立于系统的三维造型模块。用户可以比较轻松地使用该模块生成多型腔，系统提供了三种多型腔排布的方法：圆周分布、线形分布和手工分布，用户可以任意选择其中一种。首先根据系统提供的圆周分布、线形分布和手工分布三种型腔分布方式进行所有型腔位置的初步设计，然后通过调整各个型腔的位置完成一模多腔的型腔布置。这里将介绍在多型腔设计过程中的一些技巧和方法。

注意：用户进行多型腔设计之前必须先进行脱模方向设计，这样在多型腔设计过程中才有方向的依据。

（1）圆周分布。选择“多型腔设计→圆周分布”菜单项，系统进行多型腔设计预处理，弹出如图 3－22 所示“圆周多型腔设计”对话框。该对话框会帮助用户在多型腔设计过程中将型腔分布调整到最佳状态，从而满足用户需要。用户既可以通过键盘输入的方式来控制相应的参数，也可以通过拖动滑动条的方式来获取所需要的数值。其中系统将会根据用户对参数的修改来自动进行型腔相对位置的调整，在视觉上给用户最直观的提示。设计参数的具体含义如下：

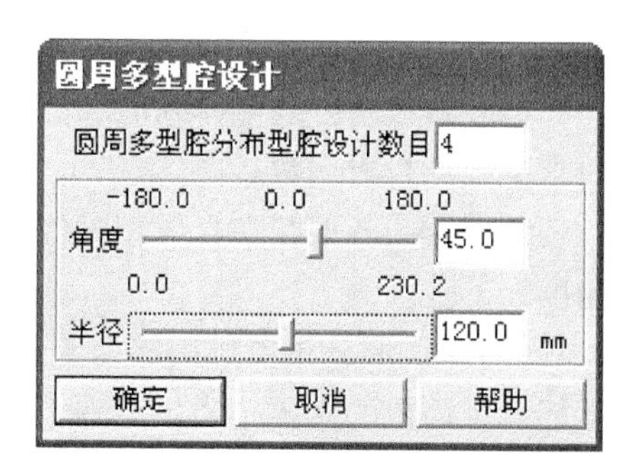

图 3－22 “圆周多型腔设计”对话框

型腔数目——圆周排列型腔的具体数目，即型腔数目。

角度——各型腔在自己相对位置上，以各自中点为圆心，绕脱模方向旋转的角度。

半径——每个型腔中心相对于圆周分布中点的距离，即圆周半径。圆周半径已设置好最大、最小值，基本上能满足用户的需要，当该范围不能满足用户需要时，用户可以通过手工输入数值的方法来获得。

设计结果如图 3－23 所示。

（2）线形分布。选择“多型腔设计→线形分布”菜单项，系统进行多型腔设计预处理，然后弹出如图 3－24 所示“线形多型腔设计”对话框。该对话框左上角的图形表示对话框上“L”、“H”的尺寸含义。线形分布对话框帮助用户在多型腔设计过程中将型腔分布调整到最佳状态。用户既可以通过键盘输入的方式来控制相应的参数，也可以通过拖动滑动条的方式来获取所需要的数值。其中系统将会根据用户对参数的修改来自动进行型腔相对位置的调整，在视觉上给用户最直观的提示。设计参数的具体含义如下。

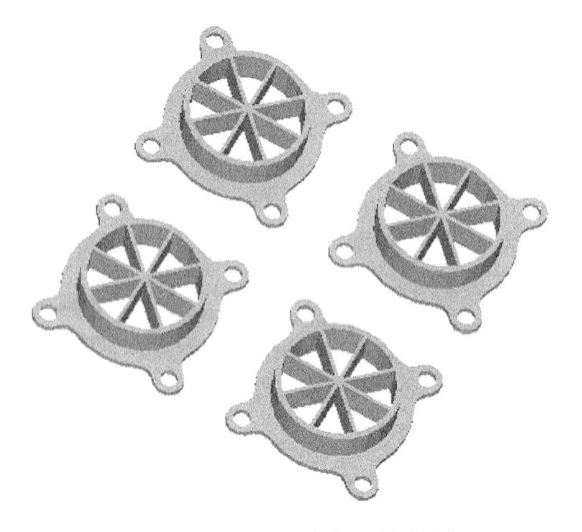

图 3－23　圆周分布设计结果

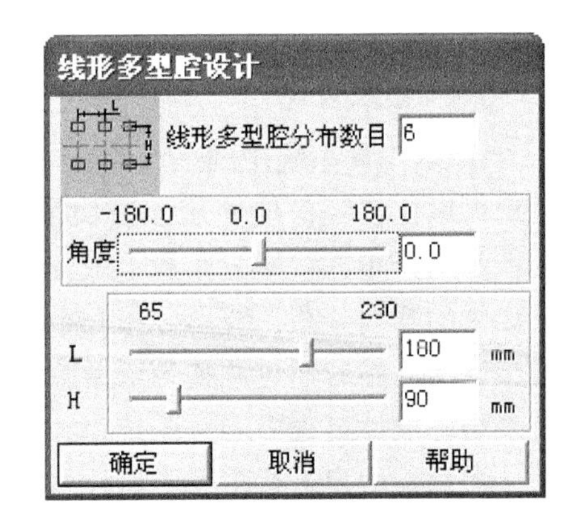

图 3－24　“线形多型腔设计”对话框

型腔数目——线形排列型腔的具体数目，即型腔数目。在线形分布过程中，要求型腔数目为偶数。

角度——各型腔在自己相对位置上，以各自中点为圆心，绕脱模方向旋转的角度。

L——线形分布单排相邻型腔之间的距离。该距离设有最大、最小值，基本上能满足用户的需要，当该范围不能满足用户需要时，用户可以通过手工输入数值的方法来获得。

H——线形分布两排型腔之间的距离。该距离设有最大、最小值，基本上能满足用户的需要，当该范围不能满足用户需要时，用户可以通过手工输入数值的方法来获得。

设计结果如图 3－25 所示。

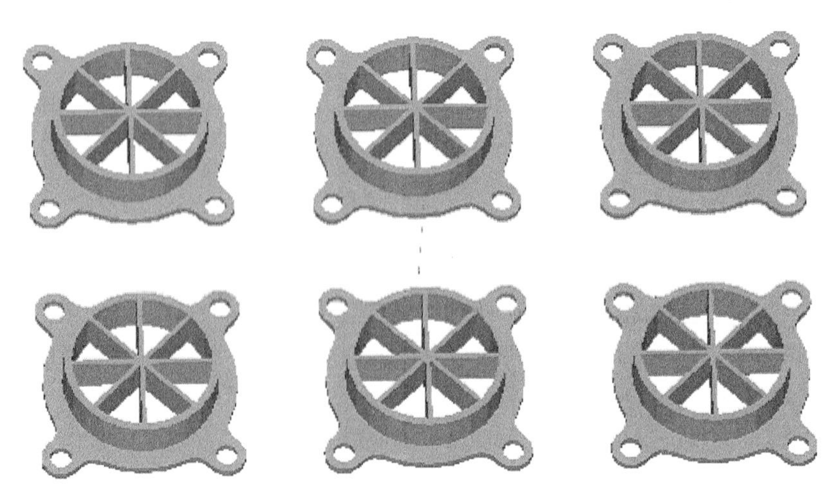

图 3－25　线形分布设计结果

（3）手工分布。手工分布是一种更为自由的多型腔设计方式，以弥补圆周分布和线形分布的不足。选择“多型腔设计→手工分布”菜单项，系统进行多型腔设计预处理，然后弹出如图 3－26 所示“手工多型腔设计”对话框。在这个对话框中，用户可以设定型腔数目和每行的型腔数目，还可以对整排整列的型腔进行整体布局上的调整。用户既可以通过键盘输入的方式来控制相应的参数，也可以通过拖动滑动条的方式来获取所需要的数值。其中系统将会根据用户对参数的修改来自动进行型腔相对位置的调整，在视觉上给用户最直观的提示。设计参数的具体含义如下。

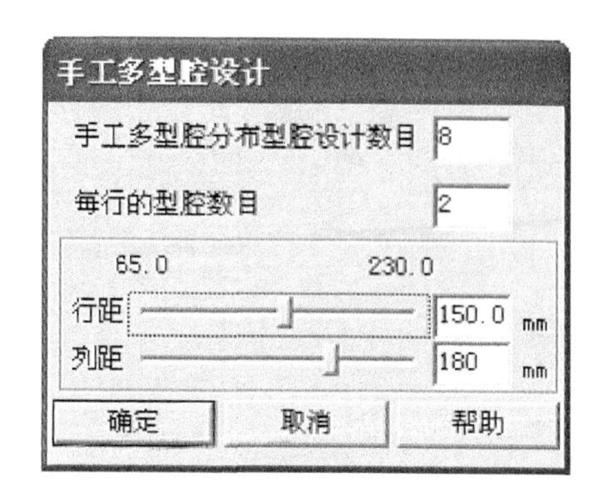

图 3－26 “手工多型腔设计”对话框

型腔数目——所有型腔的总数目，即一模几腔。

每行的型腔数目——每行的型腔数目 × 行数 = 总的型腔数。

行距——手工多型腔分布时的行距。

列距——手工多型腔分布时的列距。

设计结果如图 3－27 所示。

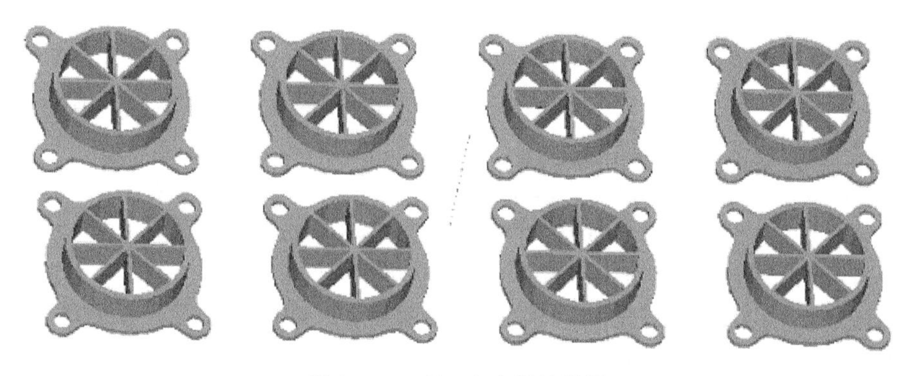

图 3－27 手工分布设计结果

（4）型腔调整。完成圆周、线性或者手工多型腔设计以后，可以单击图形工具栏的“选择”按钮“↖”点选某个型腔或者框选多个型腔，此时选中的型腔会被一个高亮显示的包容框包围，表示该型腔被选中。然后选择“多型腔设计→型腔调整”菜单项，此时系统会弹出如图 3－28 所示“多型腔调整”对话框。该对话框会帮助用户在多型腔设计过程中将型腔分布调整到最佳状态。用户可以通过键盘输入的方式来控制相应的参数，也可以通过拖动滑动条的方式来获取所需要的数值。其中系统将会根据用户对参数的修改来自动进行型腔相对位置的调整，在视觉上给用户最直观的感受。设计参数的具体含义如下：

X——型腔在世界坐标系上朝 X 方向移动的距离，其中正值表示朝正方向，

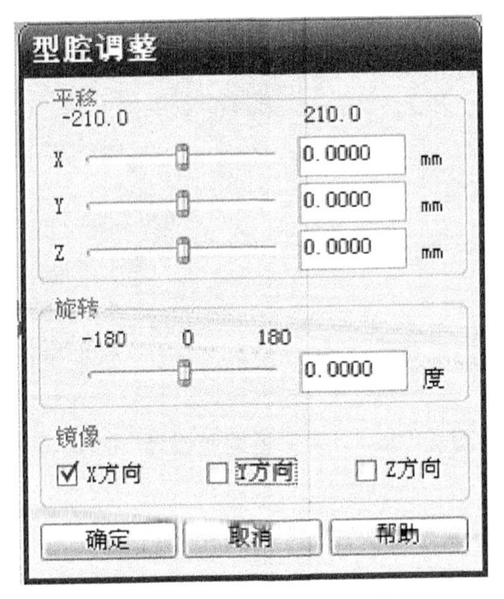

图 3-28 “型腔调整”对话框

反之为反方向。距离设置最大、最小值，基本上能满足用户的需要，当该范围不能满足用户需要时，用户可以通过手工输入数值的方法来获得。

Y——型腔在世界坐标系上朝 Y 方向移动的距离，其中正值表示朝正方向，反之为反方向。距离设置最大、最小值，基本上能满足用户的需要，当该范围不能满足用户需要时，用户可以通过手工输入数值的方法来获得。

Z——型腔在世界坐标系上朝 Z 方向移动的距离，其中正值表示朝正方向，反之为反方向。距离设置最大、最小值，基本上能满足用户的需要，当该范围不能满足用户需要时，用户可以通过手工输入数值的方法来获得。

角度——各型腔在自己相对位置上，以各自中点为圆心，以脱模方向为矢量进行旋转的角度。

镜像——各型腔在自己相对位置上，以各自中点为基准点，按所选择的方向进行镜像用户对某个型腔的调整完成时，可以直接单击“确定”按钮来确认该型腔的具体位置，如果不需要当前操作则可以单击“取消”按钮恢复以前的设计状态。

当用户认为手工分布型腔的设计已经达到自己的要求时，可以通过选择“多型腔设计→完成”来结束当前多型腔设计的工作或者选择“多型腔设计→取消”放弃当前的多型腔设计，回到多型腔设计前的状态。

注意：用户在完成多型腔设计之后一定要单击“多型腔设计→完成”按键，否则，之前进行的设计并未被系统确认，即多型腔设计并没有完成。

4. 流道系统

华塑 CAE 系统的流道设计采用从进料点开始到主流道的自底向上的设计思路。首先通过在制品上选择进料点位置，然后设计的进料点作为流道基准点，依次设计和进料点相连的进料点、分流道，最后设计主流道，完成流道设计。华塑 CAE 系统提供了流道设计相应的菜单命令，如图 3-19 所示，并辅之以如图 3-29 所示的“充模设计工具栏”。

进行流道设计之前，用户应该了解系统中流道的两种显示方式：一种是设计状态中的流道，同时脱模方向也作为参考方向显示出来，如图 3-30 所示。另一种是已经设计好的流道。它可以直接用来分析，系统会将其制品即时显示，如图 3-31 所示。从结构上也可以看出区别，设计好的流道包含了自动生成的冷料井。

图 3－29　“充模设计工具栏”

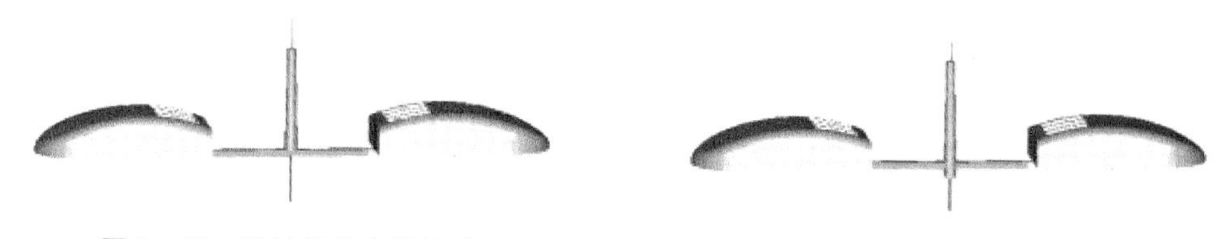

图 3－30　设计状态中的流道　　　　图 3－31　已经设计好的流道

为了保证流道信息和制品信息的相对独立性，当流道设计并没有完成时，系统将设计好的部分流道保存为设计状态，但这样的流道并不能用于分析。它并不会随制品图形显示（若用户此时要强制切换到制品图形窗口，系统会将设计的部分流道转为设计完成的状态）。只是当用户再次进行充模设计时，这些已经设计好的流道才会显示出来。用户可以在这些已经设计好的流道基础上进行继续设计。当然用户如果不满意当前已经设计好的流道，则可以选择“编辑→删除所有流道”将其全部删除。

当用户认为在当前流动方案中的流道设计已经完成，则可以通过单击流道设计工具条上的“设计完成”按钮“”将设计状态中的流道转变成可以做流动分析的流道，当然，用户若在流道设计状态下直接做流动分析时，系统会自动判断当前是否有正在设计的流道，如果有则自动将其转化为可以分析的流道。此时用户可以看到，流道已经自动加上了冷料井。如果当前设计好的流道不合理，或者还有进料口没有设计，系统会提醒用户，用户可以继续进行流道设计，包括删除多余流道或进料口操作，直至合理为止。当然用户也可以选择删除所有流道，放弃本次设计重新开始。

在进行流道设计前，用户需要确定流道设计方式。HsCAE 系统的流道设计有以下两种方式。

（1）实体编辑模式。流道设计采用从进料点开始到主流道的自底向上的设计思路。首先通过在制品上选择进料点位置，然后以设计的进料点作为流道基准点，依次设计和进料点相连的进料点、分流道，最后设计主流道，完成流道设计。

实体编辑模式的流道设计一般按照如下的步骤进行。

（1）设计脱模方向。

（2）多型腔设计。

（3）设计进料点。

（4）设计分流道与主流道。

（5）完成流道设计。

（6）设置充模工艺条件。

（2）草图编辑模式。在 HsCAE3D 系统中建立流道中心线，或从其他 CAD 系统导入流道中心线，然后通过对流道中心线指定流道属性，完成流道设计。

在 HsCAE 系统中，实体编辑模式和草图编辑模式通过“设计”菜单中的“草图编辑”命令进行切换，实体编辑模式下的流道以实体的形式显示，草图编辑下的流道以线条的形式显示。两种编辑模式如图 3－32 和图 3－33 所示。

图 3－32　实体编辑模式　　图 3－33　草图编辑模式

草图编辑模式的流道设计一般按照如下的步骤进行。

（1）设计脱模方向。

（2）多型腔设计。

（3）设计进料点。

（4）设计流道中心线。

（5）为流道中心线指定流道属性。

（6）完成流道设计。

（7）设置充模工艺条件。

实体编辑模式的流道设计工作可依靠“设计→新建→流道”命令进行，当选择该命令后，需要通过鼠标左键点选已有的进料点或已有的流道的起点或终点作为新建流道的起点。在选择了新建流道起点以后，在流道起点处将出现流道设计坐标轴，并弹出“流道设计”对话框，有两种方式添加一条流道：再次选择另一个进料点或另一个流道的端点；在“流道设计”对话框中设定好流道的方向、长度、截面形式后选择确认按钮。“流道设计”对话框中各个参数的含义如下。

（1）坐标系。当选择流道端点后，在视图中将出现当前流道设计采用的坐标系。其中红色的直线表示参考坐标系的 X 轴方向，绿色的直线表示参考坐标系的 Y 轴方向，蓝色的直线表示参考坐标系的 Z 轴方向。当采用基于 X 轴的方向进行流道设计时，X 轴为流道的走向方向，Y 轴为流道的截面的正方向。当采用基于 Y 轴进行流道设计时，Y 轴为流道的走向方向，Z 轴为流道的截面的正方向。当采用基于 Z 轴进行流道设计时，Z 轴为流道的走向方向，X 轴为流道的截面的正方向。流道设计中指定的旋转角度以及指定的流道端点的坐标均为参考坐标系中的坐标值。坐标系如图 3 – 34 所示。

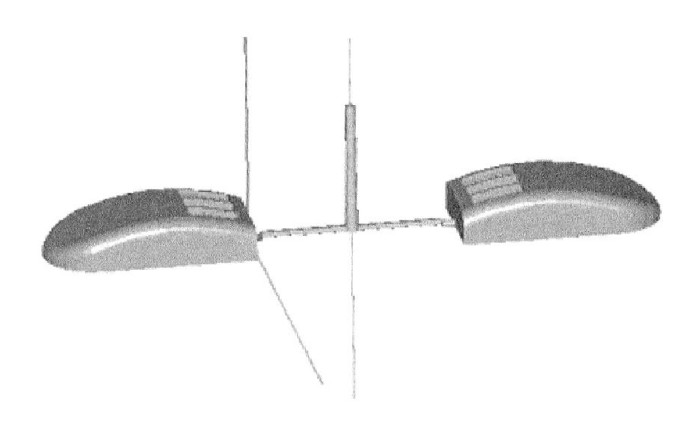

图 3 – 34　流道设计参考坐标系

流道设计时采用的参考坐标系有如下两种：

① 分模面坐标系。系统中的分模面是根据用户选择的脱模方向来确定的，分模面垂直于脱模方向。分模面坐标系的坐标原点在用户当前选择的基点。当用户选择的基点为浇口的时候，浇口所在制品上的表面的法向方向为坐标系的 X 轴方向，脱模方向在与 X 轴垂直的平面上的投影方向为 Y 方向；当用户选择的基点为某段流道的端点或中点的时候，坐标系的 X 方向为脱模方向，Y 方向为与 X 方向垂直的方向。

② 制品坐标系。制品坐标系的坐标原点在导入的几何模型造型中定义为坐标原点，X 轴为几何模型造型中定义的 X 方向，Y 轴为几何模型造型中定义的 Y 方向。制品坐标系的方向与视图中右下角显示的坐标轴相同。

（2）基准。流道设计对话框顶端的基准为三种，其中使用三种不同的颜色分别与屏幕上流道设计坐标系对应，选择的基准方向将作为新建流道的轴向方向，并作为水平和旋转方向参数的基准轴。

（3）长度。利用滑动条可以获得流道的长度，但是采用滑动条获得的流道长度均为整数值，要想获得更大或者更小数值，在滑动条右侧的编辑框中手工输入即可。

（4）旋转。当流道的方向不在基准轴的方向的时候，可以通过改变水平和垂直的角度来改变流道的方向，水平和垂直的角度以选择的基准轴为基准，分别表示流道沿另两条轴（非基准轴）方向旋转的角度。

（5）截面。流道截面参数指定了流道的形式，对于不同的流道截面，具有不同的参数，如下：

① 圆形流道：半径表示流道起点截面的半径，小半径表示流道终点截面的半径。

② 上半圆与下半圆：半径表示半圆截面的半径。

③ 上梯形与下梯形：宽表示梯形截面底边的长度，高表示梯形截面上下边

之间的高度，角度表示梯形的边与梯形高度方向的夹角。

④ 六角形：宽表示流道中心线上六角形的宽度，高表示六角形高度方向（与宽度方向垂直方向）上流道的高度。角度表示六边形的斜边与高度方向的夹角。

⑤ 上扇形和下扇形：扇形的流道用于设计扇形浇口，起点宽表示扇形浇口起点中心线上矩形的宽度，起点高表示扇形浇口起点中心线上矩形的高度，终点宽表示扇形浇口终点中心线上矩形的宽度，终点高表示扇形浇口终点中心线上矩形的高度。

⑥ 上 U 形和下 U 形：高度 H 表示底边到 U 弧顶的高度，边长 L 表示底边的宽度，角度 A 表示斜边与底边垂线的夹角。在 U 形截面中存在关系：U 顶弧半径 R = 1/2H。

注意：扇形流道必须和浇口相连。

上半圆、上梯形和上 U 形是指流道的截面相对于流道中心线的位置和脱模方向同向；下半圆、下梯形和下 U 形是指流道的截面相对于流道中心线的位置和脱模方向反向，如图 3 - 35 所示。

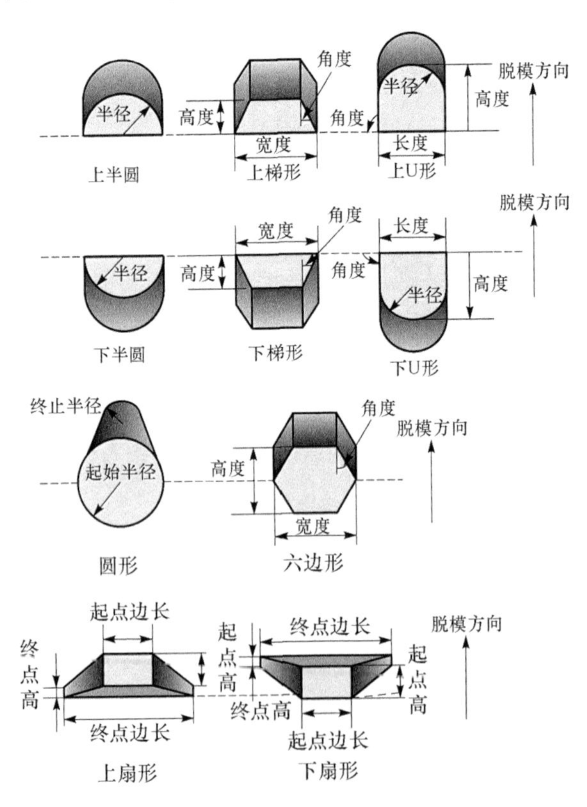

图 3 - 35　流道截面的定义

（6）流道类型。流道类型可以为浇口或流道。

(7) 阀浇口属性。HsCAE 系统中的阀进料点设定在流道或浇口上，可以设定在流道的前端、后端和中点，具有如下两种功能：

① 指定为热流道上的阀进料点，通过指定阀浇口打开的时间，模拟真实注塑过程中的阀浇口。

② 指定通过该段流道的流量，进行流量控制。

如果选择了“存在阀浇口”，则表示在该流道上设定了阀浇口，取消“存在阀浇口”的选择，则表示取消该流道阀浇口的设定。阀浇口的位置可以设置在流道的前端、后端或中间。当设定阀浇口后，在流道上会以黄色显示流道上设定的阀浇口。当流道上设定了阀浇口时，还需要指定阀浇口的长度，阀浇口的长度不能超过流道的长度。(如图 3-36 所示)

注意：设计阀浇口后，可以在工艺条件设置中设置阀浇口的流量控制以及阀浇口的打开时间。

(8) 热流道属性。系统支持常用的流道类型，包括冷流道、绝热流道和热流道，并用不同的颜色表示，冷流道用粉红色绘制，绝热流道用红色绘制，热流道用深红色绘制。

绝热流道注射模对流道中的塑料熔体采用绝热的方法，热流道注射模需要在流道内或者流道附近设置加热器，使浇注系统中的塑料在整个生产过程中一直保持熔融状态。对于热流道，可以设定热流道的温度，热流道的温度表示热流道中实际维持的温度。

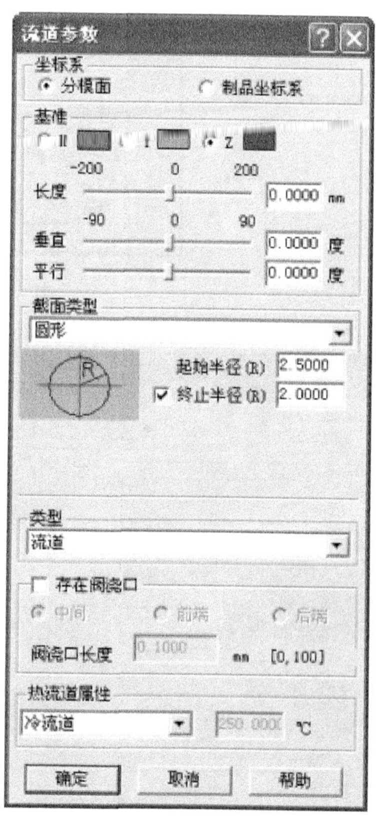

图 3-36 “流道设计”对话框

在用户进行流道设计时，会用到以下功能。

(1) 新建流道“[icon]”。选择需要进行流道设计的开始点，开始点包括进料点、已经设计好的流道的端点或者中点，当用户选点成功，该点就会以高亮度显示（进料点除外）。同时该命令还可以在点取开始点后继续点击其他点来进行中间流道的直接生成。本流道设计系统完全建立在以进料点为基点的基础上。所以用户首先应该选择进料点。当然若有流道存在，用户可以选择已经设计好的流道的端点或者中点。当用户点取该命令时，即可在制品上选择任意进料点来进行流道设计。当进料点被选中后，系统会在进料点处自动生成流道设计的参考坐标系和“流道设计”对话框。而当用户想生成连接型的中间流道，则可以再次选点，系统会自动生成中间流道，此时参考坐标和对话框会自动消失。

（2）新建流道中心线。在草图编辑模式下，选择“新建→直线”命令后，通过输入直线的起点和终点坐标，即可新建一条流道中心直线；选择“新建→圆弧”命令后，通过输入圆弧上的三个点的坐标，即可新建一条流道中心圆弧；选择“新建→曲线”命令后，通过输入曲线上各点的坐标，即可新建一条流道中心曲线。通过指定新建“圆弧”或“曲线”可以设计香蕉形浇口和潜伏式浇口。“新建直线”对话框，如图3－37所示。

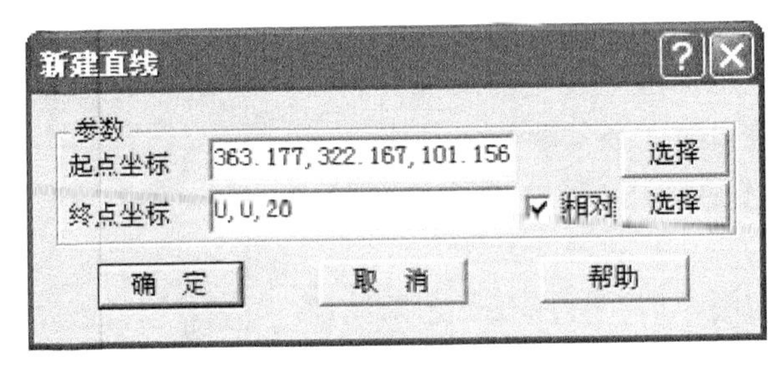

图3－37 “新建直线”对话框

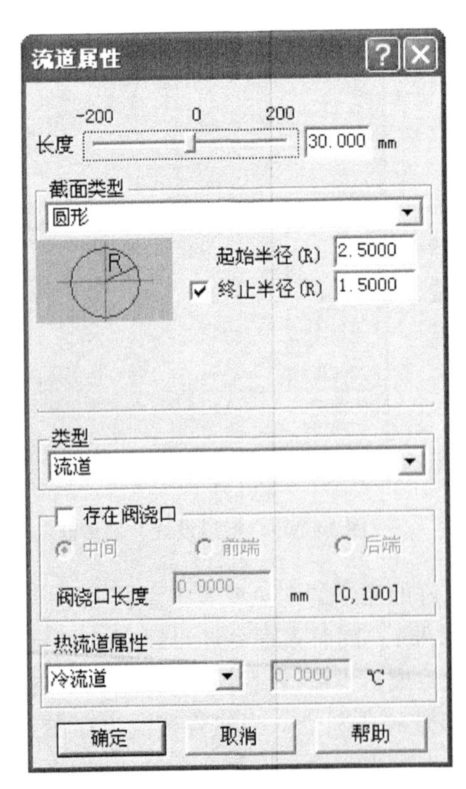

图3－38 修改流道参数对话框

（3）编辑流道。编辑流道前需要先选择需要编辑的流道。通过点击图形工具栏的“选择”按钮“↖”选择需要指定流道属性的流道或流道中心线后，被选择的流道或中心线即会以高亮度显示，此时可以进行如下的操作：

① 修改流道的截面类型和界面参数、修改热流道属性“▮+▮”，就会弹出如图3－38所示的流道参数编辑对话框，可以修改流道的截面类型和界面参数、修改热流道属性。

注意：当选择了一条流道或流道中心线时，可以修改所有的流道参数；当选择了两条或两条以上流道或流道中心线时，只能修改流道的热流道属性。

用户可以通过修改被选择的流道或中心线的任意参数来达到流道修改的目的，包括以下几个方面：

流道的长度——流道起点到终点的长度，流道的起点为流道设计的基点（进料点、设计流道时选择的另一段流道的端点或中点）。

形状——选择流道的截面类型，当前可以选择的截面形状有：圆形、上半圆、下半圆、上梯形、下梯形、六边形、上扇形、下扇形、上 U 形、下 U 形和中心线。

流道截面类型——对于不同的流道截面，具有不同的参数，如果是圆形流道，半径表示流道起点截面的半径，小半径表示流道终点截面的半径；如果是半圆形流道，半径表示半圆形截面的半径；对于梯形截面流道，宽表示梯形截面底边的长度，高表示梯形截面上下边之间的高度，角度表示梯形的边与梯形高度方向的夹角；对于六角形流道，宽表示流道中心线上六角形的宽度，高表示六角形高度方向（与宽度方向垂直方向）上流道的高度。角度表示六边形的斜边与高度方向的夹角；对于上扇形和下扇形流道，起点宽表示扇形进料点起点中心线上矩形的宽度，起点高表示扇形进料点起点中心线上矩形的高度，终点宽表示扇形进料点终点中心线上矩形的宽度，终点高表示扇形进料点终点中心线上矩形的高度；对于上 U 形和下 U 形，高度表示底边到 U 顶弧的高度，边长表示底边的宽度，夹角表示斜边与底边垂线的夹角。

阀浇口属性——设定在流道的前端、后端和中点，并指定阀浇口的长度。

流道类型——冷流道、绝热流道或者热流道。

② 修改流道的位置。在草图编辑模式下，选择“编辑→顶点编辑”命令后，选择需要编辑的流道中心线的端点，可以重新输入流道中心线端点的坐标。

③ 复制、剪切、粘贴、删除。选择“编辑→复制”命令，可以将所有选择的流道和流道中心线、进料点复制到剪贴板上；选择“编辑→剪切”命令，可以将所有选择的流道和流道中心线、进料点剪切到剪贴板上；选择“编辑→粘贴”命令，可以将剪贴板上的流道和流道中心线、进料点复制到当前方案中；选择“编辑→删除”命令，可以删除当前选择的流道和流道中心线、进料点；选择“编辑→删除所有进料点”命令，可以删除当前方案的所有进料点；选择“编辑→删除所有流道”命令，可以删除方案的所有流道和流道中心线。

④ 高级编辑。选择“编辑→平移”命令，可以将当前选择的进料点、流道和流道中心线平移指定的距离；选择“编辑→打断”命令，可以将当前选择的流道和流道中心线打断成指定段数的流道或流道中心线；选择“编辑→多型腔分布镜像”命令，可以将当前选择的进料点、流道和流道中心线按照多型腔分布进行镜像；选择“编辑→延长到制品”命令，可以将当前选择的流道或流道中心线距离制品较近的端点沿着流道方向移动到制品上。

⑤ 删除流道或流道中心线“✕”。当用户对某段流道或中心线，或者流道或中心线的某部分设计不满意时，可以通过使用该命令来删除不满意的流道或流道中心线。点击图形工具栏的“选择”按钮“↖”，选择需要指定流道属性的流道或流道中心线后，被选择的流道或中心线即会以高亮度显示，然后选择该命令将该段流道或中心线删除。

⑥ 完成流道设计“”。当用户认为自己的流道设计已经完成时，可以单击该命令，此时，流道设计系统会依次进行如下工作：判断流道设计是否合理，如果流道设计不合理，则提醒用户检查流道并重新设计；判断所有的进料点是否都进行了流道设计，如果还有进料点没有设计流道，则提醒用户对剩下的进料点设计流道，或者删除多余的进料点。当系统认为用户设计好的流道符合要求时，系统将自动生成冷料井，完成流道设计，并对流道系统进行网格划分。

（4）工艺条件“”。成型工艺设置是华塑 CAE 系统前处理的重要组成部分，与用户交互最多。它能让用户方便地选择材料、注射机，为用户智能地设置各种成型参数（如注射时间、分级注射等）。合理地设置成型工艺能有效减少用于确定最佳方案而进行 CAE 分析的次数。由于华塑 CAE 采用了人工智能领域的相关技术，大大降低了用户设置成型工艺的难度，用户将在软件的帮助下顺利地完成设置任务。用户可以选择“设计”菜单中“工艺条件”菜单项或者“充模设计工具栏”中按钮“”来启动工艺条件设置模块。成型工艺设置模块分为以下几个部分：

① 材料选择。“制品材料”属性页中用户可按“材料种类”和“商业名称”查询所需的材料。例如要选择塑料“ABSPA757”，首先在“材料种类”列表框中找到塑料品种“ABS”并选中。其次在“商业名称”列表框中选择“ABSPA757”，单击该条目完成材料选择操作。用户也可以直接单击“搜索”按钮根据“材料种类”和“商业名称”搜索材料。此外，用户可点击“查看”按钮对材料数据进行查看，界面如图 3－39 所示。如图 3－40 所示，对话框右侧显示了选中塑料的表观粘度在三种温度下随剪切速率变化的曲线图。从三条曲线的接近程度可判断该熔体表观粘度对温度和压力的敏感性。

② 注射机选择。“注射机”属性页提供了注射机的选择、查询功能，界面如图 3－41 所示。用户根据属性页左侧提示的“制品主要参数”和右侧提供的“注射机主要参数”相匹配的原则，从注射机数据库中选择一种满足注射量要求的注射机。注射机查询可直接单击“搜索”按钮根据“注射机商业名称”和“注射机制造商”搜索注射机。

③ 成型条件。成型条件用于设置注射温度、模具温度和环境温度，如图 3－42 所示，用户可以根据系统推荐的最佳值来设置。

④ 注射参数。“注射参数”属性页用于设置充填控制方式，并可设置分级注射曲线以及充模时间，其界面如图 3－43 所示。充填控制有以下多种方式供选择。

a. 自动控制：系统按照最优的充模时间设置充填时间，此方式不可设置分级注射方式。

b. 充填时间 s 控制：控制参数为充填时间，点击充模时间推荐，计算注射压力—充填时间曲线，选择一个较合适的充填时间值。如果使用充模时间推荐，系统默认情况下，如果满足注塑机参数时，将设置充模时间为压力最小的注射时间点，此方式不可设置分级注射方式。

材料数据

材料描述 | 成型参数 | 熔体指数

种类 ABS *

商业名称 ABS 750 *

制造商 Kumho Chemicals Inc *

材料结构 无定形 *

材料ID 7587 *

数据来源 Other

创建时间 2006- 7-26 *

测试日期 2006- 7-26 *

纤维/填充物

填充物数据

名称	比重

查看

退出 帮助

图 3－39　材料数据查看

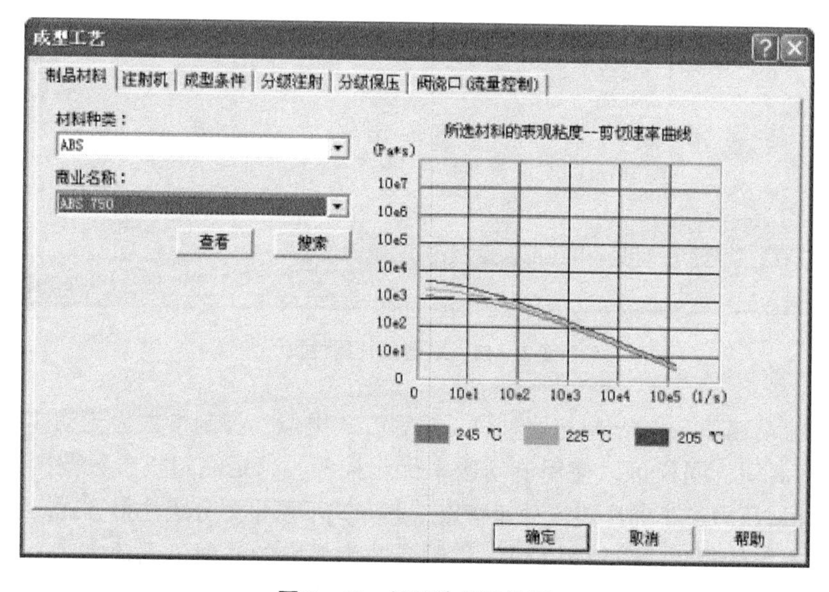

图 3－40　材料选择属性页

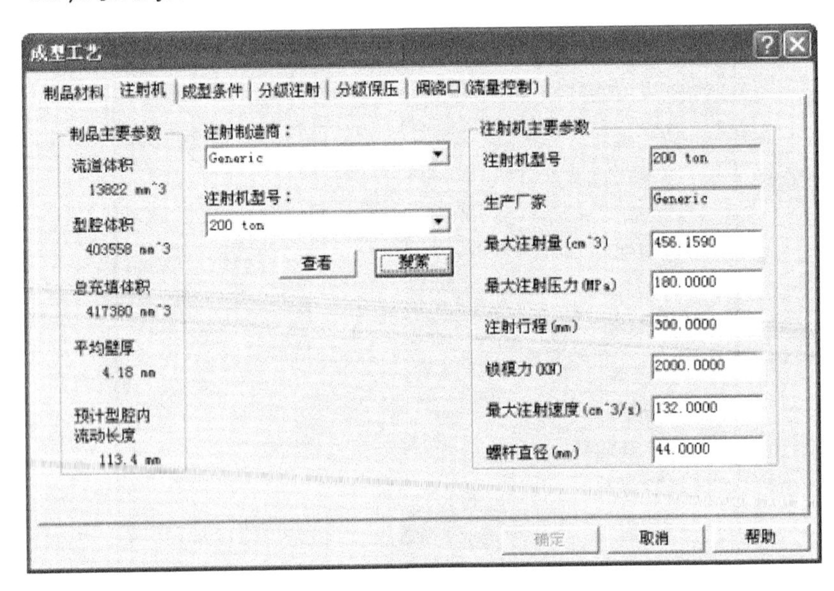

图 3-41　注射机选择属性页

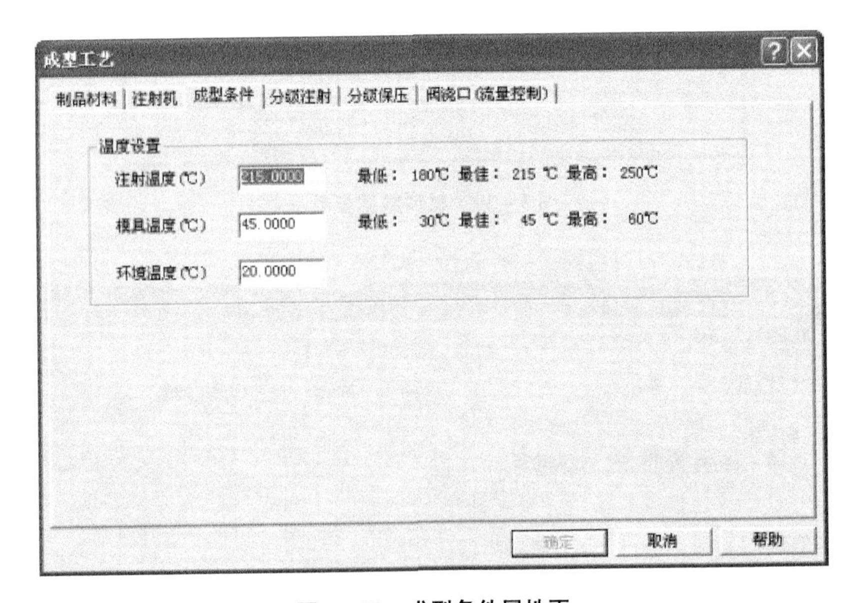

图 3-42　成型条件属性页

c. 流动速率 cm/s：与充填时间 s 控制方式类似，控制参数为流动速率，反比于充填时间，同样可以使用流动速率优化推荐，满足注塑机参数范围的情况下，同样取压力最小的注塑流动速率点，此方式不可设置分级注射方式。

d. 充填体积%—流动速率%：控制参数为最大的注塑机流动速率，在此页面不可修改，只能在注塑机参数页面修改。此方式可以设置分级注射方式。X 轴为充填体积百分比，Y 轴为流动速率百分比。

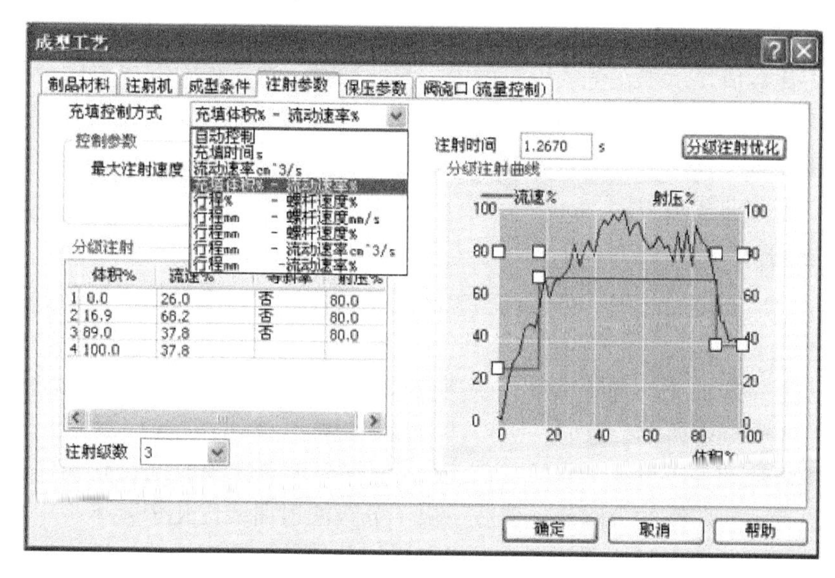

图 3-43　分级注射属性页

e. 行程%—螺杆速度%：控制参数为最大螺杆速度，在此页面不可修改，只能在注塑机参数页面修改。此方式可以设置分级注射方式。X 轴为行程百分比，Y 轴为螺杆速度百分比。

f. 行程 mm—螺杆速度 mm/s：控制参数为注射的起点和终点。在默认情况下，系统设置注射终点为 5 mm，即 5 mm 垫料，注射起点为 5 mm 往回推实际的注塑行程，可以修改，系统提供根据制品体积算出的理想注塑行程换算的注塑起点推荐值。此方式可以设置分级注射方式。X 轴为行程位置，Y 轴为螺杆速度。

g. 行程 mm—螺杆速度%：控制参数为注射的起点和终点。默认情况下，系统设置注射终点为 5 mm，即 5 mm 垫料，注射起点为 5 mm 往回推实际的注塑行程，可以修改，系统提供根据制品体积算出的理想注塑行程换算的注塑起点推荐值。此方式可以设置分级注射方式。X 轴为行程位置，Y 轴为螺杆速度百分比。

h. 行程 mm—流动速率 cm/s：控制参数为注射的起点和终点。默认情况下，系统设置注射终点为 5 mm，即 5 mm 垫料，注射起点为 5 mm 往回推实际的注塑行程，可以修改，系统提供根据制品体积算出的理想注塑行程换算的注塑起点推荐值。此方式可以设置分级注射方式。X 轴为行程位置，Y 轴为流动速率。

1. 控制参数

控制参数为决定每次充填结果的控制变量。不同充填控制方式有不同的控制参数，具体请见每种充填控制方式。

2. 注射级数

可选择 1～5 级中的某一级，每一级提供“匀速”和“等斜率匀加速”两种设置方式。通过鼠标拖拉右侧曲线图的控制点（具体坐标轴所表示的含义见不同的充填控制方式的具体介绍），改变分级注射各级的流量和压力设置，相应流量比和压力比数值显示于左侧的编辑框中，与此同时，总充模时间也将随流量曲线的变化而发生改变，其数值显示于“总充模时间”编辑框中。与这种设置方式相对应，也可直接在左侧“分级控制点设置”编辑框中设置以上两条曲线，其变化反映在右侧的曲线图中。

3. 注射时间

表示注射充模的时间。可以调整该时间，系统将自动反求相应控制方式的分级曲线参数。

根据上一次的流动分析结果（快速分析即可）来优化出一条分级流量曲线，如图3－43中红线所示。此时，点击“分级注射曲线优化”按钮，系统将根据当前的分级级数和各级设置（是否等斜率），依据当前总充模时间优化出一条最大限度上逼近理想曲线的分级流量曲线。由于分级注射曲线优化依赖于上一次的分析结果，所以必须有了快速分析结果或者详细分析结果之后才能启用该功能。

图中界面右侧曲线图横坐标为用户实际选择注射机的螺杆行程，左侧纵坐标为注射机可调的注射速度范围，右侧纵坐标为注射机可调的注射压力范围。界面左侧“分级控制点设置”中的可调编辑框显示的数值为相应物理量的百分比。

分级注射曲线与总充模时间之间存在很紧密的关系，当用户对分级曲线进行设置的同时，系统将根据以上关系自动计算出相应的总充模时间。反之，用户修改总充模时间后，系统将调整分级注射曲线的高度比来适应对总充模时间的改动。

当用户点击“分级注射曲线优化”按钮时，系统将在总充模时间不变的前提下用折线（黑色）拟合系统计算出的理想分级曲线（红色）。由于分级曲线必须满足充模时间不变的要求，所以拟合出的曲线控制点有可能超出了注射机的最大注射速度，此时系统弹出消息框，提示用户选择较大注射速度的注射机或者增大充模时间后再进行优化尝试。

当用户点击“充模时间优化”按钮时，系统将运用人工智能技术，以最小注射压力和较短注射时间为目标为用户优化出最佳的充模时间。由于分级曲线需要和充模时间保持一致，系统将在分级曲线形状不变的前提下自动调整分级曲线的高度比，此时，如果曲线的控制点超出了注射机的最大注射速度，系统将弹出提示消息框，建议用户选择较大注射速度的注射机后再试。

通常，流动分析方案在经过“充模时间”优化和“分级注射曲线”优化之后才能达到最佳效果，建议用户先进行一次快速分析（在任意成型条件下）使系统计算出流动前沿信息，进而获取理想分级注射曲线，然后再对成型条件进行详细设置。设置“分级曲线”页面时建议先利用“分级注射曲线优化”功能优化分级曲线，然后使用“充模时间优化”功能优化注射时间。

（1）保压参数。“保压参数”属性页用于设置保压参数，如图3－44所示。

保压级数—保压过程分级数；

系统提供如下几种保压控制方式（如图 3－45 所示）：

① 时间 s—最大机器注射压力%：设定的压力为注射机最大压力的比值；

② 时间 s—保压压力 MPa：直接设定保压压力值；

③ 时间 s—最大机器液压压力%：设定的压力为注射机最大机器液压压力的比值；

④ 时间 s—最大充模压力：设定的压力比为充模过程最大注射压力的比值，充模过程的最大注射压力由分析计算得到；

⑤ 时间 s—自动压力控制：自动计算保压过程需要的保压压力。

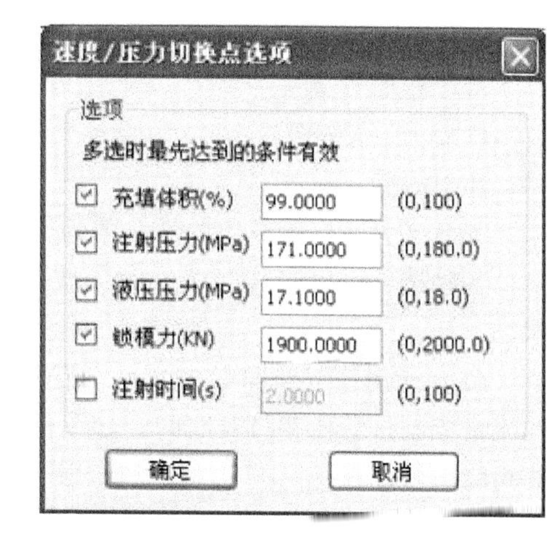

图 3－44　速度/压力切换控制

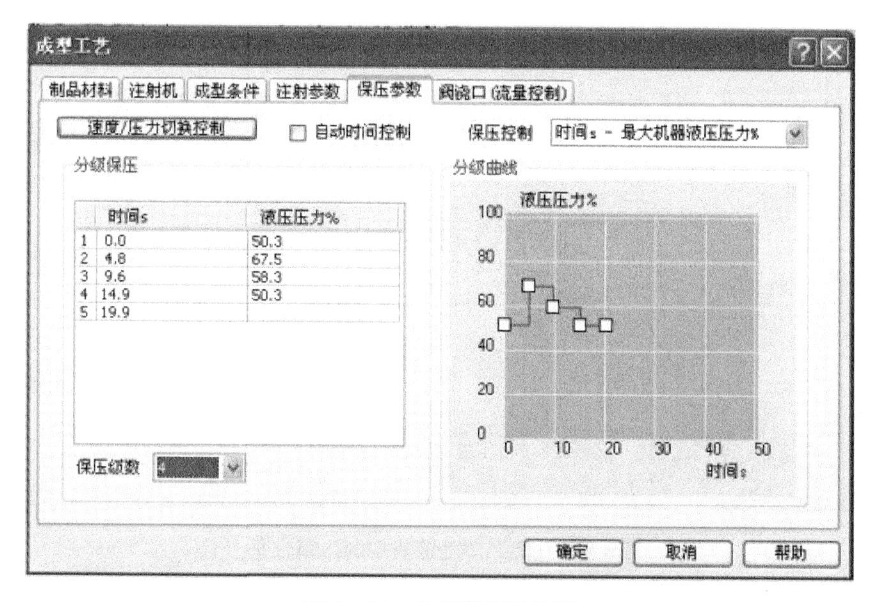

图 3－45　分级保压属性页

自动时间控制——系统采用 15 s 作为自动保压控制时间，即如果实际保压过程中，浇口冷却时间小于 15 s，则按实际时间保压，否则 15 s 后仍未冷却，只保压 15 s。选择自动时间控制时，不可使用分级选项。

速度/压力切换控制——保压参数设置页面中，当您选择了速度/压力后，将显示速度/压力切换点选项对话框，如图 3－44 所示：

系统提供 5 种参数的保压切换方式：

充填体积（%）；

注射压力（MPa）；

液压压力（MPa）；

锁模力（KN）；

注射时间（s）。

其意义为达到所设定的某参数为保压切换开始点。

各种选项可以多选，多选时，按实际模拟计算最先达到的条件切换成保压状态。

（2）阀浇口（流量控制）。“阀浇口（流量控制）”属性页用于设定阀浇口的流量控制百分比和打开时间，如图3－46所示。通过在阀浇口列表中双击对应的阀浇口可以在弹出的“阀浇口（流量控制）设定”对话框中设定阀浇口的流量控制百分比和打开时间，如图3－47所示。当前选择的阀浇口在视图中以绿色高亮显示。“阀浇口（流量控制）设定”对话框中各参数的含义如下：

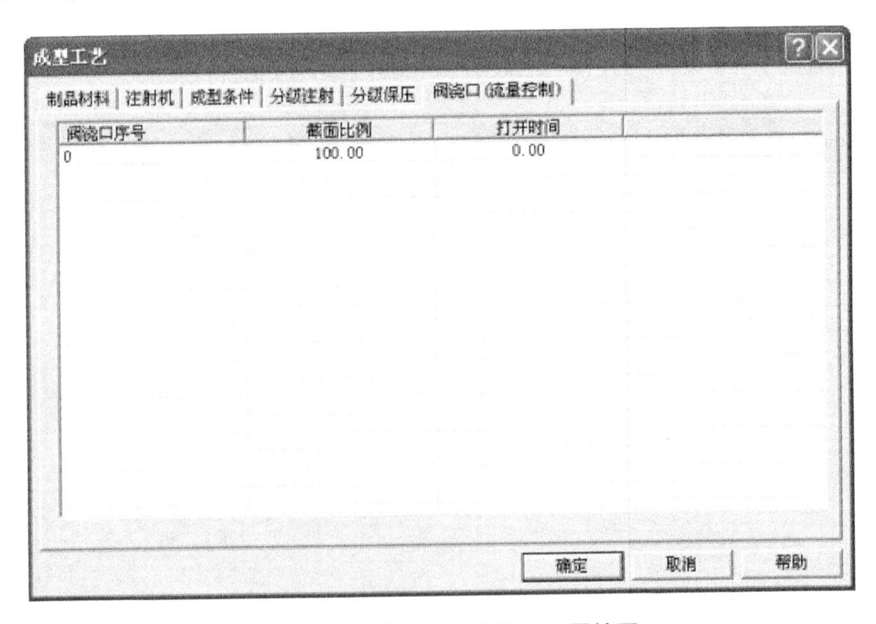

图3－46　阀浇口（流量控制）属性页

截面比例——当阀浇口打开时打开的程度（打开的截面和整个截面的比例）。

压力比——“一直开”表示该阀浇口从注射开始一直处于开的状态；“一直关”表示该阀浇口从注射开始一直处于关的状态；自定义表示从注射开始到注射结束的时间范围内指定阀浇口打开的时间。

3.4.2　冷却设计

在注射成型过程中，模腔及熔体温度场的变化直接影响生产效率和制品的质量。在注射成型过程中塑料熔体所释放的热量绝大部分由冷却介质带走，因此注

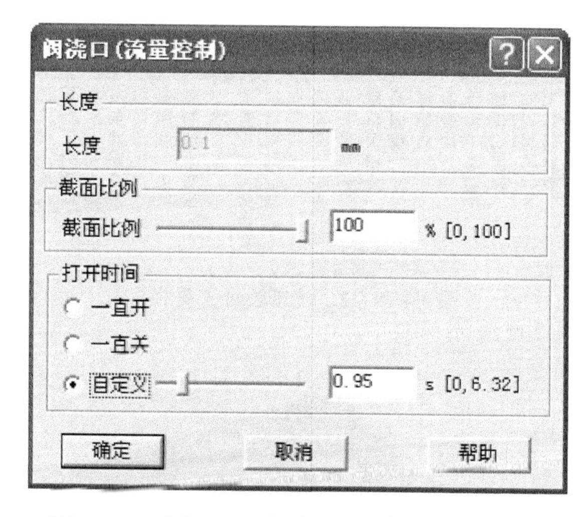

图 3-47　阀浇口（流量控制）参数设定对话框

射模的冷却时间主要取决于模具冷却系统的冷却效果。据统计，模具的冷却时间约占整个注射循环周期的2/3，因此缩短注射循环周期的冷却时间是提高生产效率的关键。其次模具及制品的温度分布与制品的应力、应变及翘曲有着直接的关系，模温与制品温度对制品质量的影响表现在如下几个方面：翘曲变形、尺寸精度、力学性能和表面质量。因此，采用冷却分析进行温度调节系统的设计，不仅准确、可靠，而且节省了产品的开发费用和模具的设计及制品的生产费用。

冷却设计系统采用交互设计方式极好地支持注塑模冷却系统中的各种冷却结构设计。包括冷却水管以及多种特殊结构：隔板、喷流管和螺旋管。系统还支持复杂的冷却系统设计，包括串联、并联和混联的回路形式并提供冷却回路的有效性检查。可以方便快捷地设计出满足要求的合理冷却回路。在 HsCAE3D 7.0 版本中，增加了从 IGES 文件中导入直线、圆弧和曲线作为冷却回路中心线的方式建立冷却系统和将冷却设计系统中设计的回路中心线导出为 IGES 文件的功能。在 HsCAE3D 7.1 版本中，又新增水路的平移、旋转及镜像功能，并且参考面不再依赖于回路，设计的回路也可以独立于参考面存在，因而可以自由建立冷却回路。在 HsCAE3D 7.5 版本中，增加了螺旋管、隔板和喷流管增加空间定位功能。

用户可以使用主菜单，如图 3-48-1 所示，或者冷却设计工具栏，如图 3-48-2 所示来进行冷却设计。冷却回路系统结构如图 3-49 所示。

图 3-48-1　冷却设计主菜单

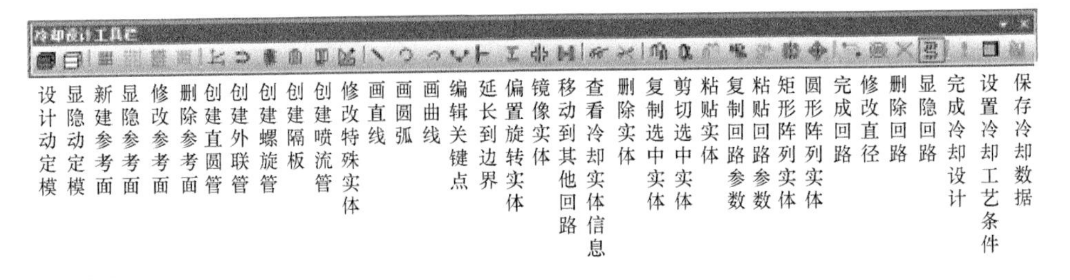

图 3-48 2 冷却设计工具栏

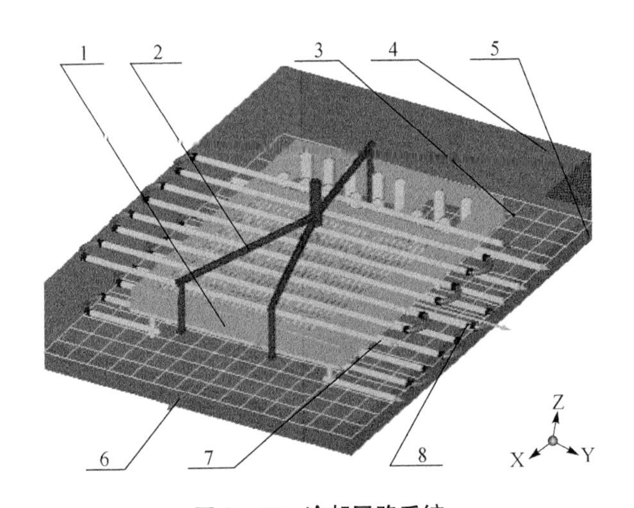

图 3-49 冷却回路系统

1—制品；2—流道；3—参考面；4—定模；5—动模；
6—参考坐标系；7—型腔回路；8—型芯回路

1. 冷却系统设计步骤

(1) 动定模设计。这是进行冷却设计的第一步，该功能为用户提供了一种虚拟动定模设计的简单途径，便于后续回路设计、定位及合理性检查。后续的回路设计只能在设计的动定模范围内进行，如果在后续设计过程中需要重新设计动定模，则已经完成的回路设计将全部设置为未完成状态，但系统保留了回路草图，便于用户修改。动定模设计界面如图 3-50 所示。对话框中各参数的含义如下：

中心偏移——虚拟型腔中心点相对于制品中心的偏移量，初始时这两个中心重合。设置该偏移量的目的是使制品分型面和模具分型面（动定模结合面）重合，后续回路设计时定位就比较简单准确，后续相关内容会详细解释其原因。

自定义 X 方向——设置虚拟模腔绕 Z 轴（脱模方向）旋转的角度，因为虚拟模腔初始时的位置是以制品的包容立方体为基准，对称放大用户指定的 XY 方向面板尺寸得到的，制品在模具中的位置并不一定与现实中一致，有可能错开某个角度。

模板尺寸——设置模板 XY 方向（与脱模方向垂直）的尺寸，及模板的长

图 3－50　设计虚拟型腔对话框

宽；并设置模板厚度，及 Z 方向（脱模方向）尺寸。

（2）冷却回路设计。冷却系统的设计以回路为单位进行，冷却设计工具栏和主菜单，如图 3－48－1、图 3－48－2 所示为用户提供了相关命令。在此介绍一个更集中、更方便的工具“冷却管理器”，如图 3－51 所示，同样采用树状结构管理回路数据，不同分支节点的右键快捷菜单提供了丰富的回路设计命令，例如回路的显隐、参考面的显隐等十分有用的操作。

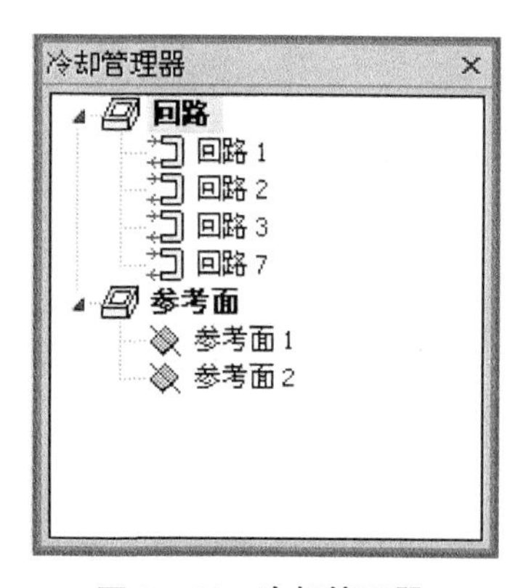

图 3－51　冷却管理器

系统将冷却回路分为两大类：草绘回路和导入回路。导入 IGES 方式建立的回路和原有的草绘方式建立回路有很多区别。导入方式建立回路不依赖于参考面，所以所有关于参考面的操作在导入回路中都不可用；草绘方式建立回路是严格依赖于参考面的，所以有些适用于导入回路的操作也不可在草绘回路中使用。导入回路和草绘回路所处的坐标系也不同，导入回路的冷却实体一律是处于制品坐标系中的，草绘回路的冷却实体是处型腔坐标系中的，该坐标系是用户在设计虚拟型腔的时候生成的。

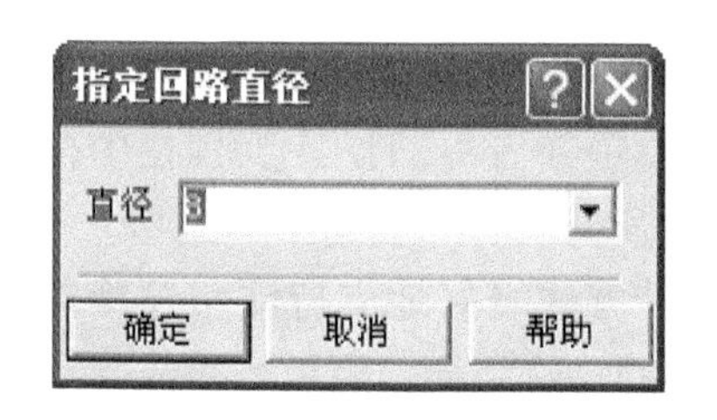

图 3－52　“指定回路直径”对话框

① 草绘回路方式。

a. 添加回路

用户点击添加回路命令后系统会弹出如图 3－52 所示对话框，提示用户指定回路直径，即冷却管道的直径。系统规定一条回路只能有一个直径。

如果用户在设计的过程中或者设计完毕后觉得已经设置的回路直径不合适，可以点击“冷却管理器”回路节点的右键快捷菜单“修改直径”菜单项，或者冷却设计工具栏中按钮“”来修改回路直径。

注意：这里所指的冷却回路直径指的是等效直径，一般为回路水管的直径，当回路中含有螺旋管、隔板或者喷流管等特殊结构时，仍然以水管直径作为回路直径。

b. 参考面设计。参考面是一个与脱模方向垂直、与分型面（动定模结合面）平行、XY 方向尺寸与虚拟型腔 XY 方向尺寸同样大小的平面。它在冷却系统设计中占有举足轻重的地位，是冷却回路设计的载体。无论是回路管道的布置，还是特殊结构的设计定位均需要在参考面上进行。

选择“设计”菜单中“新建参考面”菜单项，或者冷却设计工具栏中按钮“”，系统就会弹出如图 3－53 所示对话框提示用户输入参考面的参数。

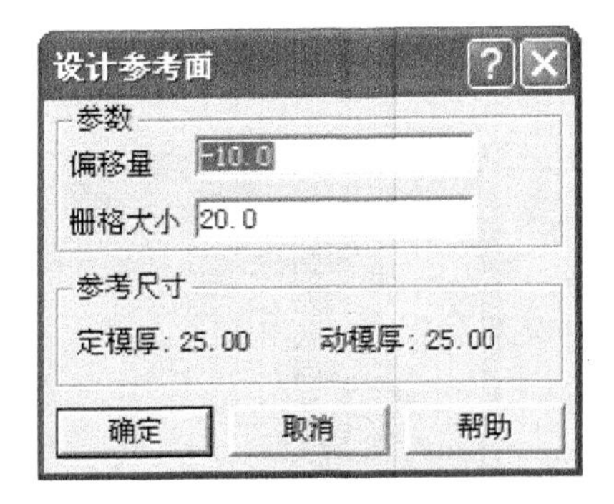

图 3－53 “设计参考面”对话框

偏移量——参考面相对于分型面（动定模结合面）的偏移距离，沿定模（脱模方向）的偏移量为正，反之为负。在设计虚拟型腔的时候如果用户已经将动定模结合面与分型面重合，指定参考面偏移量的时候就可以根据实际生产中的偏移量进行，否则需要用户自己计算。

栅格大小——用户的主要设计工作都是在参考面上进行，如冷却管道的布置，在系统中体现为在参考面上绘制直线，系统使用栅格来定位，用户绘制的关键点（如直线的起点、终点和特殊结构的插入点等）都只能在栅格点上，所以需要指定栅格大小。

在设计的过程中，如果用户需要改变某些参数，可以选择“设计”菜单中“重定义面”菜单项或者冷却设计工具栏中按钮“”再次弹出参考面设计对话框来修改参数。

注意：对于无用的参考面，用户可以删除，选择“设计”菜单中“删除参考面”菜单项或者冷却设计工具栏按钮“”就可以删除当前选中的参考面。在删除前要确保该参考面的确无用，因为删除参考面的同时，参考面上所有实体都被删除。

注意：选择“设计”菜单中“删除回路”菜单项或者冷却设计工具栏中按钮“”可以删除当前选中的回路，与回路相关的所有内容均被删除。

c. 编辑冷却实体。冷却设计系统采用交互设计方式极好地支持注塑模冷却系统中的各种冷却结构设计。包括冷却水管以及多种特殊结构：隔板、喷流管和螺旋管。

冷却设计系统为冷却水管提供了两种编辑方式：鼠标编辑和基准编辑。

鼠标编辑是通过鼠标来确定水管的起点和终点。而基准编辑提供了更加精确的输入点输入方式。反复操作即可生成一系列连接的线段。如果需要开始编辑一条新的水管，可以选择右键菜单里的“继续”菜单项。不再需要编辑水管时，选择“退出”菜单项结束水管编辑状态，如图 3－54 所示。

图 3－54　冷却回路设计快捷菜单

编辑水管外接橡皮管，先点击冷却设计工具栏中按钮“”，再通过鼠标确定外接橡皮管的起点和终点即可。

注意：系统认为合理的外联管的结构为起点与终点均位于虚拟型腔的同一侧面上且不可在虚拟型腔的棱边上。

编辑隔板、螺旋管和喷流管三种特殊的冷却实体。单击每一特殊冷却实体相应图标按钮进行编辑，移动鼠标指针，单击鼠标左键，在弹出的对话框中设定合适的参数，点击“确定”按钮即可完成设计。如果想要修改某特殊实体可选择单击冷却设计工具栏中按钮“”，用鼠标指针指向欲修改的实体，实体变红后点击鼠标左键选择相应菜单项即可。如果想要删除某特殊实体，需要先选中该实体，再单击冷却设计工具栏中按钮“”即可完成删除操作，在 HSCAE 7.5 版本中还增加了对 Del 键的支持。

② 导入回路方式。

a. 导入回路。首先选择“设计”菜单中的“导入冷却回路”命令，选择要导入的 IGES 文件。此时系统弹出如图 3－55 所示的对话框。

图 3－55　是否转换回路到型腔坐标系

如果 IGES 文件中的冷却回路在 CAD 系统中是参照模具设计的，则选择“是”，系统会将 IGES 文件中的坐标换算到型腔坐标系，并且要求指定该回路的直径，如图 3－52 所示；如果是参照制品设计的，则选择“否”，系统对其坐标不作换算处理；选择“取消”，系统取消导入回路操作。

注意：即使选择“是”，导入的冷却实体仍旧处于制品坐标系，而不是处于型腔坐标系。选择“是”只是使系统根据型腔坐标系和制品坐标系的位置关系将实体的坐标进行了换算。

b. 编辑冷却实体。编辑导入的实体由于导入的冷却回路很可能不满足本系统的回路的概念，所以需要对其进行预处理。首先需要对回路进行分割，选择若干实体，单击冷却设计工具栏中按钮“”，可以将一个导入的回路分割移动到若干个回路中，从而保证一个回路只有两个孤立端点；然后选择孤立端点所在的实体，单击冷却设计工具栏中按钮“”，再用鼠标选择要延长的端点，单击鼠标即可将其延长到型腔边界，从而保证出入口在模具的边界的条件。

注意：HsCAE 系统中的回路只允许有两个孤立端点作为回路的出口和入口，并且出口和入口必须在模具的边界。

注意：分割回路时可以用智能选择功能。即点击选择按钮，同时按下 Shift 键，选择一个或多个实体后，所有和这些实体首尾相连的实体都会被自动选择，这样对于选择属于同一个回路的实体特别方便。

可以从 IGES 中导入本系统的实体有三种：直线、圆弧和 NURBS 曲线。所以系统提供了对这三种实体的新建以及编辑功能。用户可以通过冷却设计工具栏中按钮“”指定两点画一条直线，通过冷却设计工具栏中按钮“”指定圆弧通过的三个点画一条圆弧，也可以通过冷却设计工具栏中按钮“”指定一系列点插值得到一条 NURBS 曲线。

要编辑已经存在的实体端点，可以单击冷却设计工具栏中按钮“”，然后选择一个需要编辑的关键点，修改其坐标值即可。

如果导入的冷却回路在空间位置上需要调整，则先选择需要调整的实体，激活“偏置”和“旋转实体”两个按钮，点击冷却设计工具栏中按钮“”，则可实现对选中实体的偏置和旋转。

编辑水管外接橡皮管、隔板、螺旋管和喷流管等冷却实体，与草绘方式一致。在 HSCAE3D 7.1 版本中以上的编辑操作对所有的回路均可用，使得设计更为灵活。另外新增加了镜像实体的功能，而其偏移旋转的功能也有所增强。

要对冷却实体进行镜像操作，可以单击冷却设计工具栏中按钮“”，就会弹出镜像实体对话框，如图 3－56 所示。

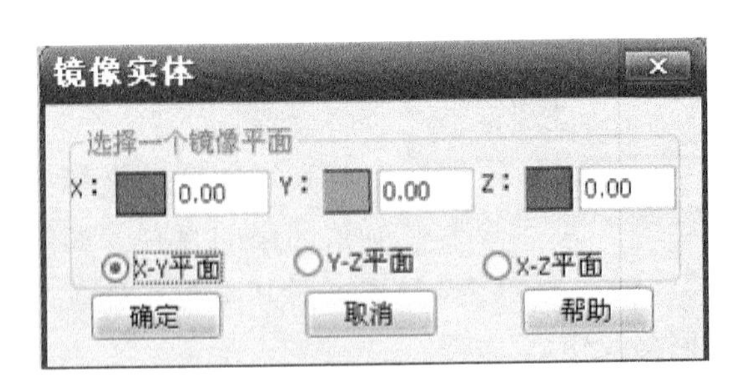

图 3－56 “镜像实体”对话框

镜像实体的功能，用户可以更加方便地设计冷却管道。首先可根据需要选择要镜像的实体，然后选择该命令，弹出“镜像实体”对话框，可根据需要设置镜像平面，X、Y、Z 三个文本框中的数值是镜像平面在型腔坐标系的 X、Y、Z 轴方向的偏移。图 3－56 中选择的镜像平面就是与 X－Y 面平行的平面。

③ 完成回路。回路设计结束后，用户可以选择“设计”菜单中“完成回路”或者冷却设计工具栏按钮“”来指定回路出入口，如图 3－57 所示。冷却系

统要求在完成回路的时候必须保证回路有且仅有两个合理端点（合理端点意味着该端点必须是冷却水管的端点而不是其他冷却结构的端点，该端点必须位于虚拟型腔的侧面上而不可以位于其内部，该端点也不能位于虚拟型腔的棱边上）。出入口形式一是指让其中一个端点为回路的入口，另一个为出口；出入口形式二是指让另一个端点为回路的入口，前一个为出口。在这个对话框中还可以修改在新建回路时初步指定的回路直径。接下来还可以设置回路中冷却介质的参数，包括入口流量（入口流速、入口压力）、入口温度、冷却介质类型。在“完成回路”对话框第一次弹出时，各个参数都会有一个缺省值，这些值是能够满足回路中的冷却介质达到紊流状态的最低值。如果当前设置的参数不能使冷却介质达到紊流状态，将会弹出警告对话框，并给出符合要求的最小值。单击应用按钮将能够设置的参数保存到回路中，同时能够根据所选设置的入口流量、入口流速、入口压力其中的一个参数计算出另外两个参数的值以供参考。

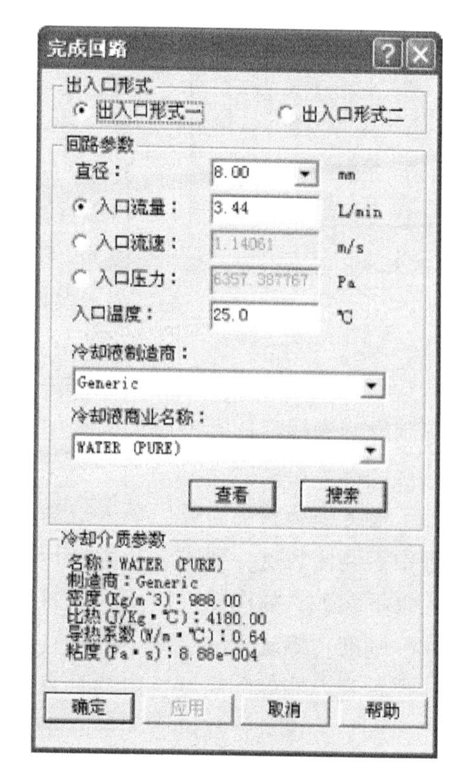

图 3－57 完成回路

回路设计完成以后，用户可以选择“冷却管理器”中“回路”单击右键快捷菜单中“回路信息”菜单项来查看回路统计数据，如图 3－58 所示，包括：回路直径、回路长度、回路流量、回路弯头数、回路压力降和最小雷诺数，如果用户还没有设置冷却工艺条件，则由于回路流量未知，所以回路流量、回路压力降和最小雷诺数也未知。为了保证冷却介质的冷却效率，要求最小雷诺数大于 10 000，以保证冷却介质处于紊流状态。

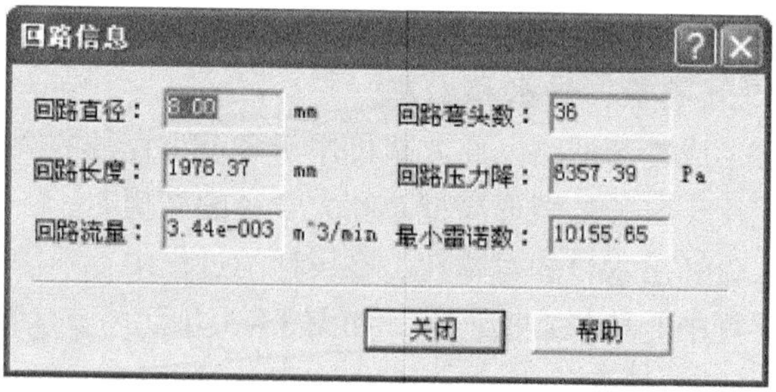

回路信息

回路直径：8.00 mm　回路弯头数：36

回路长度：1978.37 mm　回路压力降：6357.39 Pa

回路流量：3.44e-003 m^3/min　最小雷诺数：10155.65

关闭　帮助

图 3－58 回路信息

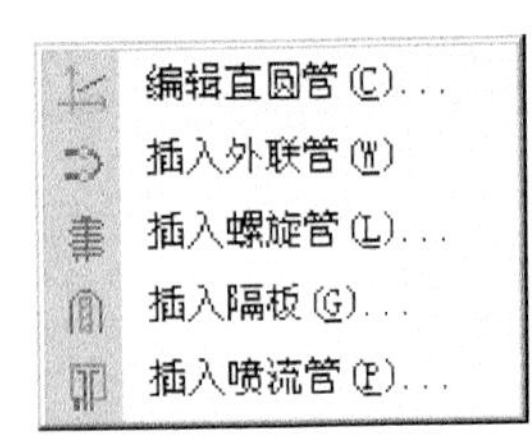

图3－59　草图快捷菜单

④ 冷却特殊结构。系统提供的冷却特殊结构包括：螺旋管、隔板和喷流管。用户可以在“冷却管理器”中“草图”节点上单击右键弹出快捷菜单，如图3－59所示，包含三个插入冷却特殊结构的命令，也可以在冷却设计工具栏上单击按钮“螺旋管”、“隔板”和“喷流管”。这三种特殊冷却结构比较复杂，设计时需要用户输入的参数也较多，下面依次介绍。

a. 螺旋管。螺旋管冷却方式一般用于大直径的圆柱高型芯，在芯柱外表面车制螺旋沟槽后压入型芯的内孔中。冷却介质从中心孔引向芯柱顶端，经螺旋回路从底部流出。

设计螺旋管的时候，插入点为其中心点，也是冷却介质入口点，在设计的过程中需要注意这一要求，否则会带来不正确的结果。在设计时需要在对话框中输入以下参数，如图3－60所示。对话框中各参数含义如下。

基准：螺旋管的空间中的位置基准；

垂直：螺旋管高度方向的垂直角度；

水平：螺旋管高度方向的水平角度；

进口转角：螺旋管进出口方向的相对转动角度；

偏移（O）：插入点到螺旋起始部位的轴向距离；

高度（H）：螺旋管高度；

直径（D）：螺旋管直径；

截面长（L）：螺旋沟槽截面长度；

截面宽（W）：螺旋沟槽截面宽度；

螺距（P）：螺距；

旋向：左螺旋或右螺旋。

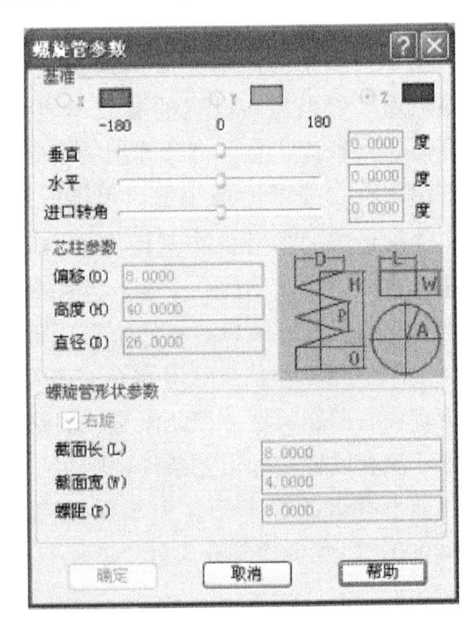

图3－60　设置螺旋管参数

b. 隔板。在实际生产应用中，隔板是使用最多的一种特殊冷却结构。它在型芯的直管道中设置隔板，进水和出水与模具内横向管道形成冷却回路。此方式可用于多个小直径的圆柱型芯；用串联管路方法，也可应用于窄长的矩形高型芯和大直径的高型芯。

由于隔板进水口和出水口的对称性，在设计的过程中，不需要关心水流的方向，只需输入对话框中需要的数据即可，如图3－61所示。对话框中各参数含义如下：

基准：隔板的空间中的位置基准；

垂直：隔板高度方向的垂直角度；

水平：隔板高度方向的水平角度；

进口转角：隔板进出口方向的相对转动角度；

直径：隔板直管道直径；

高度：隔板高度；

偏移：插入点到直管道的轴向距离。

c. 喷流管。在型芯中间装一个喷水管，进水从管中喷出后再向四周冲刷型芯内壁，低温的进水直接作用于型芯的最高部位。这种冷却方式大多用于小直径型芯。

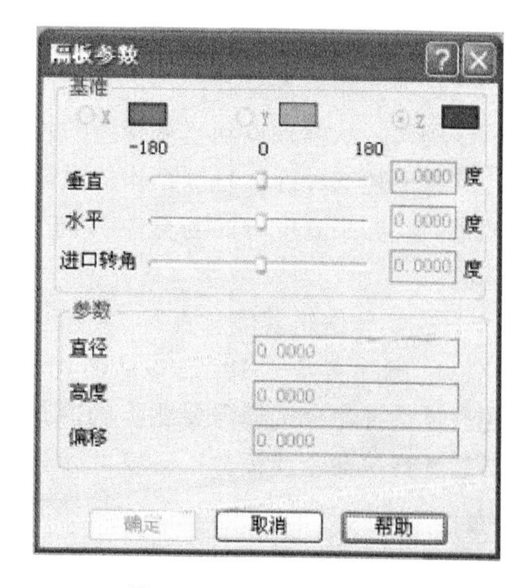

图 3－61　设置隔板参数

喷流管和螺旋管一样，插入点为中心点，在设计的过程中需要注意冷却介质必须从喷流管中间的进水口进入。在设计时需要输入的参数如图 3－62 所示。对话框中各参数含义如下：

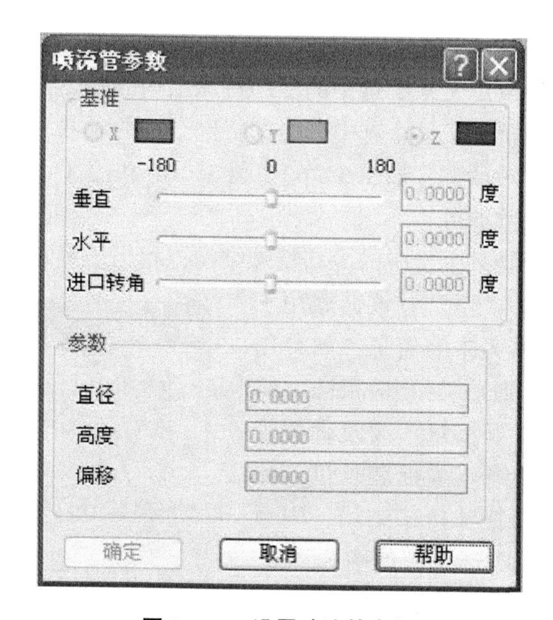

图 3－62　设置喷流管参数

基准：喷流管的空间中的位置基准；

垂直：喷流管高度方向的垂直角度；

水平：喷流管高度方向的水平角度；

进口转角：喷流管进出口方向的相对转动角度；

直径：喷流管直径；

高度：喷流管高度；

偏移：从插入点到喷流管道的轴向距离。

在上述三种冷却特殊结构的设计参数中，均包含一个“方向”参数，即轴向的指向，如果高度方向与分型方向（Z 轴方向）相同，则特殊结构与 Z 轴正向同向。

⑤ 实体编辑及信息查看。

a. 删除实体“ ”。该命令用于删除当前回路中用户选中的实体。用户首先通过选择命令选择需要删除的冷却实体，选中的冷却实体以高亮的颜色显示，然后选择该命令或按 Delete 就可以删除选中实体。

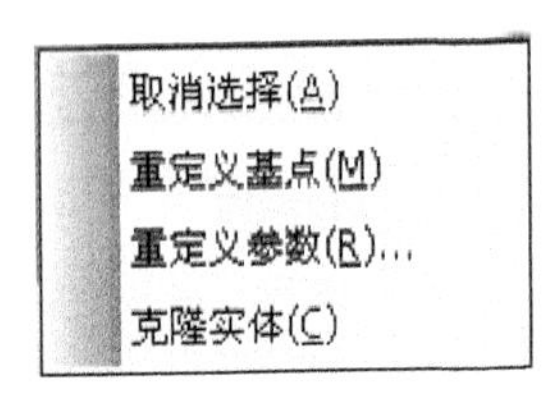

图 3－63　修改特殊冷却结构参数

b. 修改特殊实体“ ”。该命令用于修改当前回路中用户选中特殊实体的参数，目前系统将实体分为两种类型：直圆管和特殊冷却结构，用户选中特殊冷却结构，此时会弹出如图 3－63 所示菜单，用户可以根据情况选择需要的菜单命令，各菜单项功能如下：

取消选择——取消当前被选中的特殊冷却结构并退出修改状态。

重定义基点——重定义某个选中的冷却特殊结构的基点，相当于移动。

重定义参数——重定义某个选中的冷却特殊结构的参数，系统会弹出相应的特殊结构的输入参数对话框，如图 3－60、图 3－61 和图 3－62 所示，在弹出的对话框中输入新的参数即可。

克隆实体——克隆某个选中的冷却特殊结构，相当于复制拷贝。

c. 查看实体信息“ ”。该命令用于查看当前回路中选中实体的信息，如果用户选择的是直圆管，则系统弹出如图 3－64 所示对话框，包括以下信息：该段直圆管的直径、起点坐标、终点坐标和长度。如果用户选中的实体为特殊冷却结构，则系统会弹出相应的参数对话框，如图 3－60、图 3－61 和图 3－62 所示，此时不能进行修改操作，仅仅用于查看。

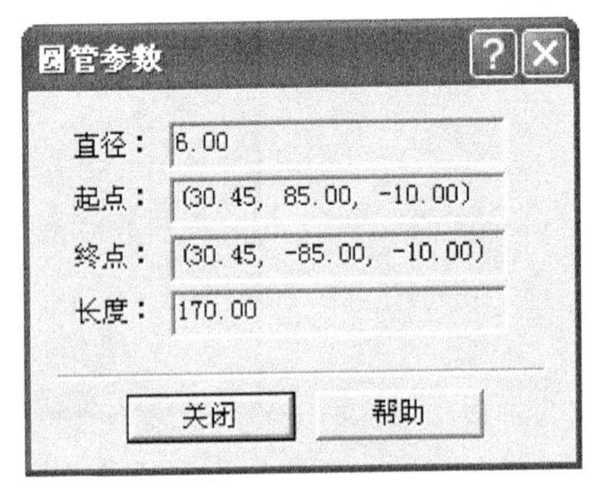

图 3－64　查看直圆管参数

d. 复制选中实体“ ”。此操作用于将选中的冷却实体复制到剪贴板，快捷键为 Ctrl + C，用于后来的粘贴。首先必须使用实体选择功能选中需要复制的实体，执行此命令后，会在状态栏提示选择复制的基点，用户可以选择实体的端点或参考面上的任意一点。这个点在粘贴实体时将被作为基点。

e. 剪切选中实体"✂"。此操作用于将选中的冷却实体剪切到剪贴板，快捷键为 Ctrl + X，用于后来的粘贴。首先必须使用实体选择功能选中需要复制的实体，执行此命令后，会在状态栏提示选择剪切的基点，用户可以选择实体的端点或参考面上的任意一点。这个点在粘贴实体时将被作为基点。

f. 粘贴实体""。此操作用于将剪贴板中的实体粘贴到当前回路，快捷键为 Ctrl + V。要使此命令可用，必须先复制或粘贴实体到剪贴板中。执行此命令后，会在状态栏提示选择粘贴的基点，用户可以选择实体的端点或参考面上的任意一点作为粘贴基点。

g. 复制回路参数""。此命令用于将当前回路的参数（主要是回路中冷却介质的一些参数，如温度、流量、速度、压力降、黏度、密度、比热、导热系数等）复制到剪贴板，用于将这些参数在以后粘贴到其他回路。

h. 粘贴回路参数""。此命令用于剪贴板中的回路参数粘贴到当前回路。这些参数主要是回路中冷却介质的一些参数，如温度、流量、速度、压力降、黏度、密度、比热、导热系数等。如果粘贴过来的参数不能使当前回路中的冷却介质达到紊流状态，将会弹出如图 3 – 65 所示的警告对话框，点击确定按钮后将弹出完成回路对话框供参数修改。

图 3 – 65 粘贴参数提示对话框

i. 矩形阵列""。此命令用于将选中的冷却实体在当前回路中进行矩形阵列复制。具体操作是：先选中实体，然后执行本命令，将弹出如图 3 – 66 所示和冷却结构矩形阵列对话框，将对话框中设置在 X 及 Y 方向的阵列个数及间距确定即可。

j. 环形阵列""。此命令用于将选中的冷却实体在当前回路中进行圆周阵列复制。具体操作是：先选中实体，然后执行本命令，将弹出如图 3 – 67 所示对话框和冷却结构圆周阵列对话框，在对话框中设置阵列的个数及阵列的实体之间的夹角即可。

k. 保存数据""和完成冷却回路设计"!"。在设计的过程中随时都可以点击冷却设计工具栏按钮""来保存设计数据。设计结束后单击冷却设计工具栏按钮"!"。来完成冷却设计，其任务是为后续分析工作提供必要数据。

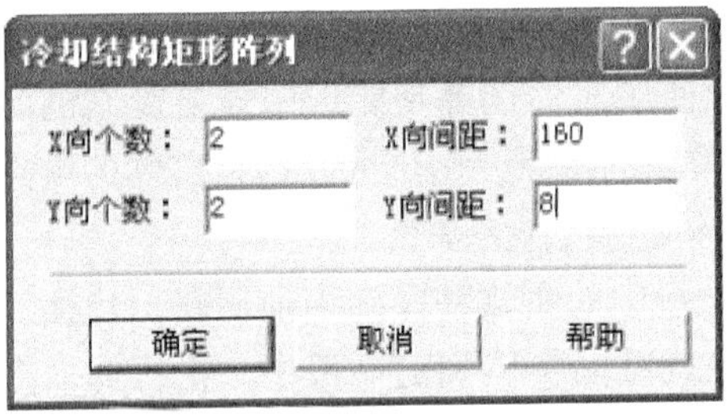

图 3-66 “冷却结构矩形阵列”对话框

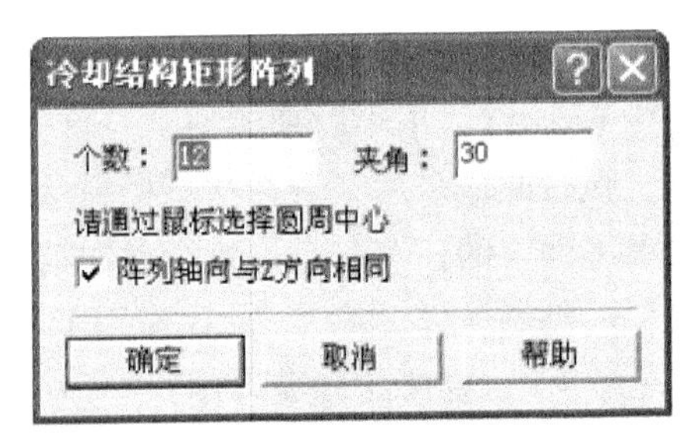

图 3-67 “冷却结构矩形阵列”对话框

3. 冷却工艺条件

（1）模具材料。当高温的熔融塑料注入模腔后，必须经过足够的冷却才能保证制品脱模后不会发生较大变形甚至开裂等缺陷。在冷却过程中，熔融塑料传出的热量首先传递给模具，然后由模具中设置的冷却系统带走。所以冷却效率与模具钢材的传热效率有很大关系。一般以冷却效果来选取模具材料，常用模具钢的导热系数均较低，含碳量和含铬量越高的钢材导热性愈差，不锈钢相比之下可视为绝热材料。在数值上表现为导热系数的大小，如图 3-68 所示，导热系数越大则传热效率越高，反之则越低。

如果系统提供的模具钢材料数据库中没有用户需要的材料数据，用户可以使用模具钢数据库管理模块来添加用户数据。

（2）塑料材料。选择塑料种类和牌号，如果在这之前用户在充模设计时已经设置了充模工艺条件，选择了塑料，则此时用户不能再选择，系统自动与充模工艺中选择的塑料保持统一，如图 3-69 所示。如果用户此时需要更改材料，则必须到充模设计窗口修改充模工艺设置中的塑料，参见图 3-40 所示对话框。

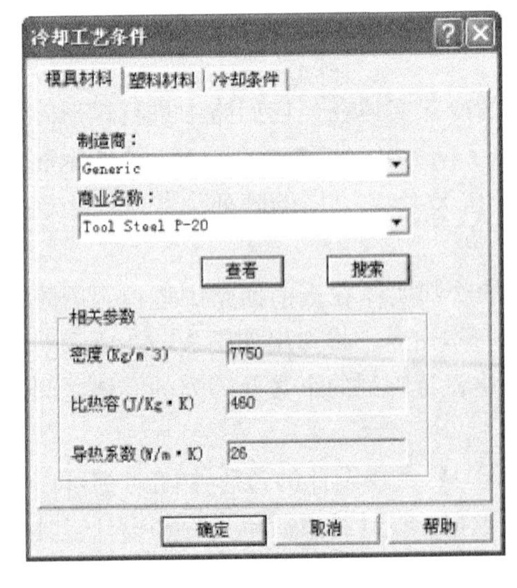

图 3-68 选择模具材料

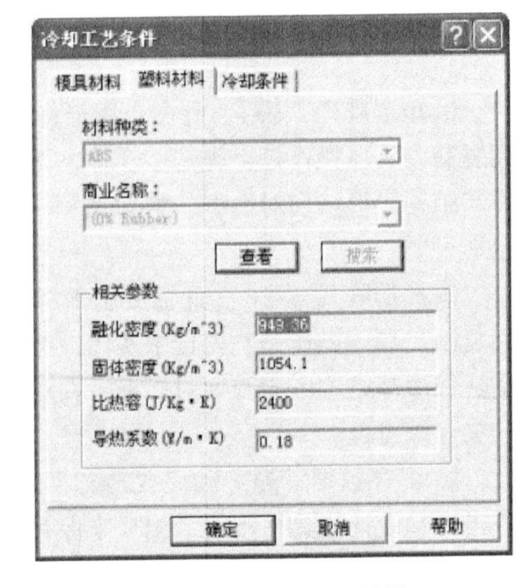

图 3-69 选择塑料材料

(3) 冷却条件。冷却工艺包括以下内容，如表3－4和图3－70所示。

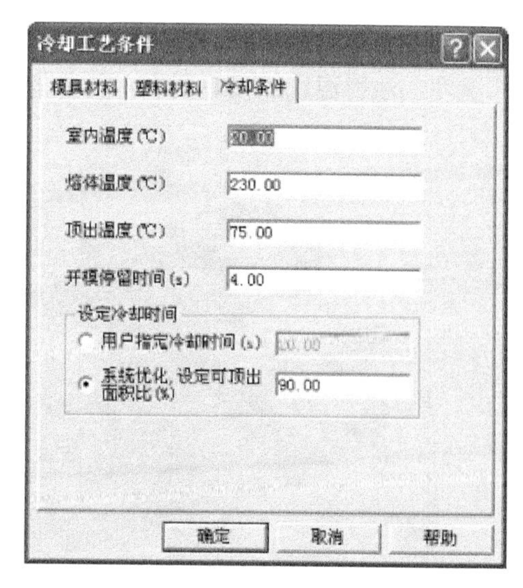

图3－70 “冷却工艺条件”对话框

冷却时间可以由用户指定，也可以由系统计算。如果用户指定了冷却时间 t_u，系统计算出制品经过 t_u 时间后模具型腔表面温度分布，但是此时的制品并不一定可以脱模，仅仅是经过 t_u 时间后的冷却效果。如果冷却时间由系统计算，此时需要用户设定可顶出面积百分比，即制品达到可顶出条件的表面积占总表面积的百分比，譬如说缺省值95%，计算结束后系统可向用户提供所需要的冷却时间，此时制品基本上也达到了脱模条件。

表3－4 冷却条件

参数		含义
室内温度/℃		室内温度
熔体温度/℃		塑料注射温度
顶出温度/℃		制品顶出温度
开模停留时间/s		开模停留时间
冷却时间	用户指定	用户指定冷却时间，系统给出该时刻型腔的温度场
	系统优化	系统自动计算冷却时间，其优化依据是用户指定的可顶出面积比，即制品表面冷却达到该顶出面积比需要的冷却时间

制品脱模条件在实际应用中主要有以下几种判据：对于无定型塑料的厚壁制品（壁厚与平均直径之比大于1/20），其最大壁厚中心层温度在该材料的顶出温度之下时，制品的内外表面皮层会有足够的刚性脱模；对于无定型塑料薄壁制品，其脱模条件通常是截面的平均温度低于塑料材料的顶出温度。

2. HSCAE的应用

这部分用HSCAE冷却分析系统判断生产环境、模具材料、零件厚度在冷却周期中所起的影响。在这个例子中是一个简单的平板制品尺寸为250 mm×150 mm×2.5 mm，一个重要的设计准则就是在没有永久变形的情况下就要充分冷却。为了达到这个目的，HSCAE计算的冷却时间为冷却至用户要求的顶出温度的95%。一个周期是填充时间、冷却时间和开模时间的总和。

图3－71中显示了冷却回路和制品所需的型腔的几何结构。直径、到模壁的深度、冷却管道之间的距离分别是10 mm、20 mm、50 mm。型腔下面的冷却管

道和型腔上面的冷却管道上是镜像关系。对于这个例子，参数是：熔融温度、冷却温度、注射温度、模具材料和零件厚度。

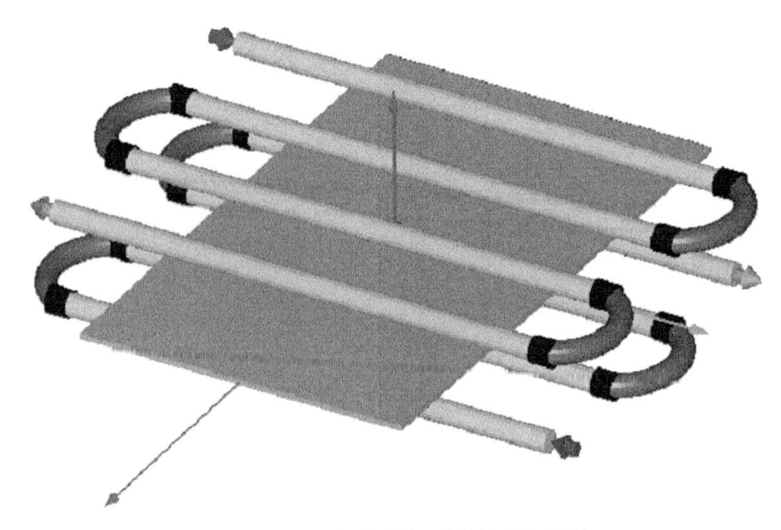

图 3－71　冷却管道和型腔的几何结构

表 3－5 列出了所用的数据和预算的周期。图 3－72 中列出了例 2（见表 3－5 中例 2 的参数）中在型腔上面模壁温度分布。由于冷却管道是对称设计的，通过型腔的模壁温度差可以忽略。

表 3－5　HSCAE 中所用的设计制造参数和预测周期

例子	熔融温度	冷却剂温度	脱模温度	制品厚度/mm	模具材料	预测周期时间/s
1	250	30	80	2.5	p－20	20.71
2	230	30	80	2.5	p－20	19.95
3	210	30	80	2.5	p－20	18.45
4	230	40	80	2.5	p－20	21.77
5	230	20	80	2.5	p－20	18.73
6	230	30	100	2.5	p－20	14.45
7	230	30	60	2.5	p－20	30.58
8	230	30	80	2.5	H－13	29.26
9	230	30	80	3.0	p－20	26.04
10	230	30	80	2.0	p－20	14.48

正如表 3－5 所示，高的熔融温度和冷却剂温度加长了周期时间，另外，也增加了聚合物要冷却到用户要求的顶出温度。而且，周期时间也依赖于模具材料的热性能。比如，p－20 的热扩散性能要比 H－13 好，这样 p－20 就缩短了冷却周期。最后，从表 3－5 中例 2、例 9、例 10 可以看出制品厚度在其中的影响。

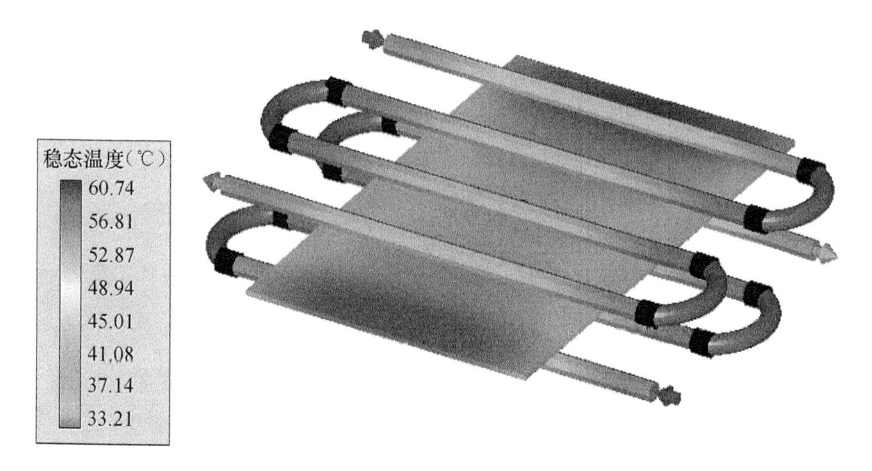

图 3－72　例 2 中模壁表面温度分布

3.4.3　翘曲设计

1. 翘曲设计步骤

翘曲限制设置，限制制品出模后的变形（刚性位移，刚性位移是制品的所有的点的相对位置保持的变化）。

物体在空间上具有六个自由度（三个正交的位移分量和三个正交的旋转分量），在设置翘曲设置时，要对这六个分量都进行设置。在实际使用中，用户需要根据实际的工作情况，选择合适的翘曲限制方式来进行模拟。

在缺省的情况下，制品上的所有节点在六个分量上的变形都是自由的。如果进行翘曲限制，用户需要在指定的位置（制品上的一点或者多点）设置六个分量的指定值。

系统提供了四种类型的翘曲限制，如表 3－6 所示。在制品上标记限制之后，不同限制的表示形状也不一样，如图 3－73 所示。

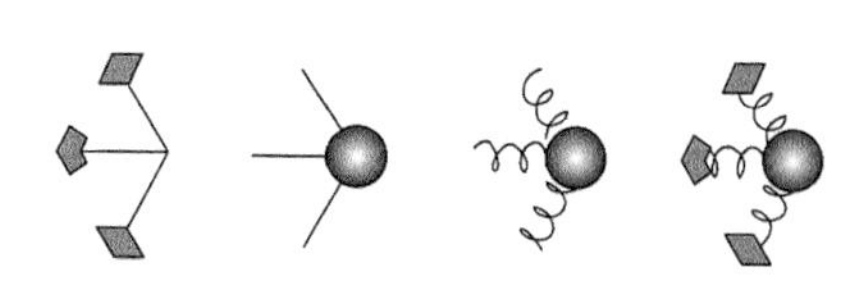

图 3－73　各种限制在制品上的表示方法

表 3－6　翘曲限制的种类

限制类型	图标	含义
固定点		固定限制是制品该点出模后位置固定不变，在该点六个自由分量都为 0，这是最为通用的翘曲限制方式
大头针		该点的平移分量被限制，但可以旋转
弹簧		设置载荷时适用
自定义		用户可以对六个自由分量值进行独立的设置

翘曲设计界面比较简单，系统提供的翘曲设计主菜单如图 3－74 所示，翘曲设计工具栏如图 3－75 所示。

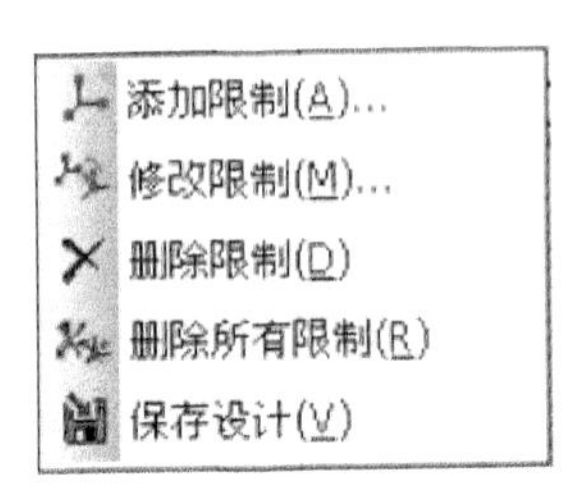

图 3-74　翘曲设计菜单

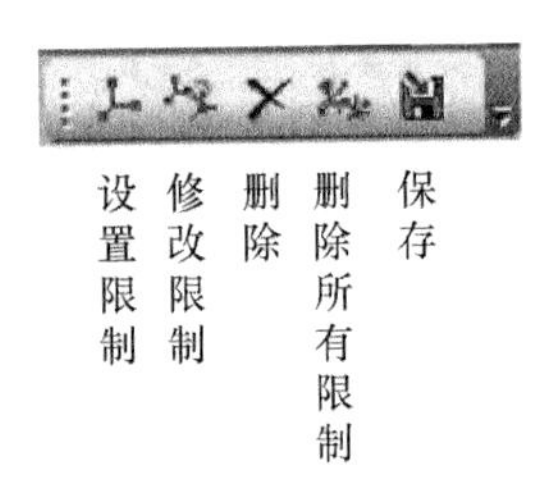

图 3-75　翘曲设计工具栏

进行翘曲限制的关键是如何正确地设置翘曲限制，根据具体情况选择限制类型，如表 3-6 所示。首先选择“设计”菜单中“添加限制”菜单项或者选择翘曲设计工具栏按钮“ ”，在制品上用鼠标左键点选要添加限制的节点，则在选择的节点处出现红色显示的限制符号，并出现翘曲限制对话框，如图 3-76 所示。在翘曲限制对话框中选择翘曲限制的类型，并按上述的不同类型设置限制的参数，在翘曲限制对话框中单击“应用”按钮或按 Enter 确认添加的限制。

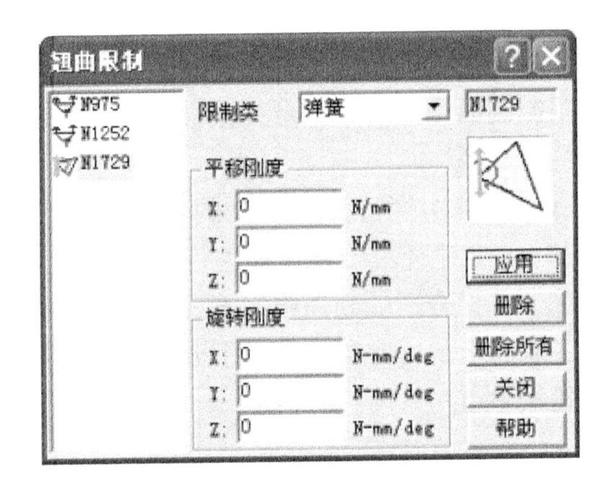

图 3-76　翘曲限制对话框

用户添加限制以后任何时候都可以修改限制的类型或参数，如选择“设计”菜单中“修改限制”菜单项或者翘曲设计工具栏按钮“ ”，弹出“翘曲限制”对话框，修改该对话框中的限制类型和限制参数，并在翘曲限制对话框中单击“应用”按钮或按 Enter 应用修改于所有选择的限制。

注意：在选择限制时，通过按下 Ctrl 键可以进行多次选择。删除限制时，选中要删除的限制，直接按 Delete 键进行删除。

2. HSCAE 的应用

本节是通过 HSCAE 的应用来分析不平衡冷却对制品翘曲变形的影响。如图 3-77 所示的制品其形状比较复杂，冷却设计较为困难。如图 3-77 所示为设计方案一，此方案只是简单地在制品的一侧布置了冷却管道；图 3-78 所示为制品的冷却设计方案二，此方案在制品的两侧都布置有冷却管道。

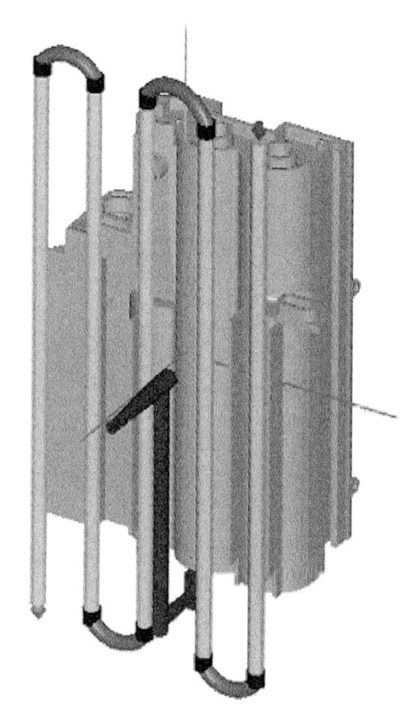

图 3－77　方案一：冷却管道只设在一侧

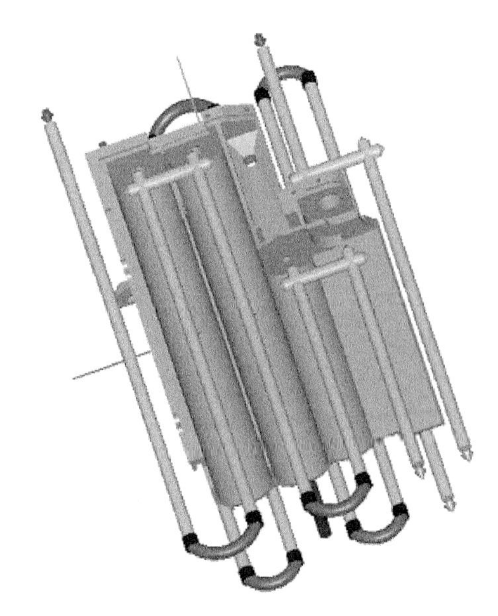

图 3－78　方案二：冷却管道布置在两侧

图 3－79 和图 3－80 中所示为两种方案冷却分析的厚度方向的温差结果。方案一厚度方向上的最大温度差为 45.76℃，而方案二为 29.25℃。这两个方案的冷却效果都不是很好，模壁温差都比较大，相对而言，设计方案二要优于设计方案一。

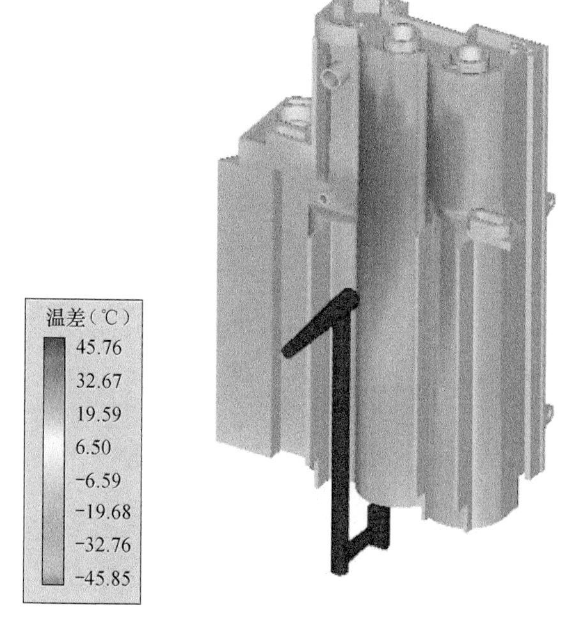

图 3－79　方案一中模壁的温度差

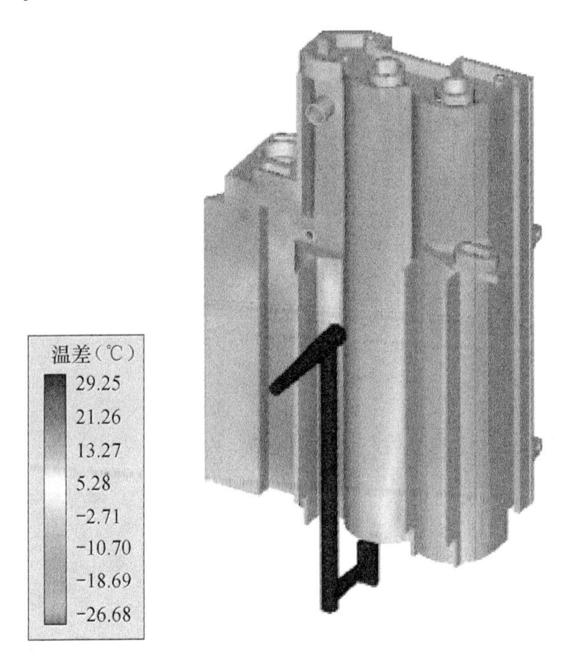

图 3－80　方案二中模壁的温度差

图 3－81 和图 3－82 所示为两种方案的翘曲分析结果，方案一的最大翘曲变形量为 2. 28 mm，方案二的最大翘曲变形量为 1. 27 mm（翘曲显示结果为放大 5 倍之后的效果）。

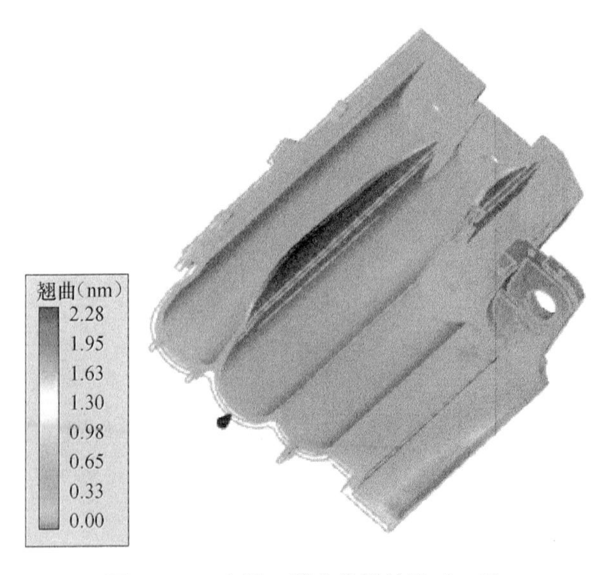

图 3－81　方案一翘曲分析结果（×5）

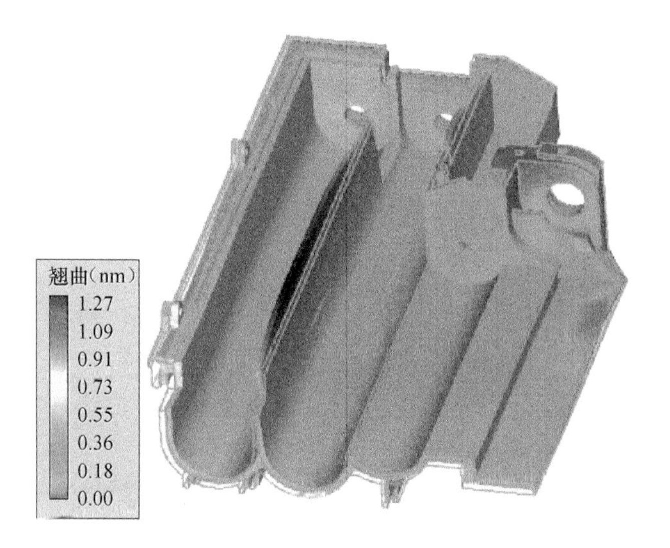

图 3-82 方案二翘曲分析结果（×5）

3.4.4 气辅设计

1. 气辅设计基本特点

气辅分析用于模拟具有中空零件的成型，它与传统的注射成型有较大的区别。

气体辅助注塑成型具有注射压力低、制品翘曲变形小、表面质量好以及易于加工壁厚差异较大的制品等优点，近年来发展很快。气体辅助注塑成型包括塑料熔体注射和气体（一般采用氮气）注射成型两部分。与传统的注射成型工艺相比，气体辅助注塑成型有更多的工艺参数需要确定和控制，因而对于制品设计、模具设计和成型过程的控制都有特殊的要求。

气体辅助注射成型过程首先是向模腔内进行树脂的欠料注射，然后把经过高压压缩的氮气导入熔融物料当中，气体沿着阻力最小方向流向制品的低压和高温区域。当气体在制品中流动时，它通过置换熔融物料而掏空厚壁截面。这些置换出来的物料填充制品的其余部分。当填充过程完成以后，由气体继续提供保压压力，将制品的收缩或翘曲问题降至最低。

气体辅助注塑成型有如下优点：

（1）低的注射压力使残余应力降低，从而使翘曲变形降到最低。

（2）低的注射压力使合模力要求降低，可以使用小吨位的设备。

（3）低的残余应力同样提高了制品的尺寸公差和稳定性。

（4）低的注射压力可以减少或消除制品飞边的出现。

（5）成品壁厚部分是中空的，从而减少塑料，最多可达 40%。

（6）与实心制品相比成型周期缩短，还不到发泡成型的一半。

(7) 气体辅助注塑成型使结构完整性和设计自由度大幅提高。

(8) 对一些壁厚差异较大的制品通过气辅技术可以一次成型。

(9) 降低了模腔内的压力，使模具的损耗减少，提高其工作寿命。

(10) 减少浇口数目，气道可以取代热流道系统。

系统提供的气辅设计主菜单如图 3 - 83 所示，气辅设计工具栏如图 3 - 84 所示。

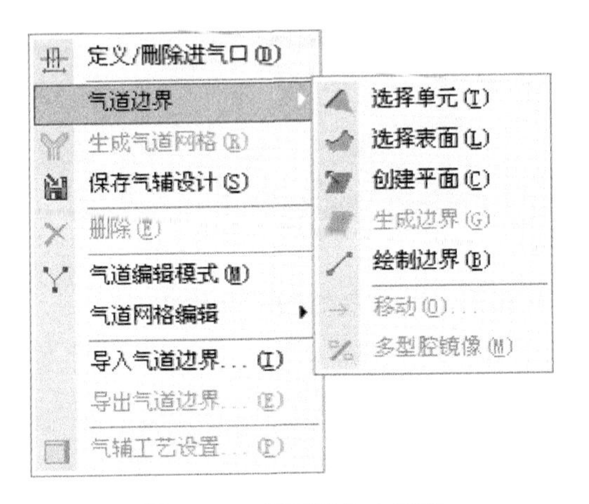

图 3 - 83　气辅设计主菜单

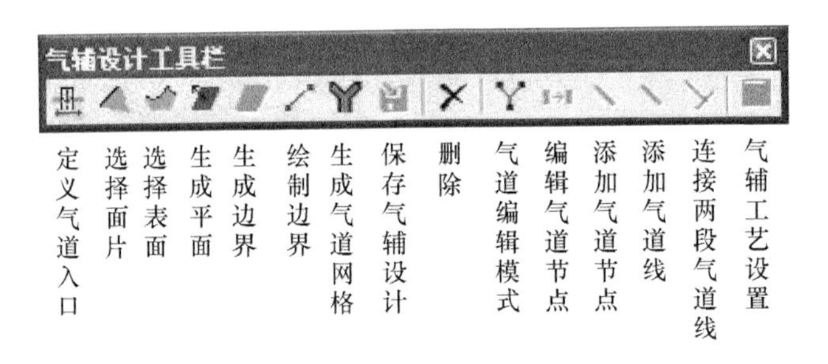

图 3 - 84　气辅设计工具栏

2. 气辅设计基本特点

(1) 气辅设计概述。气辅设计的一般步骤是：先定义进气口，之后通过选择制品表面、生成面、直接绘制或者导入 IGES 文件的方法得到气道边界线，选择气道边界指定为气道引导线拟合气道特征路径，之后就可以生成气道网格，生成的气道网格还可以进行编辑，最后再设置气辅工艺完成整个气辅设计。

注意：气辅分析是在充模分析之后进行的，因此在气辅设计前，要进行充模设计并且也要设计充模工艺条件。

在气辅设计中，有设计状态、完成状态和编辑状态三种，在设计状态下通过选择“设计”菜单中的“生成气道网格”命令可以进入完成状态；任何时候按下任何设计按钮进入设计状态；选择“设计”菜单中的“气道编辑模式”命令可以进入编辑状态。

设计状态：为了保证气道边界和气道网格的相对独立性，气辅设计管理器不包含气道网格，在设计状态，只能对气道边界和进气口进行操作，设计的最终目的是拟合气道特征路径的气道特征引导线，如图 3－85 所示。

完成状态：当通过“设计”菜单中的“生成气道网格”命令后，系统自动生成气道网格，并对网格进行优化和连通性检查。完成状态的气道网格以网格中心线的形式显示，如图 3－86 所示。

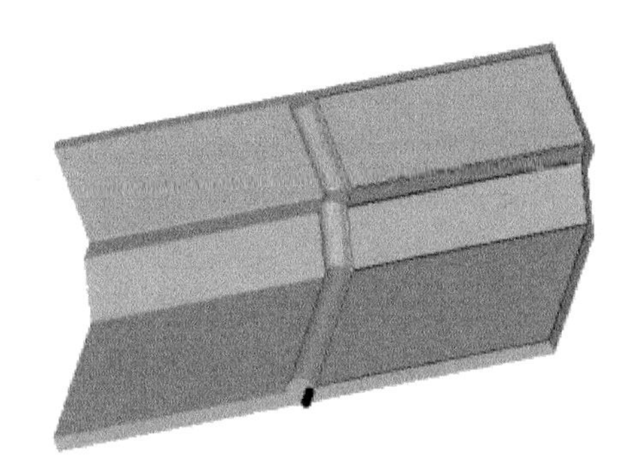

图 3－85 设计状态

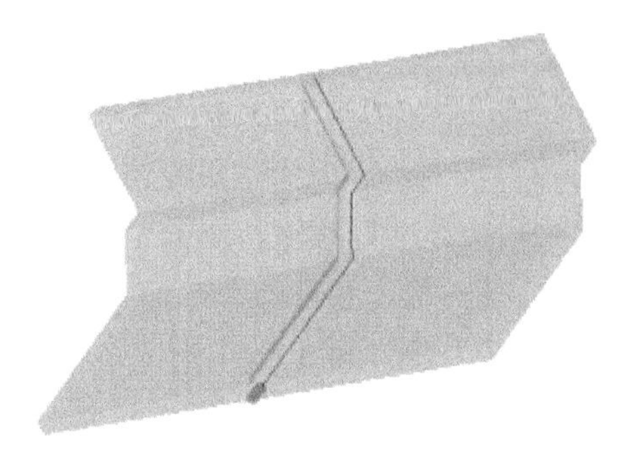

图 3－86 完成状态

编辑状态：由于制品形状和网格的影响，有些制品生成的气道网格存在局部不合理，因此要对气道网格进行编辑。选择“设计”菜单中的“气道编辑模式”，进入编辑状态系统，编辑完成后，退出编辑模式，重新生成气道网格，并对网格进行优化连通性检查。编辑状态以气道节点和气道线相结合的形式显示如图 3－87 所示。

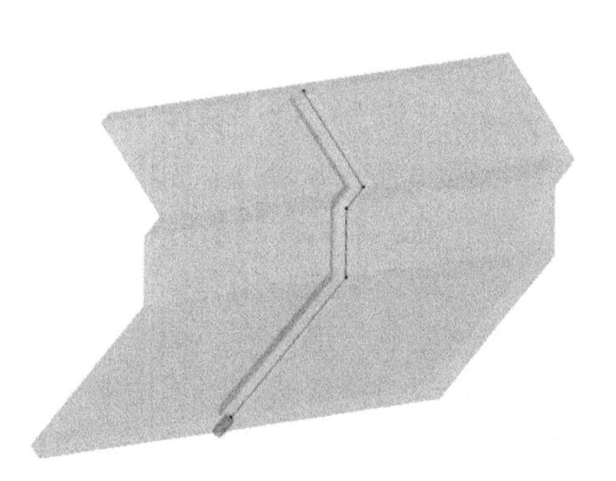

图 3－87 编辑状态

（2）进气口设计。进气口代表气体进入的点。进气口可以指定在制品表面上，也可以指定在主流道的末端，即对应两种不同的气体进入方式，前者对应于单独的气嘴进气方式，这种进气方式比较灵活；后者对应于注塑机喷嘴进气方式。进气口设计完成后，以“■”表示。

注意：若存在多型腔设计，为了进气口的精确定位，设计时会提示是否进行多型腔的拷贝，一般选择“是”。

选择“设计”菜单中“定义/删除进气口”命令或者气辅设计工具栏按钮“⊞”通过鼠标左键在制品上或者主流道末端点选确定添加进气口可以在制品任意位置或主流道末端添加进气口。当此处已经存在进气口时，可以删除该进气口。

（3）生成边界。为了实现对各类气辅零件的适用，系统采用了多种生成气道边界的方法。选择“设计”菜单中“气道边界”子菜单中的“选择单元”或“选择表面”来选择制品的表面，选择好之后，单击“设计”菜单中“气道边界”子菜单中的“生成边界”来生成气道边界；选择“设计”菜单中“气道边界”子菜单中的“创建平面”创建一个与制品相交的平面，单击“设计”菜单中“气道边界”子菜单中的“生成边界”，该平面与制品相交的截面就是气道边界；选择“设计”菜单中“导入气道边界”可以导入IGES文件，捕获其中的直线段，构造线段的拓扑关系生成气道边界；选择“设计”菜单中“气道边界”子菜单中的“绘制边界”直接生成气道边界。

注意：各种生成的边界的方法可以混合使用。

（4）编辑边界。为了更方便地生成气道边界和更好地拟合气道特征路径，可以对气道边界进行编辑。选择“设计”菜单中“气道边界”子菜单中的“移动命令”，通过输入移动的矢量，即可移动选择的气道边界；选择“设计”菜单中“气道边界”子菜单中的“多型腔镜像”命令后，可以对气道边界进行多型腔的拷贝。

注意：若拷贝后存在重复的气道边界，则无法进行拷贝。

（5）生成和编辑气道网格。通过单击按钮“ ”，选择气道边界，被选中的边界显示为红色，这些边界就可作为气道引导线拟合气道特征路径。在指定好气道引导线之后，通过“设计”菜单中的“生成气道网格”就可以生成气道网格，此时制品和流道为透明显示状态，气道网格中心线显示为红色。

由于制品形状和网格的影响，有些制品生成的气道网格存在局部不合理，因此要对气道网格进行编辑：对于特殊的零件还可以在设计进气口后进入编辑模式，直接绘制气道网格。

编辑气道网格包含以下功能：选择“设计”菜单中“气道网格编辑”子菜单中的“编辑气道节点”命令，可以编辑气道节点的坐标和半径；选择“设计”菜单中“气道网格编辑”子菜单中的“添加气道节点”命令，可以选择一段气道线在气道线上插入一个气道节点，也可以输入坐标在任意位置插入节点；选择“设计”菜单中“气道网格编辑”子菜单中的“添加气道线”命令，可以选择两个存在的气道节点添加气道线，也可以任意输入两个点添加气道线；通过单击按钮“ ”，选择气道线，可以删除当前选择的所有气道线；选择“设计”菜单中“气道网格编辑”子菜单中的“连接两段气道线”命令，可以在两段气道线所在直线的交点处创建一气道节点。

（6）设置气辅工艺条件。当完成气辅设计后，选择“设计”菜单中的“气辅工艺条件”可以设置气体压力控制曲线、塑料注射百分比等工艺条件。点击“ ”，弹出如图3－88所示的工艺设置对话框，可设置气辅相关参数，主要包括气体注射延迟时间、气体压力控制曲线、塑料注射量等。

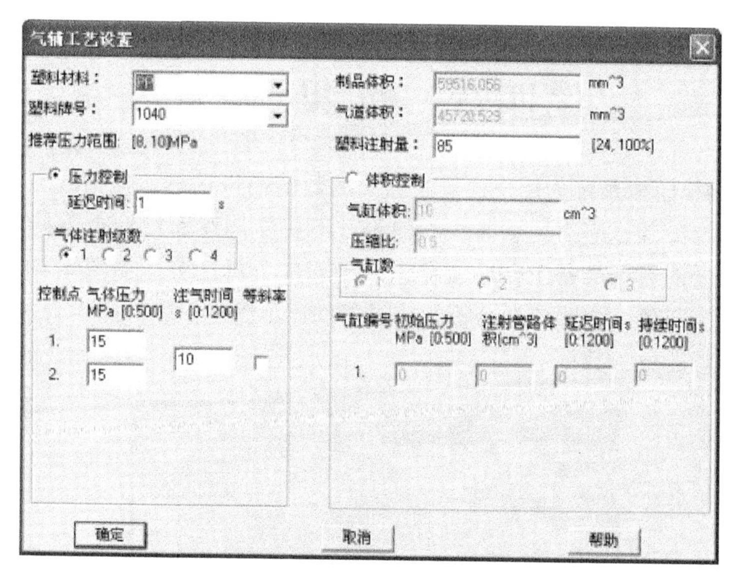

图 3-88 “气辅工艺设置”对话框

第四章　结果查看

华塑 CAE 模拟系统为用户提供了强大的数值模拟功能，包括以下几个部分：流动、保压、冷却、应力、翘曲、气辅等。不仅支持双面模型也支持实体模型，用户完成必要的数据准备工作后就可以启动相应分析任务。如图 4-1 所示。如果某项分析为灰色，说明该项分析的前提条件还不满足，也许是设计没完成，也许是没有依赖的分析数据。

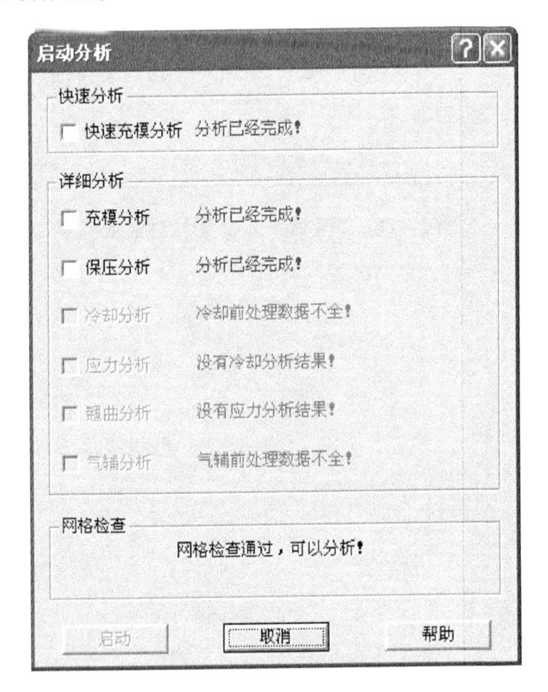

图 4-1　“启动分析”对话框

(1) 快速充模分析。只能确定塑料熔体在型腔内的流动前沿和熔合纹的位置。

(2) 详细分析。详细流动分析除了能预测塑料熔体的流动前沿位置外，同时还能预测塑料熔体充模成型过程中的压力场、温度场、剪切力场、剪切速率场等的分布。

(3) 保压分析。预测保压阶段型腔内熔体的压力、温度、密度、剪切应力等变化，为合理确定保压压力、保压时间、浇口尺寸、注射温度等提供科学依据。

(4) 冷却分析。为用户提供了型腔表面温度分布数据，指导用户进行注射模温度调节系统的优化设计。

(5) 应力分析。预测制品在保压和冷却之后，出模时制品内的应力分布情况，为最终的翘曲和收缩分析提供依据。

(6) 翘曲分析。预测制品出模后的变形情况，预测最终的制品形状。

(7) 气辅分析。预测气道的穿透厚度、时间以及显示气体体积百分比。

(8) 网格检查。检查制品的网格信息。

注意："详细分析"与"快速分析"之间并没有先后次序关系，可以跳过"快速分析"直接进行"详细分析"。其他分析工作必须从上到下依次进行，例如"详细分析"结束后才能进行"保压分析"；"保压分析"结束后才能进行"冷却分析"；"冷却分析"结束后才能进行"应力分析"，"应力分析"结束后才能进行"翘曲分析"；"气辅分析"之前必须完成充模设计，而不要求是否进行"快速分析"或者"详细分析"。

在新版的 HsCAE3D 7.5 中，在显示充模、冷却、应力翘曲和气辅结果时，可以选择两种方式来显示结果，一种是彩色图形，另一种是采用等值线来绘制。在结果分析的主菜单条中选择"编辑 (E)"，显示如图 4-2 所示的菜单条，单击"绘图选项 (D) ..."，弹出对话框，如图 4-3 所示。

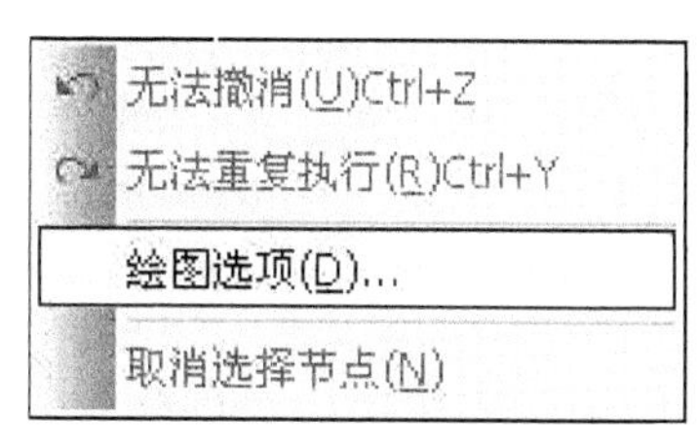

图 4-2 编辑菜单

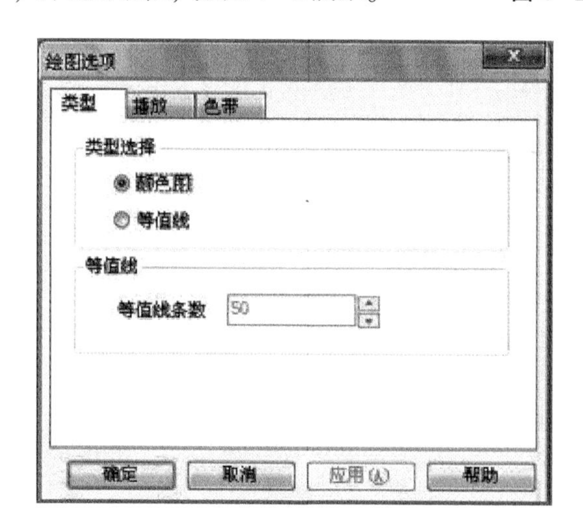

图 4-3 "绘图选项"对话框

通过类型选择，用户可以采用色图或者等值线来显示结果，以下的结果都是采用颜色图来显示的。

4.1 充模结果

充模结果主要是指双面流和实体流的充模结果。双面流是一种数值模拟和图形显示技术，双面流结果包括制品图形、流动前沿、熔合纹、气穴、温度场、压力场、剪切力场、剪切速率场、表面定向、收缩指数、密度场、制品厚度、节点曲线和锁模力。实体流结果是指对分析结果进行三维的真实显示，如图 4－4 所示。

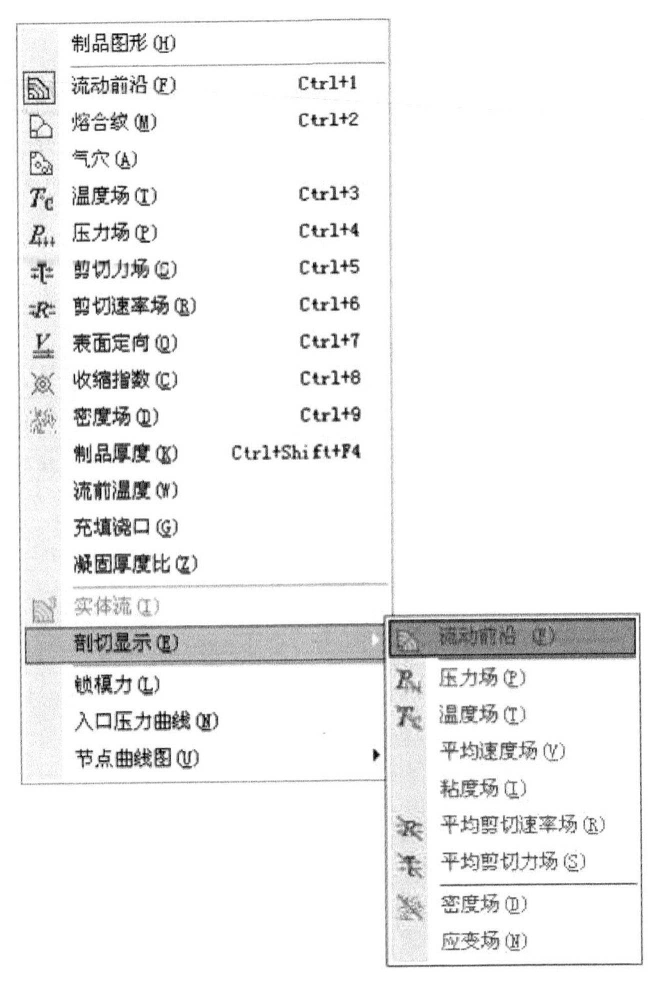

图 4－4 双面流菜单

1. 双面流流动前沿

流动前沿采用动画方式显示了熔融塑料在型腔内部的充填过程，用户可以通过播放器显示塑料熔体在浇注系统及型腔内的流动前沿位置。从熔体的流动过程可判断熔体是否为较理想的单向流形式，各个流动分支是否平衡地充填型腔，熔体在哪儿最后充满型腔等。如图 4－5 所示。

三维流动模拟软件能显示熔体从进料口逐渐充满型腔的动态过程，由此可判断熔体的流动是否为较理想的单向流形式（即简单流动，复杂流动成型不稳定，

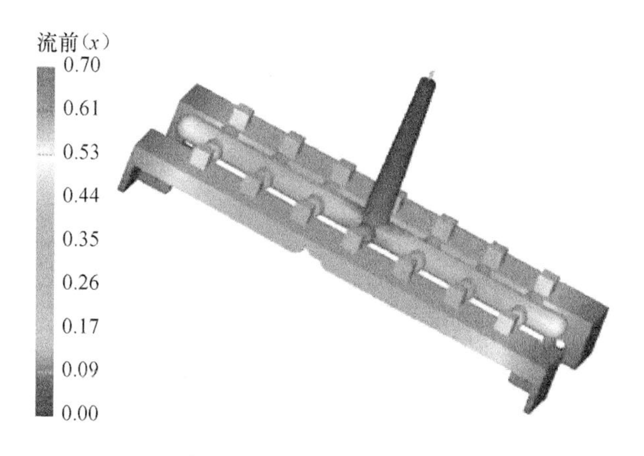

图 4-5 双面流流动前沿

容易出现次品)。各个流动分支是否能同时充满型腔的各个角落(流动是否平衡)。若熔体的填充过程不理想，可以改变进料口的尺寸、数量和位置，反复运行流动模拟软件，一直到获得理想的流动形式为止。若仅仅是为了获得较好的流动形式而暂不考察详尽的温度场、应力场的变化，或是初调流道系统，可以进行快速流动分析，即等温流动分析，经过几次修改，得到较为满意的流道设计后，再进行详细流动分析。

当采用多浇口时，来自不同浇口的熔体相互汇合，可能造成流动的停滞和转向(潜流效应)，这时各浇口的充填不平衡，影响制品的表面质量及结构的完整性，也得不到理想的简单流动。这种情况应调整浇口的位置以达到多浇口的平衡。

2. 熔合纹和气穴

两个流动前沿相遇时形成熔合纹，因而，在多浇口方案中熔合纹不可避免，在单浇口时，由于制品的几何形状以及熔体的流动情况，也会形成熔合纹。熔合纹不仅影响外观，而且为应力集中区，材料结构性能也受到削弱。改变流动条件(如浇口的数目与位置等)可以控制熔合纹的位置，使其处于制品的非重要区和应力不敏感区(非“关键”部位)。而气穴为熔体流动推动空气最后聚集的部位，如果该部位排气不畅，就会引起局部过热、气泡甚至充填不足等缺陷，此时就应该加设排气装置。流动模拟软件可以为用户准确地预测熔合纹和气穴的位置。

通过显示熔合纹、气穴的位置，用户可以观察到熔合纹是否产生在预定位置以及可以产生气穴的地方。如图 4-6 和图 4-7 所示。

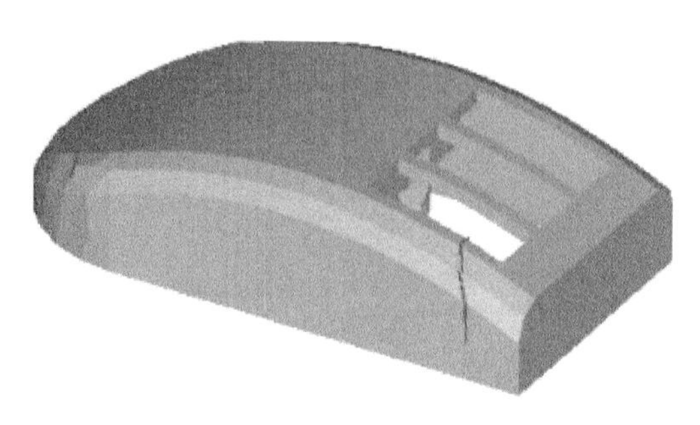

图 4-6 熔合纹

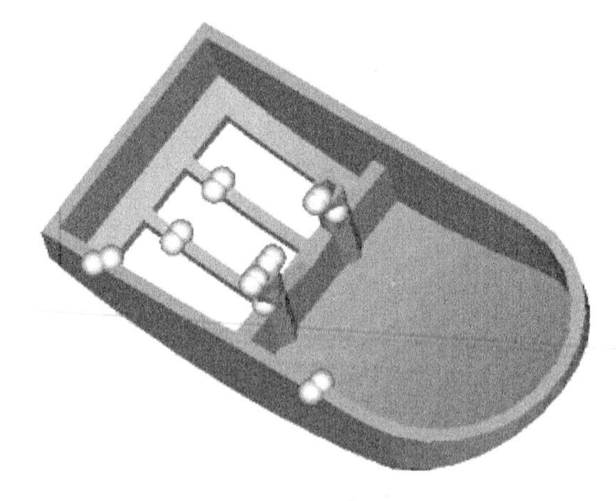

图 4－7　气穴

3. 温度场

流动模拟软件提供型腔内熔体在填充过程中的温度场。由于熔体温度在制品的厚度方向是变化的，因此这里显示的是厚度方向的平均温度，平均温度以速度作为权值，以表明熔体的热量传输能力。温度分布可鉴别在填充过程中熔体是否存在因剪切发热而形成的局部热点（易产生表面黑点、条纹等并引起机械性能下降），判断熔体的温度分布是否均匀（温差太大是引起翘曲的主要原因），判断熔体的平均温度是否太低（引起注射压力增大）。熔体接合点的温度还可帮助判断熔合纹的相对强度，如图 4－8 所示。

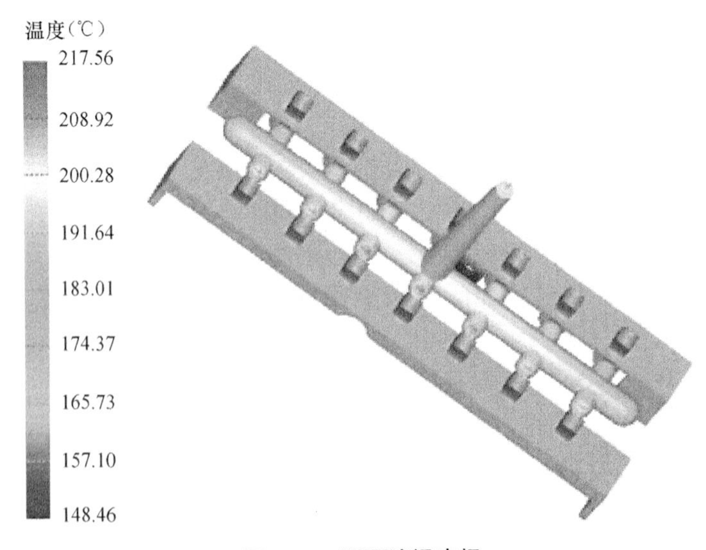

图 4－8　双面流温度场

4. 压力场

在填充过程中最大的型腔压力值能帮助判断在指定的注射机上熔体能否顺利

充满型腔（是否短射），何处最可能产生飞边，在各个流动方向上单位长度的压力差（又称压力梯度）是否接近相等（因为最有效的流动形式是沿着每个流动分支熔体的压力梯度相等），是否存在局部过压（容易引起翘曲）。流动模拟软件还能给出熔体填充模具所需的最大锁模力，以便用户选择注射机，如图 4－9 所示。

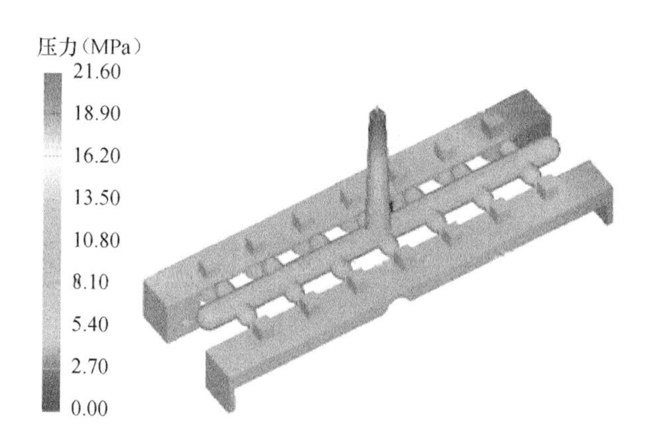

图 4－9　双面流压力场

5. 剪切力场

剪切应力也是影响制品质量的一个重要因素，制品的残余应力值与熔体的剪切应力值有一定的对应关系，一般，剪切应力值大，残余应力值也大。因此总希望熔体的剪切应力值不要过大，以避免制品翘曲或开裂。根据经验，熔体在填充型腔时所承受的剪切应力不应超过该材料抗拉强度的 1%，如图 4－10 所示。制品剪切力沿厚度方向是变化的，这里显示的是模壁处的剪切应力。

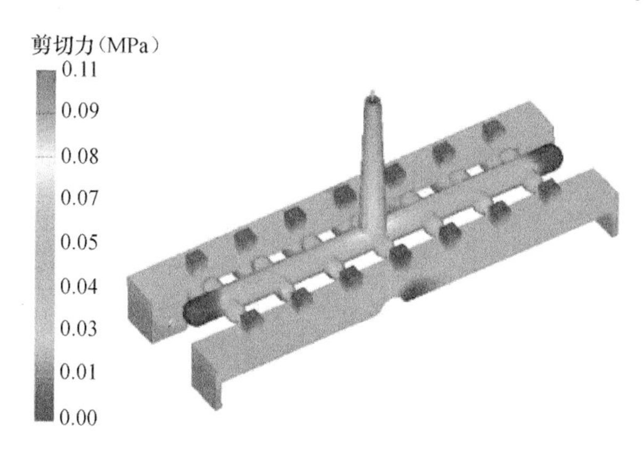

图 4－10　双面流剪切力场（保压 1.5 s）

6. 剪切速率场

剪切速率又称应变速率或者速度梯度。该值对熔体的流动过程影响甚大。实验表明，熔体在型腔内剪切速率为$10^3 s^{-1}$左右成型，制品的质量最佳。流道处熔体剪切速率的推荐值为$5\times10^2\sim5\times10^3 s^{-1}$，浇口处熔体剪切速率的推荐值为$10^4\sim10^5 s^{-1}$。流动软件能给出不同填充时刻型腔各处的熔体剪切速率，这就有助于用户判断在该设计方案下预测的剪切速率是否与推荐值接近，而且还能判断熔体的最大剪切速率是否超过该材料所允许的极限值。剪切速率过大将使熔体过热，导致聚合物降解或产生熔体破裂。剪切速率分布不均匀会使熔体各处分子产生不同程度的取向，因而导致收缩不同，导致制品翘曲。通过调整注射时间可以改变剪切速率，如图4-11所示。由于剪切速率沿厚度方向是变化的，这里显示的是模壁处剪切力除以等效黏度而得到的等效剪切速率。

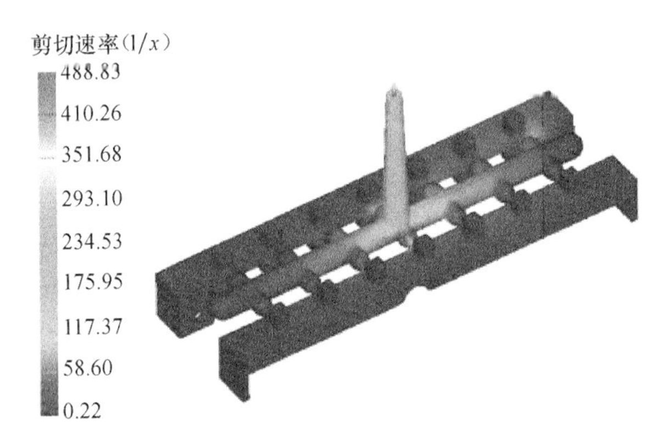

图4-11　双面流剪切速率场（保压1.5 s）

7. 表面定向

表面定向是通过计算熔体前沿的速度方向得到的，表面定向的方向即是熔体前沿到达给定制品位置时的速度方向，它在很大程度上说明了在具有纤维填充的制品的纤维的取向。表面定向在预测制品的机械性能方面有重要的作用，因为制品在表面定向方向上的冲击强度要高，在表面定向方向上的抗拉强度也要高。通过调整浇口的位置来调节制品的表面定向，可以优化制品的机械性能。如图4-12所示。

8. 收缩指数

收缩指数是指保压完成后每个单元体积相对于该单元原始体积收缩的百分比。收缩指数主要用于预测成型制品产生缩痕的位置和可能趋势，一般说来，在收缩指数大的地方，产生缩痕的可能性要更大。收缩指数还影响到制品的翘曲程度，为了减少制品的翘曲程度，应尽量使整个制品上的收缩指数趋于均匀，并不要超过材料推荐的收缩指数的阀值。如图4-13所示。

9. 密度场

密度场显示了在保压过程中，制品上材料密度的分布。在保压过程中，材料

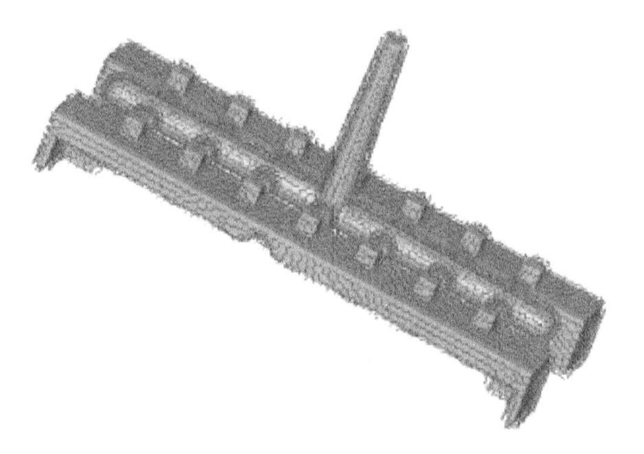

图 4－12　表面定向

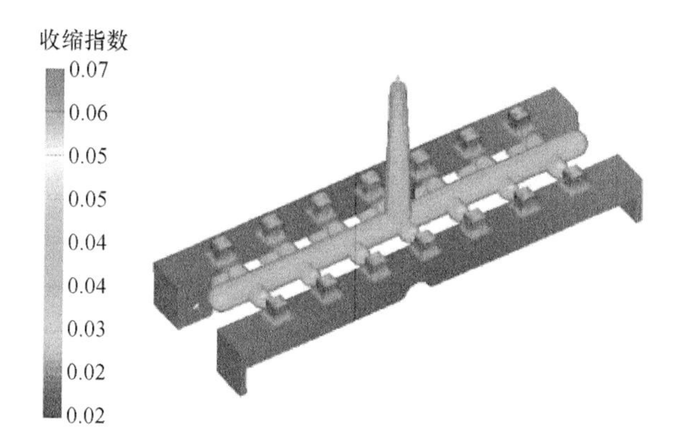

图 4－13　收缩指数

由于制品上密度分布的不均匀而流动，制品上密度高的地方的材料向密度低的地方流动并最终达到平衡。密度场主要用于计算制品的收缩指数，预测缩痕产生的位置和可能性，如图 4－14 所示。

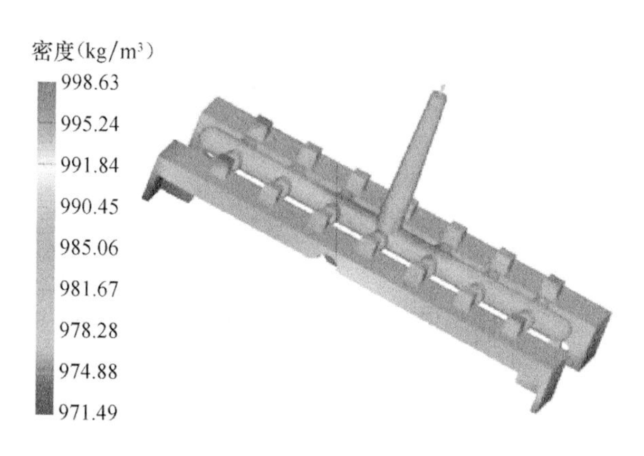

图 4－14　密度场（保压结束时 9.5 s）

10. 制品厚度

制品厚度用于显示制品的厚度分布，该值将在数值分析中使用，并对分析结果有很大影响。制品的厚度由计算得到，由于网格的关系，在局部点的数值可能不十分准确。此时可用网格管理器来手工修复制品厚度，以获得更准确的分析结果。厚度显示如图 4－15 所示。

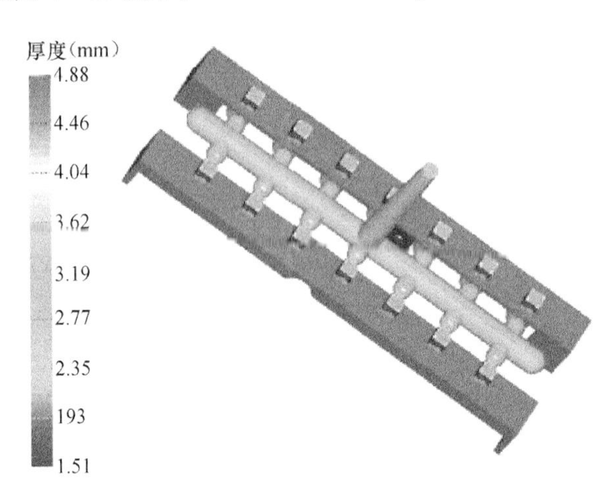

图 4－15　制品厚度

11. 流前温度

流前温度是指熔体刚刚到达当前节点时的温度，如图 4－16 所示。

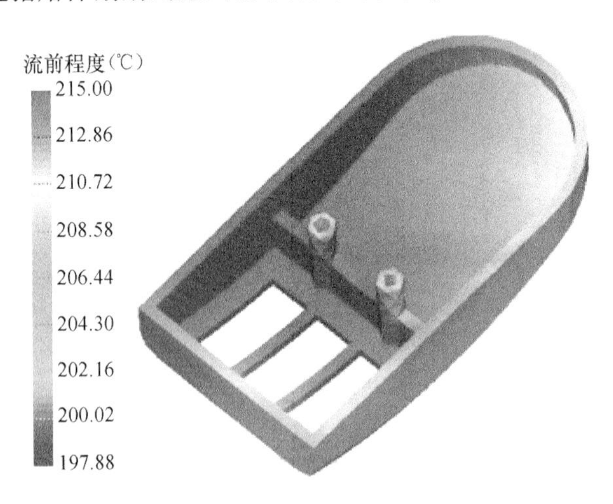

图 4－16　流前温度

12. 充填浇口

在多个浇口进行充填时，充填浇口反映当前的节点是由哪个浇口来进行充填，如图 4－17 所示。

13. 凝固厚度比

制品中的单元都有一定的厚度，中间是熔体，外表面是凝固后的熔体。凝固厚度比是指凝固的部分所占的比例，如图 4 – 18 所示。

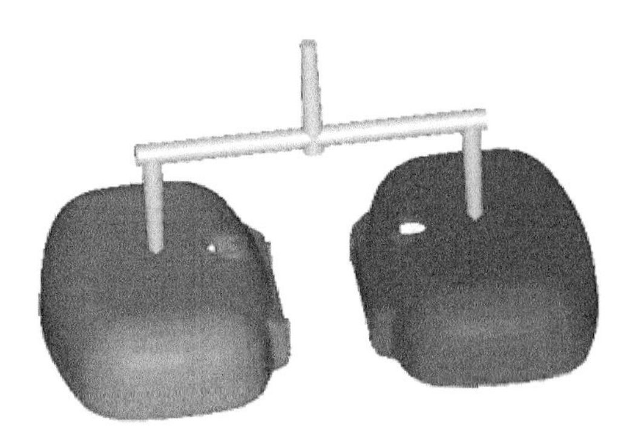

图 4 – 17 充填浇口

14. 实体流流动前沿

如果用户在导入制品 CAD 模型的时候选择的是实体模型，或者导入 STL 表面模型但生成了四面体实体模型，进行流动分析得到的结果即为实体流结果，实体流结果不仅包含了所有双面流结果，而且在显示方面比双面流更加形象、逼真，并且可以通过指定剖面来查看制品内部的结果数据，如温度、压力数据等。与双面流相比，最大的不同就是实体流可以实现剖切显示。实体流流动前沿菜单如图 4 – 19 所示。

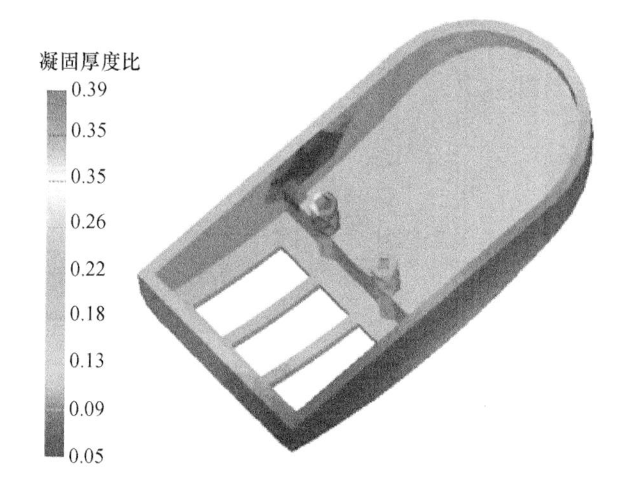

图 4 – 18 凝固厚度比

华塑 CAE7.5 能对流动前沿进行三维真实显示，显示的效果如图 4 – 20 所示。

注意：要能查看实体流结果，必须在新建方案导入制品图形文件时选择 UNV 文件导入。

15. 实体流剖切显示

双面流流动前沿结果在显示时，动态地表现了熔融塑料在模具内流动充填的过程，但给人的感觉是在制品表面上的流动，而不是在型腔内的流动。实体流功能是本系统中全新的独创的功能，它提供了真三维的分析结果，比双面流具有更强的真实感。用户可以通过此功能看到熔融塑料在模具型腔中流动的真实情形，

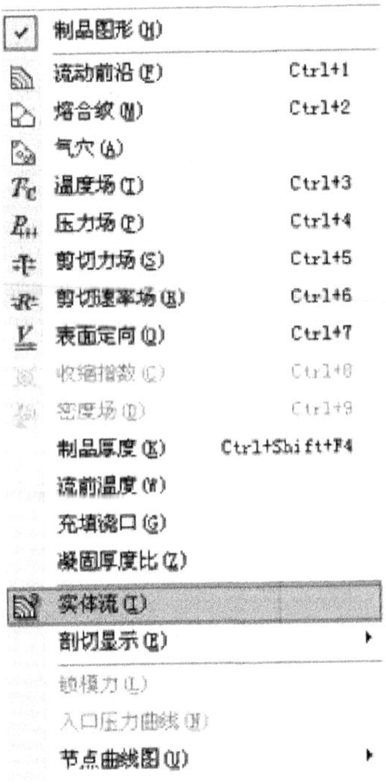

图 4-19　实体流动前沿菜单

并可得到流动过程中零件实体内部各个位置在不同时刻的各种数据。使得用户对分析数据的观察更直观，能更好地指导模具设计。实体流剖切显示的菜单位置如图 4-21 所示。

（1）流动前沿。流动前沿剖切显示可以显示制品上在某个时刻任意一个截面上的流动前沿。

操作步骤如下：

先指定剖切面的法矢（垂直）方向，如图 4-22 所示。

拖动选择或输入截面的位置，如图 4-23 所示。

图 4-24 为流动前沿剖切显示效果。

（2）压力场剖切显示。压力场剖切显示可以显示制品在某个时刻任意一个截面上的压力分布。其操作步骤如图 4-22 和图 4-23 所示。图 4-25 为压力场截面显示。

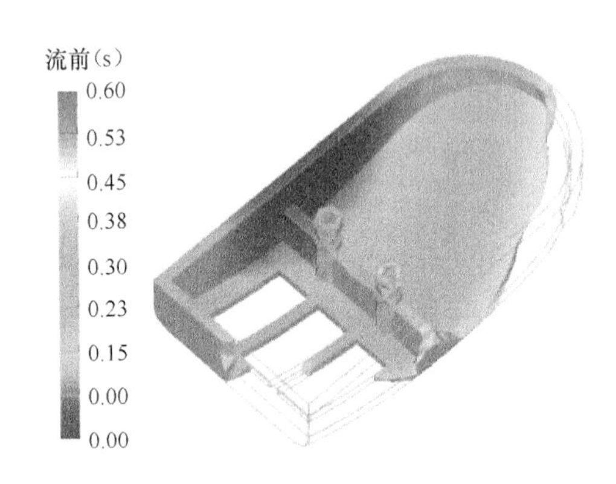

图 4-20　实体流动前沿

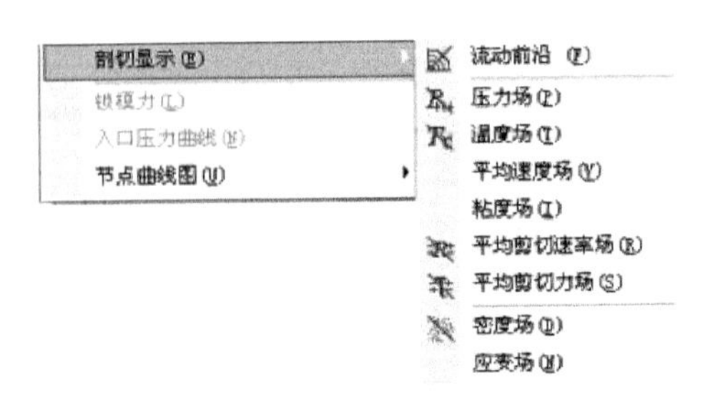

图 4-21　流动前沿菜单位置

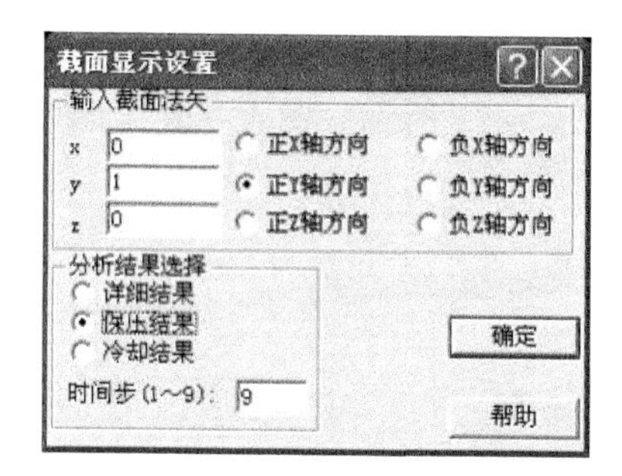

图 4-22 指定剖切截面法向

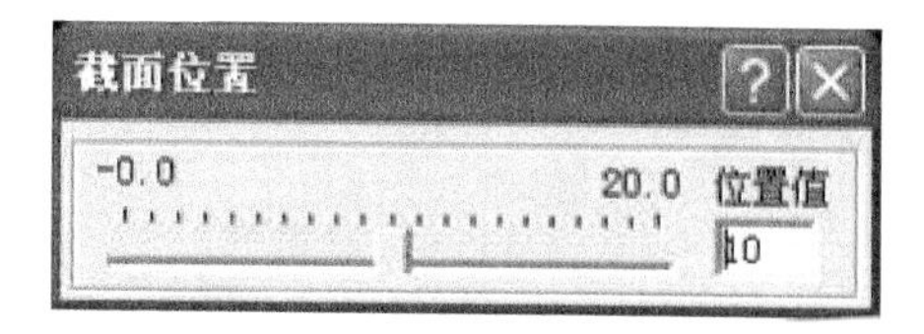

图 4-23 指定剖切截面位置

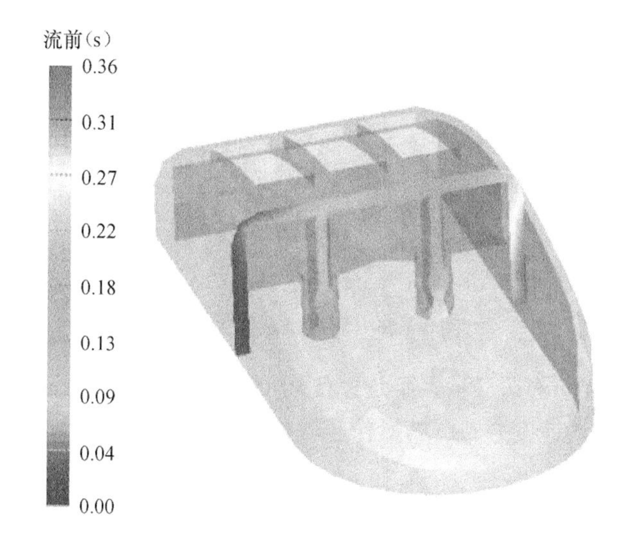

图 4-24 流动前沿截面显示

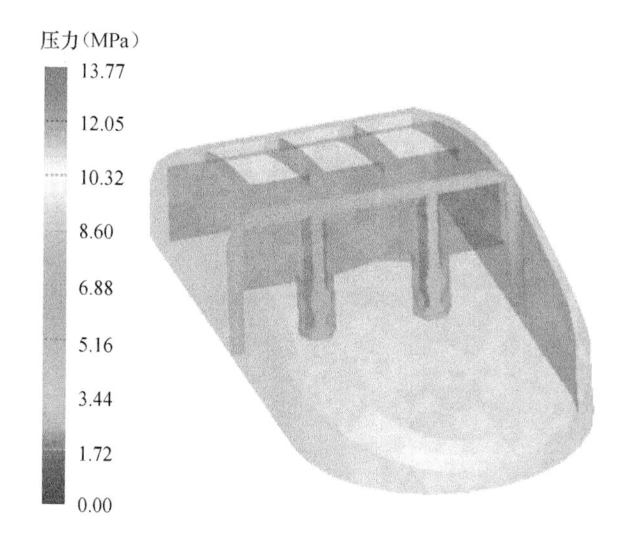

图 4-25 压力场截面显示

（3）温度场剖切显示。温度场剖切显示可以显示制品上在某个时刻任意一个截面上的温度分布，其操作步骤如图 4－22 和图 4－23 所示。图 4－26 为温度场截面显示。

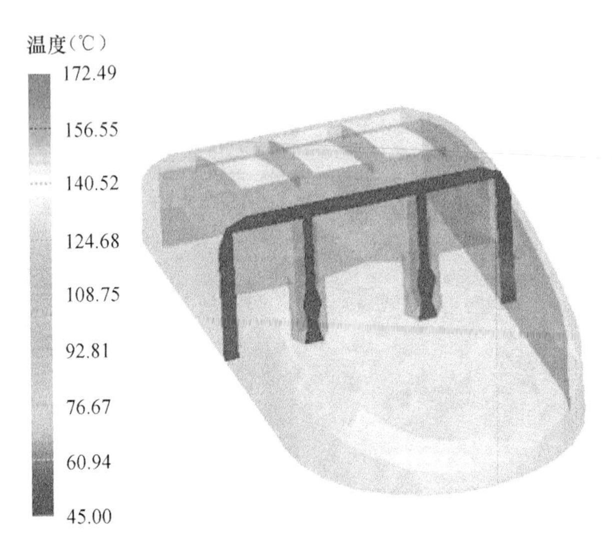

图 4－26　温度场截面显示

（4）平均速度场剖切显示。平均速度场剖切显示可以显示制品在某个时刻任意一个截面上的平均速度分布，其操作步骤如图 4－22 和图 4－23 所示。图 4－27 为平均速度场截面显示。

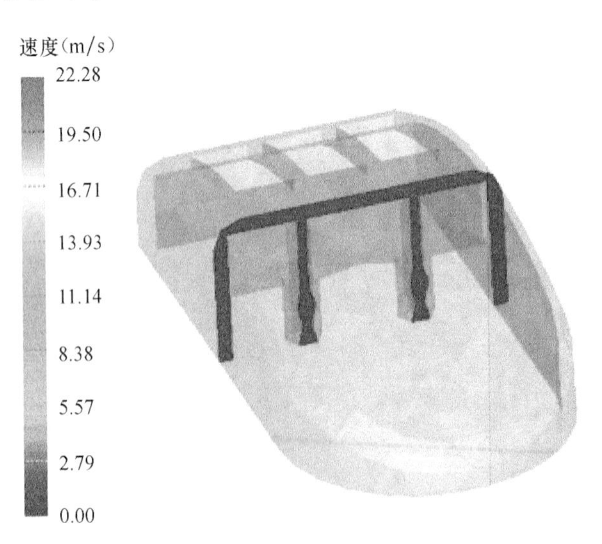

图 4－27　平均速度场截面显示

（5）黏度场剖切显示。黏度场剖切显示可以显示制品上在某个时刻任意一个截面上的黏度分布，其操作步骤如图 4－22 和图 4－23 所示。图 4－28 为黏度场截面显示。

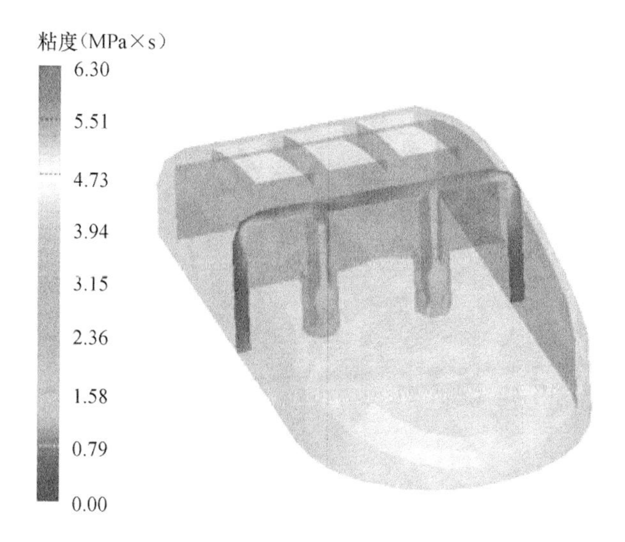

图 4－28　黏度场截面显示

（6）平均剪切速率场剖切显示。平均剪切速率场剖切显示可以显示制品在某个时刻任意一个截面上的平均剪切速率分布，其操作步骤如图 4－22 和图 4－23 所示。

图 4－29 为平均剪切速率场截面显示。

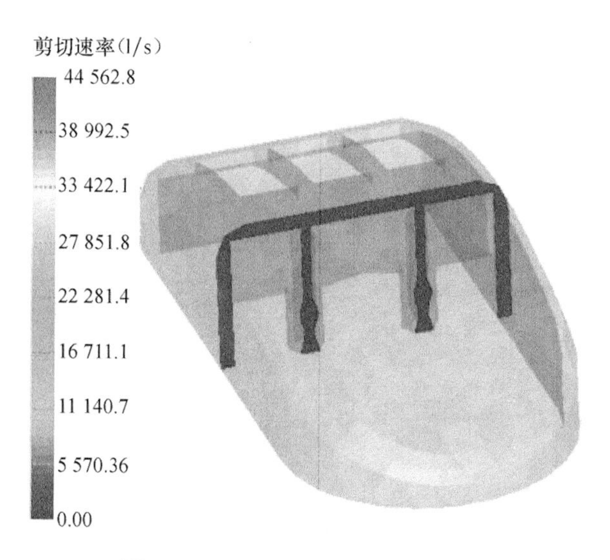

图 4－29　平均剪切速率场截面显示

（7）平均剪切力场。平均剪切力场剖切显示可以显示制品在某个时刻任意一个截面上的平均剪切力分布，其操作步骤如图 4－22 和图 4－23 所示。

图 4－30 为平均剪切力场截面显示。

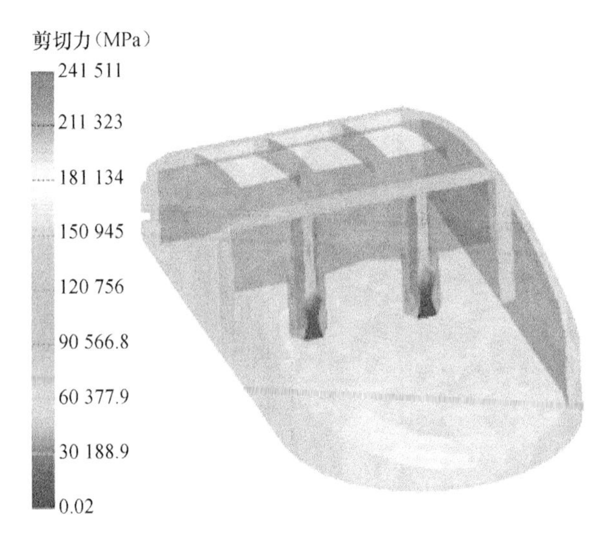

图 4－30　平均剪切力场截面显示

（8）密度场剖切显示。密度场剖切显示可以显示制品在某个时刻任意一个截面上的密度分布，其操作步骤如图 4－22 和图 4－23 所示。图 4－31 为密度场截面显示。

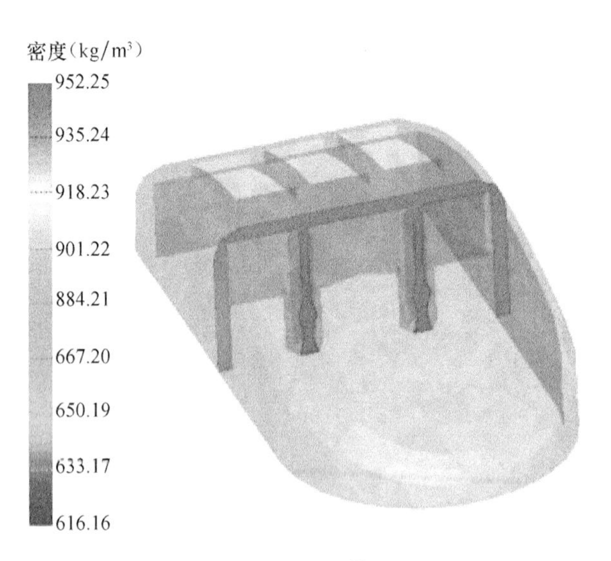

图 4－31　密度场截面显示

（9）应变场剖切显示。应变场剖切显示可以显示制品上在某个时刻任意一个截面上的应变分布，其操作步骤如图 4－22 和图 4－23 所示。

图 4 - 32 为应变场截面显示。

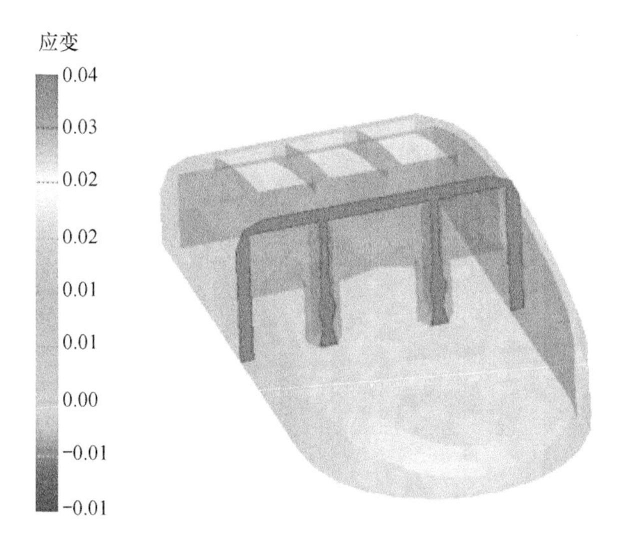

图 4 - 32　应变场截面显示

16. 锁模力曲线图

用户可以通过该命令来查看该制品在相应工艺条件下各注射时间所需锁模力的大小。从而可以为用户提供选择拥有不同级别锁模力的注塑机。锁模力曲线图显示锁模力的变化曲线图，如图 4 - 33 所示。

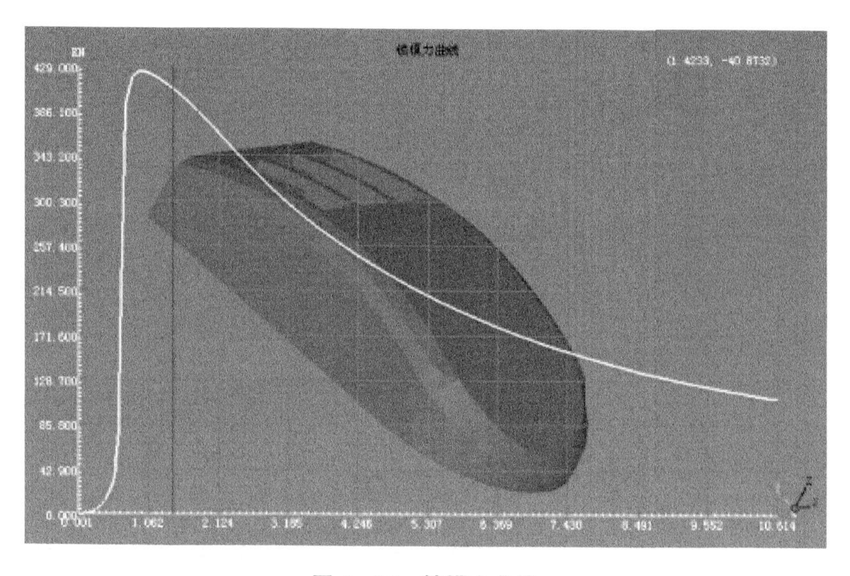

图 4 - 33　锁模力曲线

17. 入口压力曲线图

显示入口压力曲线，如图 4－34 所示。

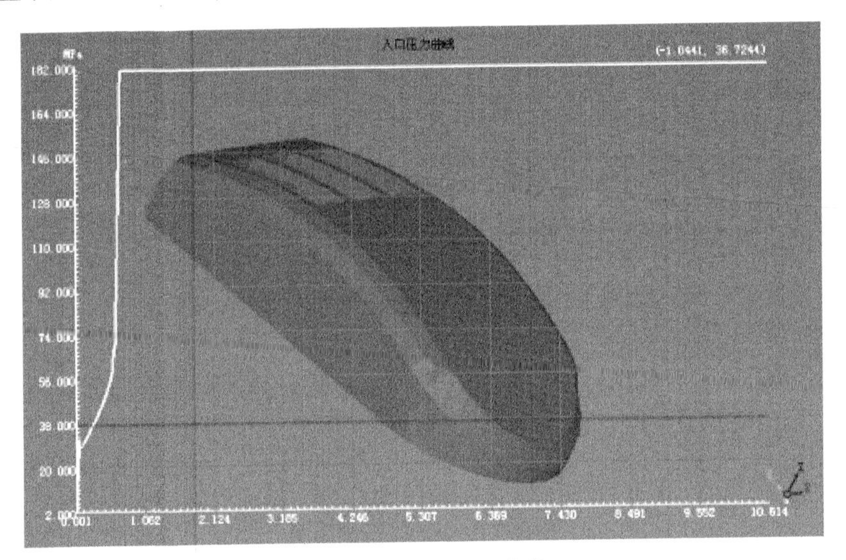

图 4－34　入口压力曲线

18. 节点曲线图

当用户需要查看制品上某些节点的温度、压力等变化曲线图时，需要在制品上点取节点，用户进入节点选择状态，此时光标图形为选择模式，用户可以在制品上选择自己需要的节点。如图 4－35 所示。最多可以选择 6 个节点，超过 6 个以后，第一个节点被取消选择。

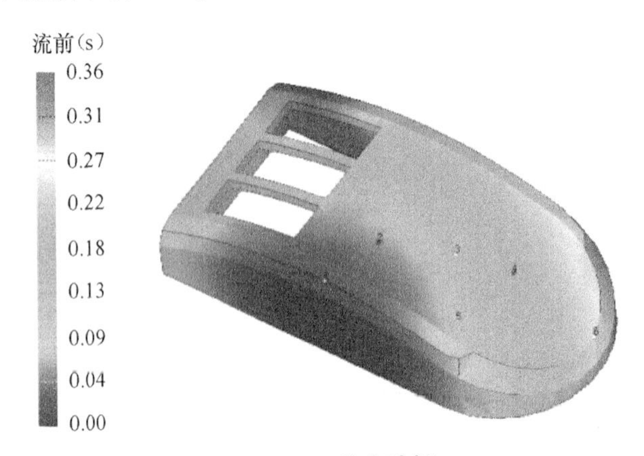

图 4－35　节点选择

用户选择好需要查看的节点，点取“节点曲线图”在这里用户可以看到每个节点在不同时间段上的温度、压力、密度等分布。图 4－36 所示的是所选节点的温度曲线图。

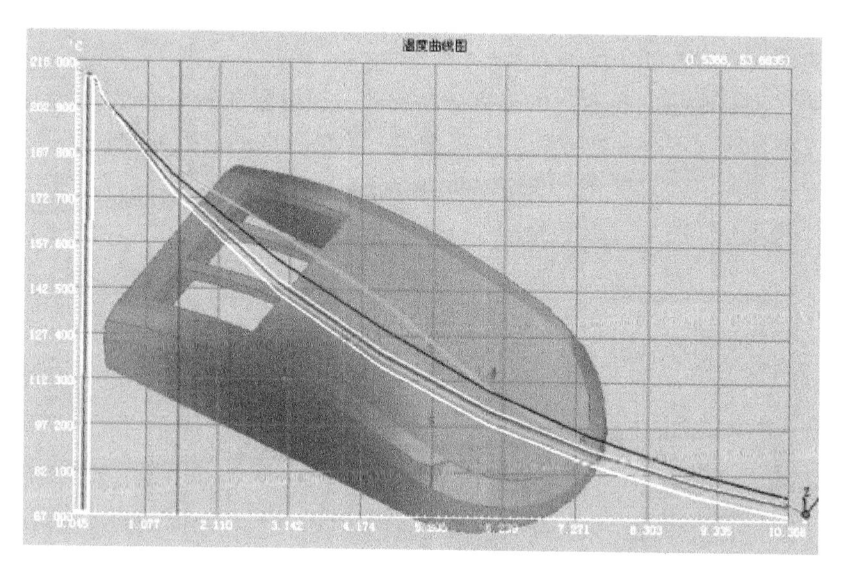

图 4－36　节点温度曲线图

4.2　冷却结果

注射模冷却分析采用边界元方法 BEM（Boundary Element Method），提供型腔表面温度分布数据给用户，指导用户进行注射模温度调节系统的优化设计。同时，为保压分析和翘曲分析提供耦合所需的模腔和制品温度分布，以提高系统的整体分析精度。

连续注射的开始阶段，型腔表面温度随时间（或注射次数）的增加而逐渐升高，经历了一定次数的注射循环周期后，模具型腔壁的温度就会形成一个比较稳定的周期性变化，它可以分成两部分：一部分为平均温度场，另一部分为波动温度场。实践证明，在连续注射过程中，平均温度场变化较小，可以近似看作是稳定的，波动温度场的波动幅度也较小，并且波动区域仅限于型腔壁附近。因此，在进行冷却过程分析计算时，所考虑的是冷却管道对稳定的周期性平均温度场的影响，这就是所谓的周期平均稳态传热分析，它能提供进行冷却系统优化设计的重要参数。

冷却结果的显示控制菜单如图 4－37 所示。

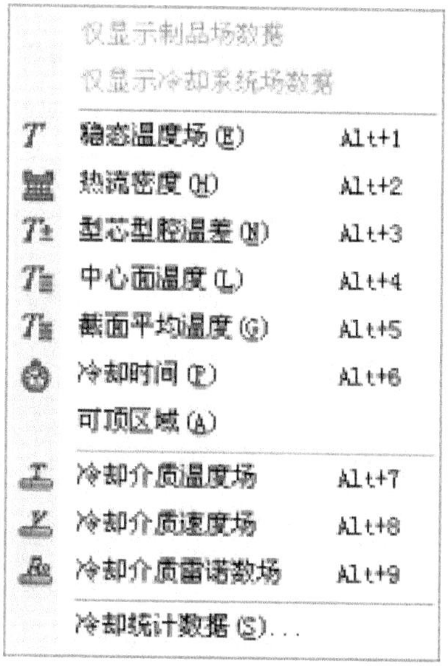

仅显示制品场数据
仅显示冷却系统场数据
稳态温度场(E)　Alt+1
热流密度(H)　Alt+2
型芯型腔温差(N)　Alt+3
中心面温度(L)　Alt+4
截面平均温度(G)　Alt+5
冷却时间(P)　Alt+6
可顶区域(A)
冷却介质温度场　Alt+7
冷却介质速度场　Alt+8
冷却介质雷诺数场　Alt+9
冷却统计数据(S)...

图 4－37　冷却结果显示菜单

1. 稳态温度场

模壁（型腔和型芯表面）的温度分布反映了模壁温度的均匀性。高温区域通常是由于模具冷却不合理造成的，应当避免。模壁温度的最大值与最小值之差反映了温度分布的不均匀程度，不均匀的温度分布可以产生不均匀的残余应力从而导致塑件翘曲，如图 4－38 所示。

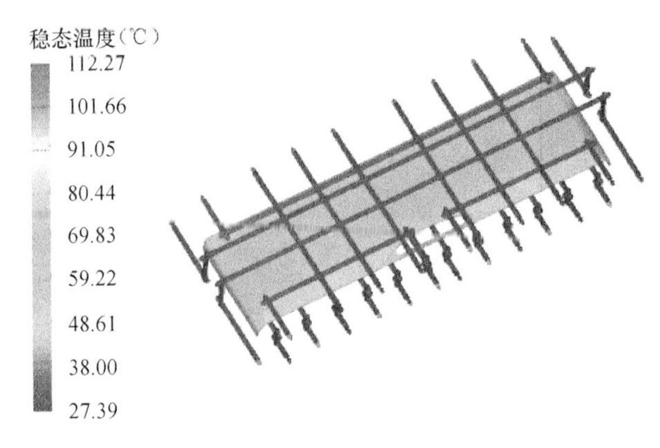

图 4－38　稳态温度场

2. 热流密度场

模壁（型腔和型芯表面）的热流分布反映了模具冷却效果和塑件放热的综合效应。

对于壁厚均匀的制品来说，热流小的区域冷却效果差，应予改进。对于壁厚不均匀的制品，薄壁区域热流较小，厚壁区域热流较大。该结果从显示效果上与温度场正好相反。正值表示放热，负值表示吸热，一般来说都是制品放出热量而冷却水管吸收热量。如图 4－39 所示。

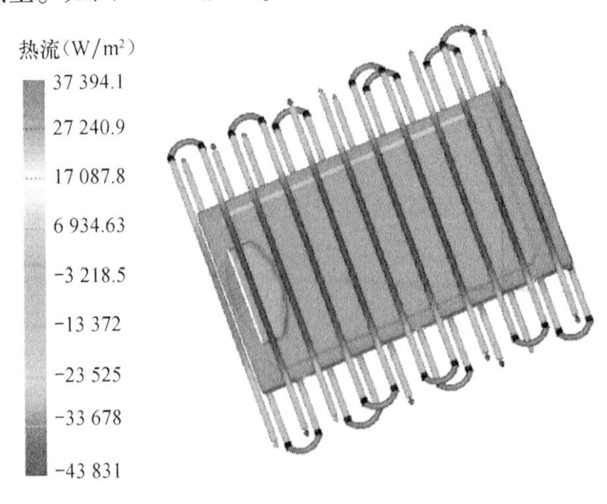

图 4－39　热流密度场

3. 型芯型腔温差

模具型腔与型芯的温差反映了模具冷却的不平衡程度，是由于型腔和型芯冷却的不对称造成的，是导致塑件产生残留应力和翘曲变形的主要原因。对于温差较大（大于10℃）的区域，应修改冷却系统设计或改变成型工艺条件，减小模具在此区域冷却的不平衡程度，如图4－40所示。

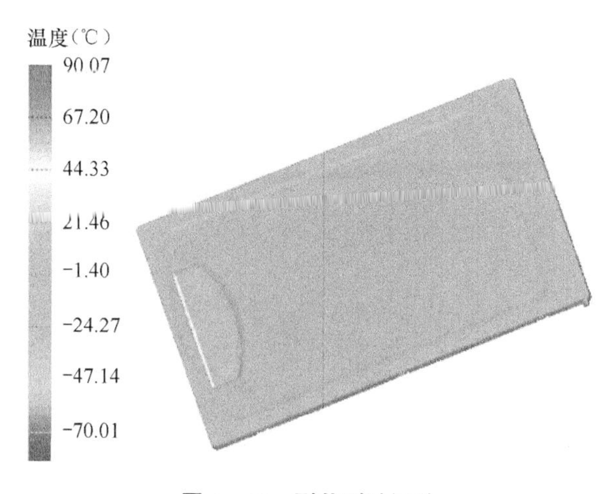

图4－40　型芯型腔温差

4. 中心面温度场

对于无定形塑料厚壁制品（壁厚与平均直径之比大于1/20），其脱模准则是其最大壁厚中心部分的温度低于该种塑料的顶出温度。制品能否顶出，用户此时关心的是制品中心面的温度分布，如图4－41所示。

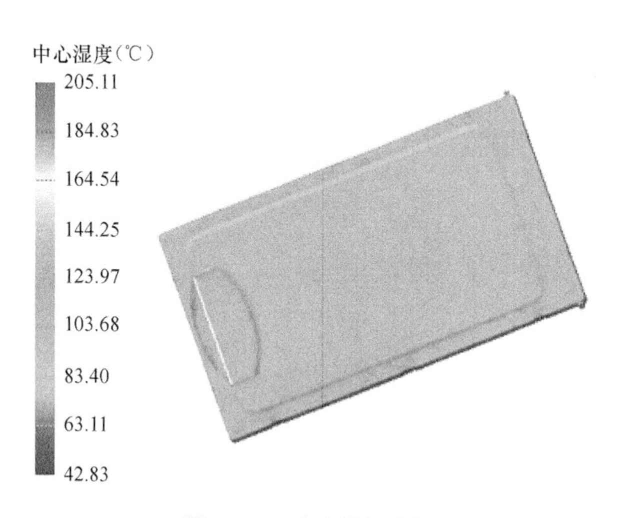

图4－41　中心面温度场

5. 截面平均温度场

对于无定形塑料薄壁制品，其脱模准则是制品截面内的平均温度已达到所规定的制品的脱模温度。制品能否顶出，用户此时关心的是制品截面平均温度的分布，如图4－42所示。

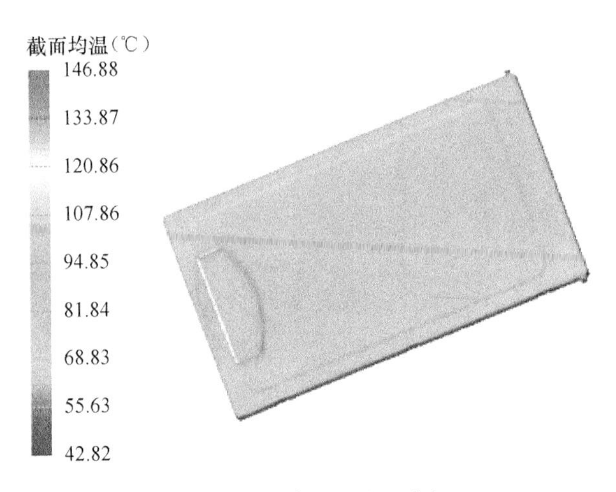

图4－42　截面平均温度场

6. 冷却时间

冷却时间是指塑件从注射温度冷却到指定的脱模温度所需的时间。根据塑件的冷却时间分布，设计者可以知道塑件的哪一部分冷却得快，哪一部分冷却得慢。理想的情况是所有区域同时达到脱模温度，则塑件总的冷却时间最短。如图4－43所示。

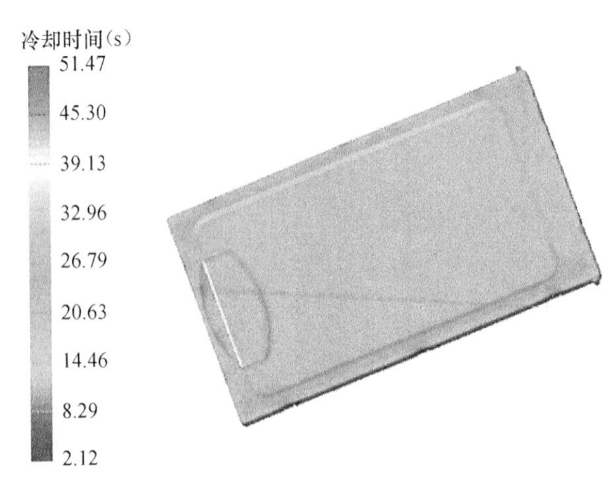

图4－43　冷却时间场

7. 可顶区域

可顶区域用于显示冷却结束时可顶的区域，其中红色的表示可顶区域，蓝色的表示该区域不可顶出，绿色的区域表示中间区域，可顶区域如图 4 - 44 所示。

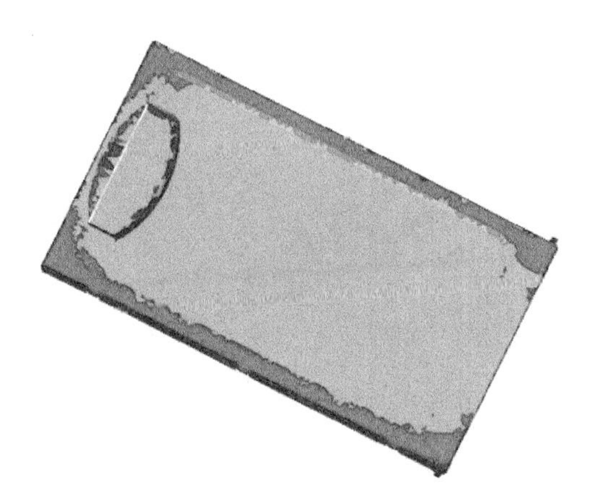

图 4 - 44 可顶区域

8. 冷却介质温度场

当高温熔融塑料注射进入模具型腔后，需要冷却固化才能顶出，该过程中的热量需要冷却系统带走。冷却介质从回路入口进入后，在流动过程中逐渐被模具加热，导致其温度升高。模具中冷却介质温度升高会使热传递减小，其次，如果回路出入口温差过大，可能会导致冷却不平衡。

根据冷却介质温度场结果可以获得某条回路出入口的温差，在生产过程中，精密模具中出入口冷却介质温度相差应在 2℃以内，普通模具也不要超过 5℃。如图 4 - 45 所示。

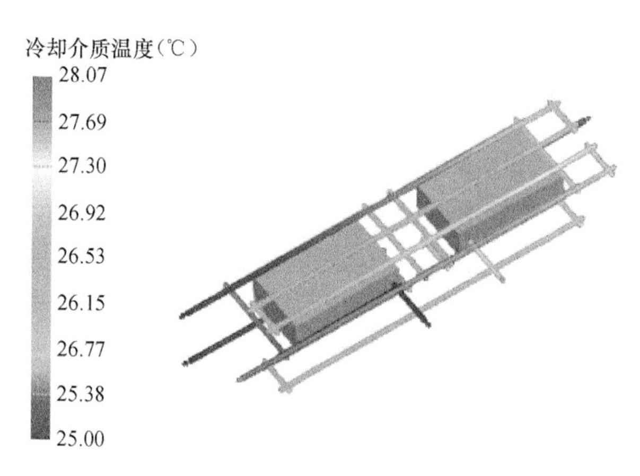

图 4 - 45 冷却介质温度场

9. 冷却介质速度场

由于冷却回路形式多样，从连接方式上可以分为串联和并联，从结构上又可以分为普通管道、隔板、喷流管和螺旋管等，在冷却回路入口流速（或流量）设定的情况下，由于回路的变化（如管道直径）会导致流速变化，而冷却介质流速是其雷诺数的重要影响因素，如图 4－46 所示。

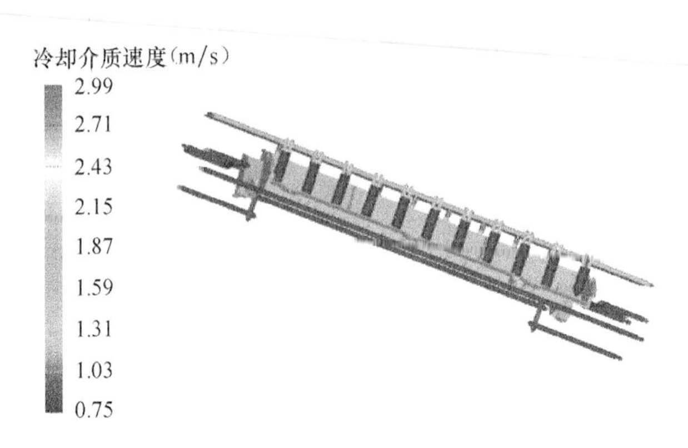

图 4－46　冷却介质速度场

10. 冷却介质雷诺系数场

冷却介质在冷却回路中流动的时候，其流动状态可以分为层流、紊流和过渡流，其区别就在于雷诺数的大小，当雷诺数 $Re<2\,320$ 时流动为层流，当 $2\,320<Re<13\,800$ 时，其流动可能是层流也可能是紊流，但在实验中发现，在这一区域内紊流居多。即便是层流，也是很不稳定的，外界稍有干扰，层流就会立即转化为紊流。所以，工业上一般简单地将流动划分为层流和紊流。冷却介质处于层流流动时，流动比较平缓，没有垂直于水流方向的横向速度，此时模具内的热量在冷却孔的径向只能以热传导的方式进入冷却介质中，换热效率很低。紊流则不同，由于冷却介质在孔径方向有质量交换，热流不仅以热传导的方式，还可以以对流的方式有效地从孔壁传入冷却介质中。因此，在冷却过程中需要保证冷却介质在紊流状态下工作。

实际生产时一般取 $10\,000<Re<30\,000$，为使冷却介质处于紊流状态，冷却介质的流速（或流量）应达到一定值，在用户进行冷却系统设计时可以调整冷却回路的入口流速、流量或者压力来满足紊流条件。但冷却介质为紊流状态后，传热效果不会因为流速的增加而显著增加，因此，没有必要过分增大冷却介质的流速而浪费能源，如图 4－47 所示。

11. 冷却统计数据

冷却分析结果数据统计，便于用户查看，如图 4－48 所示。

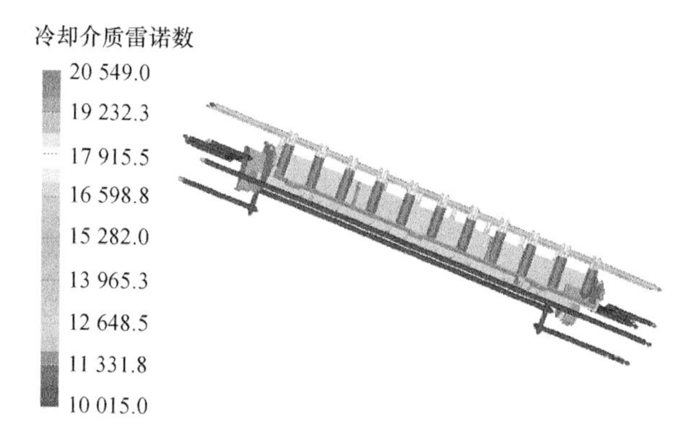

图 4－47　冷却雷诺数场

冷却分析结果统计数据

所有单元温度区间 (℃)	[25.12, 58.54]
模具热流密度区间 (W/m^2)	[-32929.67, 17171.11]
型芯型腔温差区间 (℃)	[-11.73, 11.69]
制品中心面温度区间 (℃)	[48.69, 90.24]
制品截面平均温度区间 (℃)	[47.90, 75.95]
制品单元冷却时间区间 (s)	[15.09, 44.42]
冷却时间 (s)	44.00
冷却介质温度区间 (℃)	[25.00, 29.26]
冷却介质速度区间 (m/s)	[1.99, 2.06]
冷却介质雷诺数区间	[17713, 18303]

关闭　帮助

图 4－48　冷却分析结果统计数据

4.3　应力翘曲结果

应力/翘曲分析适于热塑性塑料，应力分析可以预测制品在保压和冷却之后，刚出模时制品内的应力分布情况，为最终的翘曲和收缩分析提供依据。翘曲分析可以预测制品出模后的变形情况，预测最终的制品形状。显示应力翘曲结果的控制菜单如图 4－49 所示。

1. 平面应力和厚向应力

平面应力是垂直于壁厚方向的平面上的应力，平面应力在制品的不同壁厚处的数值是变化的，如图 4－50 所示。变化的曲线可以由型腔内平面应力曲线显示，平面应力是制品出模后产生平面方向收缩的主要原因之一，过大的平面应力

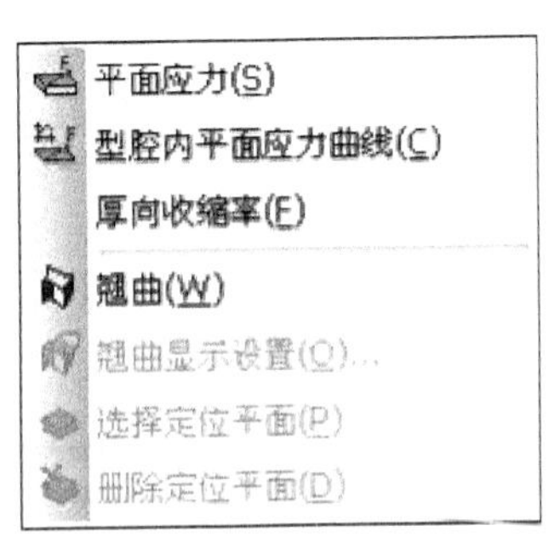

图 4－49　应力翘曲菜单

将使制品产生较大的收缩，应当避免。保压过程中的保压压力对于平面应力有直接的影响，选择合适的保压压力可以减小平面应力值。

2. 型腔内平面应力曲线

型腔内平面应力曲线显示所选择节点应力在制品出模时沿着壁厚方向的分布情况。制品在经历保压和冷却之后，在不同的壁厚处的应力值不同，这种应力分布在出模后产生了制品的收缩和翘曲。直观上，可以根据应力曲线相对于制品是否对称来大致判断对于翘曲的影响。

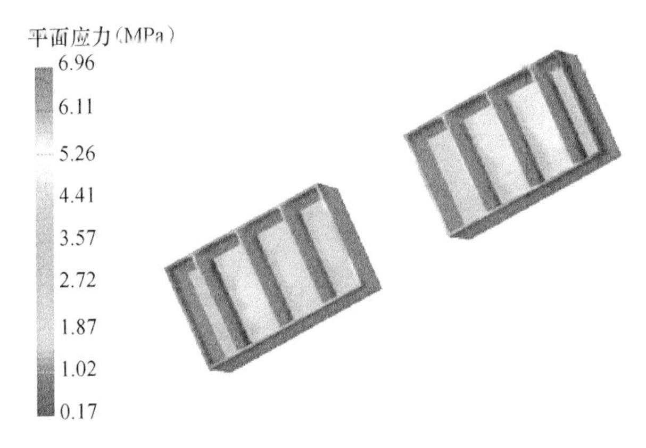

图 4－50　平面应力

制品沿着壁厚方向进行分层，图中横坐标是制品壁厚方向的分层（中间的 0 处表示制品的中心，－8 处表示所选点的下表面，8 处表示所选点的上表面）；纵坐标表示应力值（单位是 MPa，正值为拉应力，负值为压应力）。制品出模时刻存在过大的压应力会导致制品产生一定的膨胀；相反，制品若存在过大的拉应力则会产生一定的收缩。平面应力分布曲线的形状与制品冷却过程有直接的联系，制品两侧冷却较均匀，应力曲线相对于制品中线对称，出模后由于残余应力产生的翘曲较小；制品两侧冷却不均匀，应力曲线相对于制品中线不对称，出模后由于残余应力产生的翘曲较大，此时建议用户调整冷却设计。曲线中间上方的白色数值为时间值，表示这条应力曲线是这一时刻制品该点处的应力分布。

型腔内平面应力曲线提供了十字线工具（红色的十字线），用户可以移动鼠标，移动时，在屏幕的右上方显示十字线中心的横坐标和纵坐标，即相应的壁厚位置和该位置的应力值。用户可以移动十字线查看具体位置的应力值大小。图 4－51 显示了四个节点的型腔内平面应力变化曲线。

3. 厚向收缩率

厚向收缩率显示了制品在厚度方向上收缩的百分比，如图 4－52 所示。

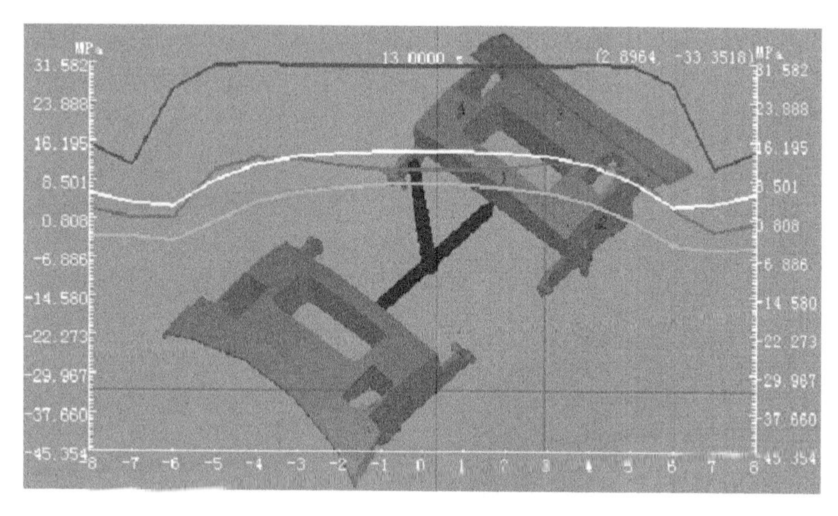

图 4－51　型腔内平面应力曲线

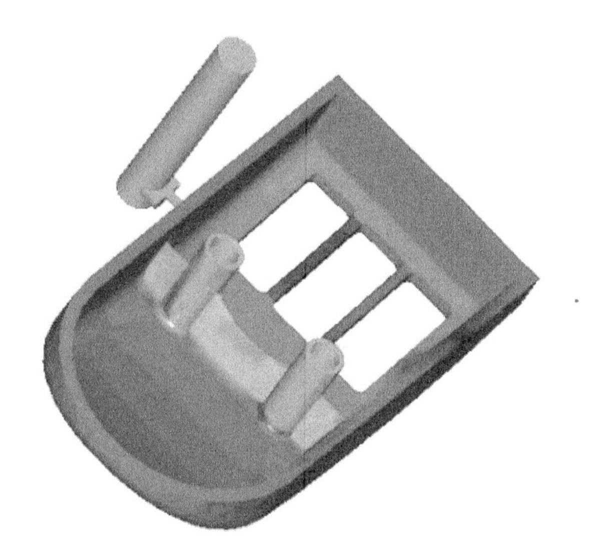

图 4－52　制品厚向收缩率

4. 翘曲

翘曲显示了制品翘曲变形之后的形状，显示的变形数值是制品变形后，相对于原来制品的位移值。在翘曲结果中同时显示制品的原始形状，采用线框模型显示，方便用户对比。翘曲显示如图 4－53 所示。

其中，透明显示的是原始制品，制品的变形程度用不同的颜色标示，翘曲可以通过翘曲显示设置来设置显示的方式。

翘曲显示设置用于设置翘曲显示的方式，如图 4－54 所示，通过翘曲显示设置，您可以改变翘曲显示的放大倍数，翘曲显示的方向，是否显示原始制品等。如图 4－55 和图 4－56 分别显示了 5 倍和 10 倍的翘曲结果。

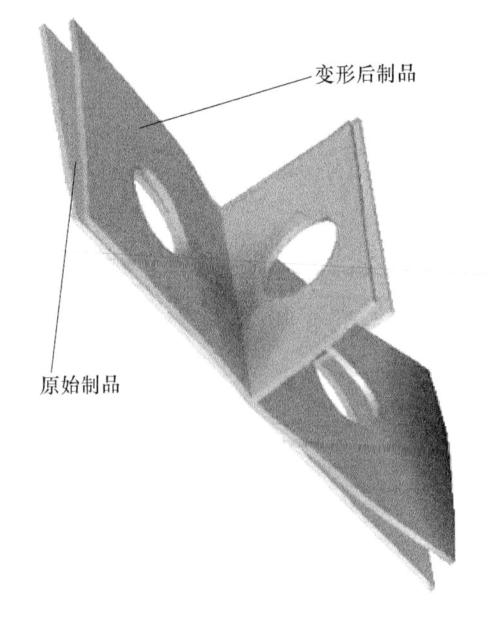

图 4-53　翘曲显示

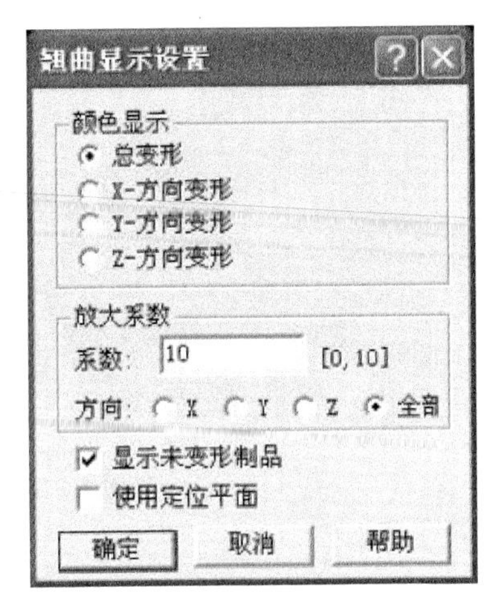

图 4-54　"翘曲显示设置"对话框

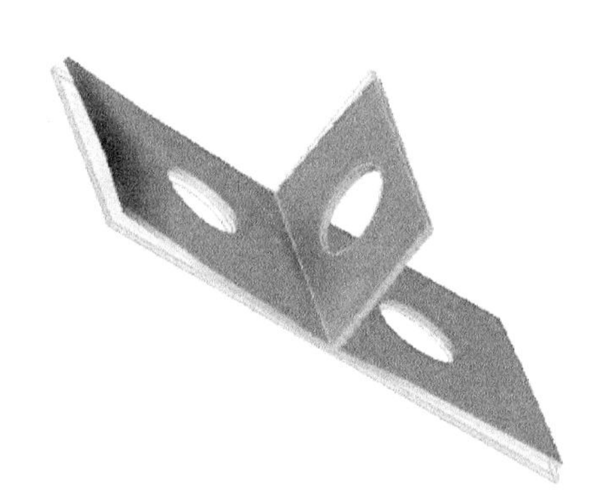

图 4-55　五倍放大显示的翘曲变形结果

图 4-56　十倍放大显示的翘曲变形结果

5. 选择定位平面

在分析结果显示为翘曲时，可以通过选择定位平面来控制翘曲的制品相对原始制品显示的位置和方向。选择该命令后，通过在原始制品上连续选择三点，该三点确定的平面叫作定位平面。如果使用了定位平面，则翘曲结果中显示的原始制品以及翘曲变形的制品在该平面上重合，并且在选择的第一点上完全重合，在选择的第一点和第二点的连线方向上完全重合。如图 4-57 所示，选择的三点以黄色的楔形标志，并出现坐标轴，坐标原点在选择的第一点，坐标轴的 X 轴为第一点到第二点的方向，XOY 平面为选择的定位平面。

图 4－57　选择定位平面

6. 删除定位平面

在分析结果显示为翘曲时，可以通过选择定位平面来控制翘曲的制品相对原始制品显示的位置和方向。该命令用于删除定义的定位平面。

4.4　气辅结果

气辅分析用于模拟气体辅助注射成型过程，在进行好充模设计和气辅设计之后，气辅分析可以预测气体的穿透厚度、穿透时间以及气体体积占制品总体积的百分比等结果。显示气辅分析结果的菜单如图 4－58 所示。

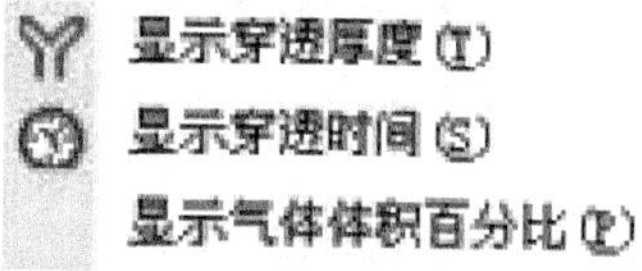

显示穿透厚度(T)
显示穿透时间(S)
显示气体体积百分比(P)

图 4－58　气辅菜单

1. 气体穿透厚度

气体穿透厚度反映了气体穿透到各处的厚度，如图 4－59 所示。在一次穿透厚度阶段，气体穿透厚度较大；而在二次穿透阶段，气体穿透厚度较小。气体注射延迟时间、气体注射量对穿透厚度的影响较大。

2. 气体穿透时间

气体穿透时间反映了气辅成型中气体穿透到各处的时间，如图 4－60 所示，在一次穿透阶段，气体前进的速度很快，在二次穿透阶段，气体前进的速度就慢很多。

3. 气体体积百分比

气体体积百分比反映了气体穿透过程中气体体积占制品体积百分比随时间的

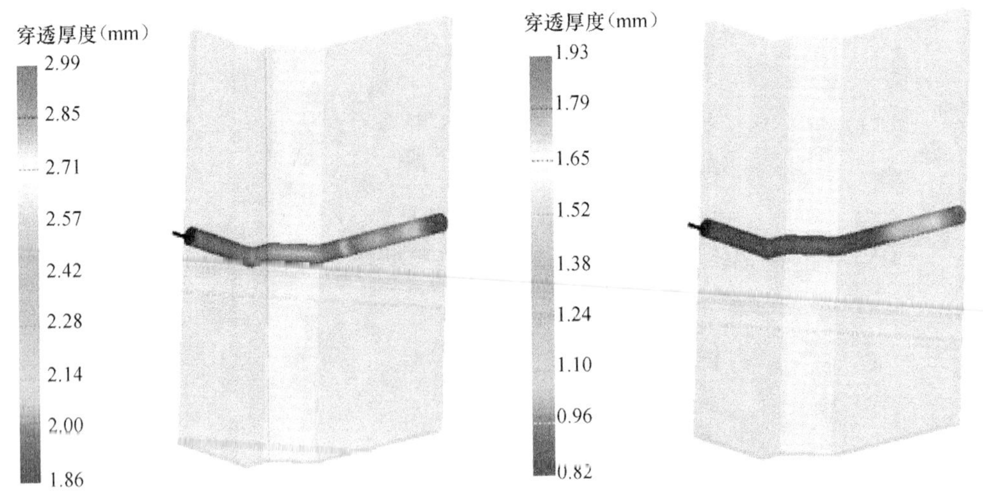

图 4－59　气体穿透厚度　　　　图 4－60　穿透时间

变化，它显示的是一曲线图，如图 4－61 所示，从图中可以看出，在一次穿透阶段气体体积百分比迅速上升，在二次穿透阶段，气体体积还在上升，不过上升得较慢些。

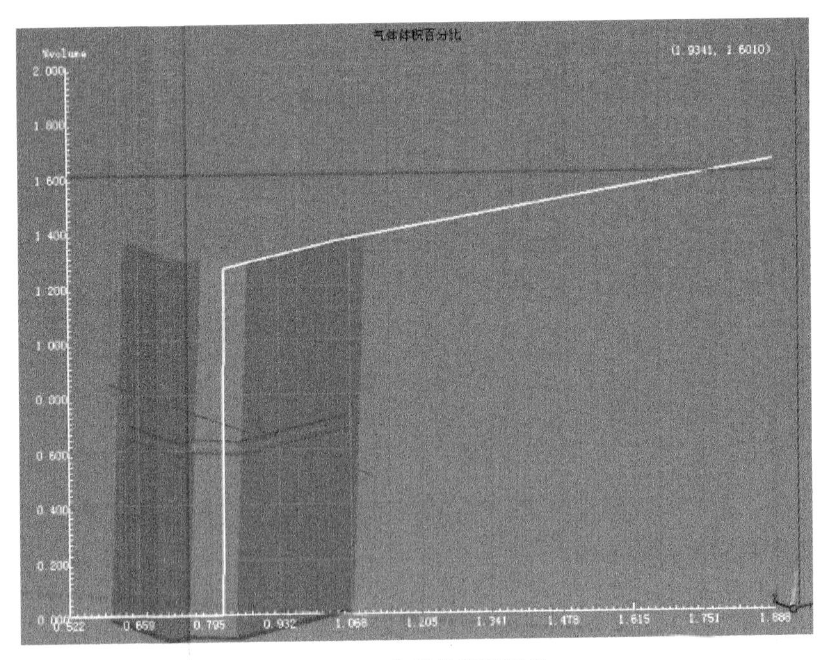

图 4－61　气体体积百分比

4.5　分析报告

分析报告是为用户提供该方案的主要结果和图形。其信息将自动生成超文本格式的文件（.htm）和 Word 文档，以便在浏览器上查看和编辑打印。当前版本可以输出简体中文形式、繁体中文和英文形式的分析报告。在最新的 HsCAE 7.5 版本中新增了自动生成动画的功能。报告菜单如图 4－62 所示。

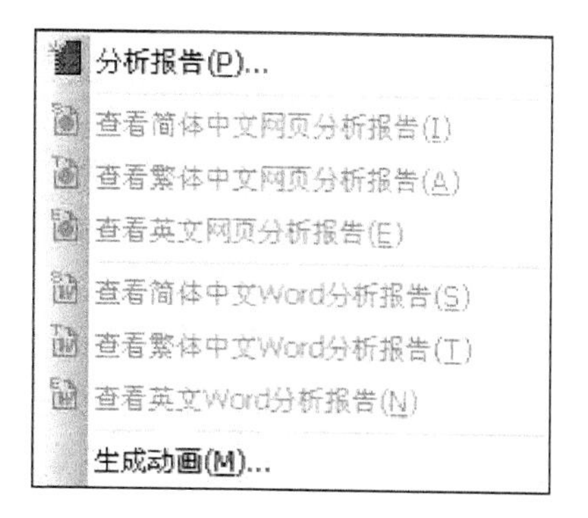

图 4－62　分析报告菜单

产生分析报告之前，用户应该首先完成相应方案的流动、保压、冷却、应力、翘曲、气辅等分析，如果某项还没有进行分析，则分析报告中与该分析相关页面中的数据为空，相关图片也不能获取。选择“报告”菜单中“分析报告”菜单项后，系统会弹出进度条提示用户“正在生成分析报告图片”，图片制作结束后弹出分析报告设置对话框，如图 4－63 所示。

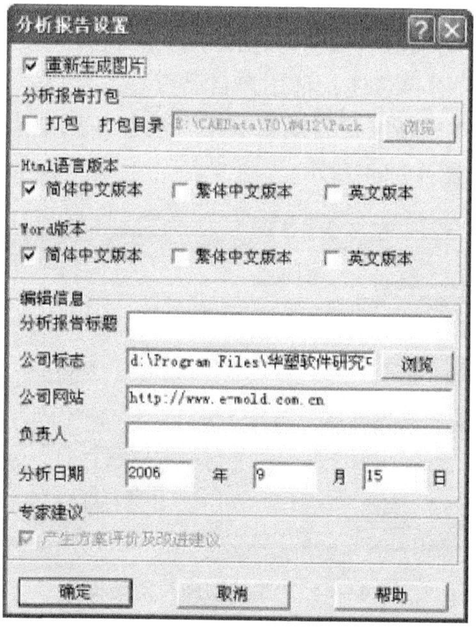

图 4－63　分析报告设置

对话框中的“分析报告打包”这一项设置主要是为了方便用户将最终产生的分析报告打包到用户指定的任意目录中。如果该目录不存在，系统会自动创建，打包后的分析报告可以脱离系统独立使用。在初始的状态下，默认为不打包，此时打包目录和“浏览”按钮都是灰色，不可选用。当用户选择打包后，打包目录可以自行输入，默认的打包目录是当前方案名目录下的 Pack 目录。用户还可以通过单击“浏览”按钮进行选择打包目录。

对话框中的“语言版本”选项用于选择产生的分析报告的语言种类。对话框初始时，默认的语言种类与操作系统的语言种类相同。用户可根据需要同时选择一种或几种语言种类，系统将产生相应的语言种类的分析报告，用户必须指定所需分析报告的语言种类。可同时选择产生两种语言版本的分析报告。

除了 Html 格式的分析报告，系统还能生成 Word 格式的分析报告，便于用户编辑和打印，要求用户计算机上安装 Microsoft Office Word 2000 或以上版本。

对话框的“编辑信息”选项用于获取公司的相关信息。用户可根据需要进行编辑，也可默认对话框初始的设置。“公司标志”栏要求用户选择一个本公司的图标文件，文件的类型为“. gif”或“. jpg”，其他各项用户都可进行修改。用户需要填写所有信息，如果没有填写，则会在相应的分析报告上缺少该项。

当用户完成“分析报告设置”对话框的所有设置后，单击“确定”按钮，则将产生分析报告，并打开分析报告的首页。

分析报告是基于超文本模板生成的，每份分析报告均由首页、制品信息、材料信息、工艺条件、充模分析结果、冷却分析结果、应力翘曲结果、技术支持八个超文本页面组成。每个超文本页面之间采用动态链接，便于用户查看分析报告的各项内容。具体细节不再赘述，请用户自己查看。

在 HsCAE 7. 5 版本中新增了自动生成动画功能，用户点击“生成动画（M）…”，弹出对话框，如图 4－64 所示。

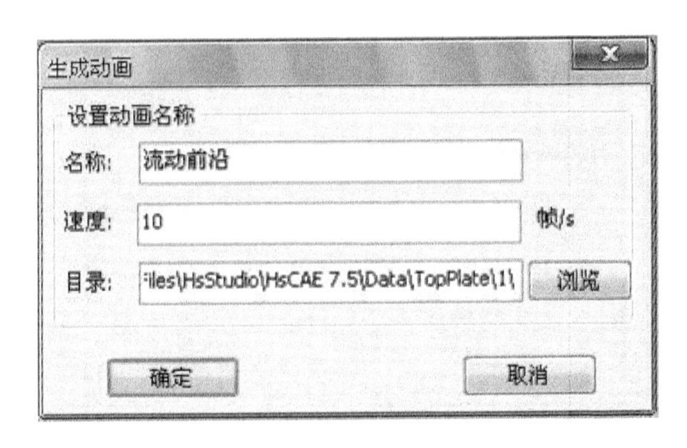

图 4－64 “生成动画”对话框

用户可以设置动画的名称、播放速度，以及生成动画的目录。生成格式为 avi，用一般的媒体播放器就可以直接播放，看到后处理结果。

第五章　辅助功能

下面将要介绍的辅助功能也是系统必不可少的组成部分，以材料数据管理为例，它提供用户添加新材料的功能。系统辅助功能由以下几个部分组成：系统设置、数据库管理、批处理辅助工具、系统在线更新、拟和程序。下面依次介绍每项的功能和用法。

5.1　系统设置

选择“工具”菜单中“系统设置”菜单项，屏幕上显示“系统设置”对话框，如图5－1所示。包括六个内容：常规设置、窗口设置、鼠标设置、颜色设置、网上更新设置和分析设置。

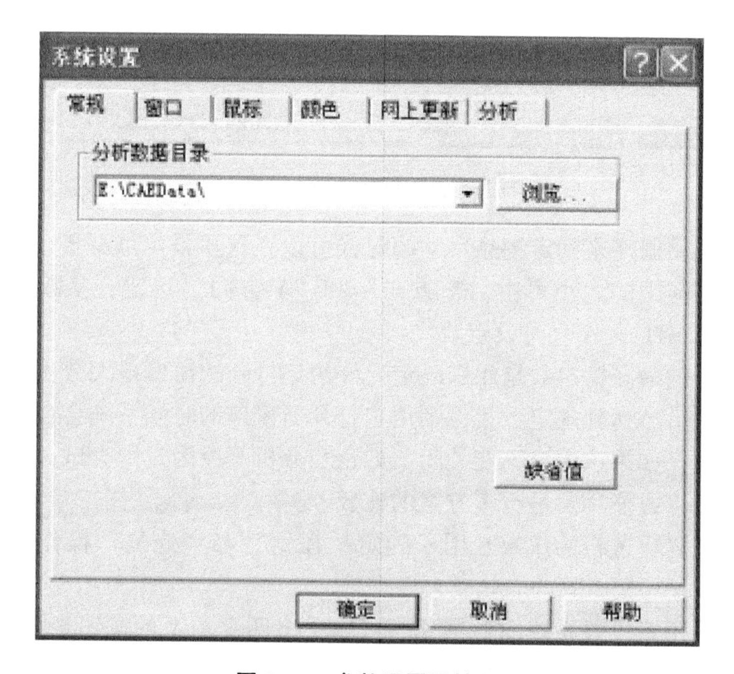

图5－1　参数设置属性页

1. 常规设置

分析数据目录用于设置用户数据存放的文件夹，在分析的过程中会产生大量的临时文件和结果文件，会占用较大的硬盘空间，特别是冷却分析可能会占用数G硬盘空间，这需要用户将分析数据目录设置在空闲空间比较大的磁盘分区中。

若使用缺省值，只需点击“缺省值”按钮即可，如图 5 -1 所示。

2. 窗口设置

栅格颜色用来设置栅格的颜色，如图 5 -2 所示。

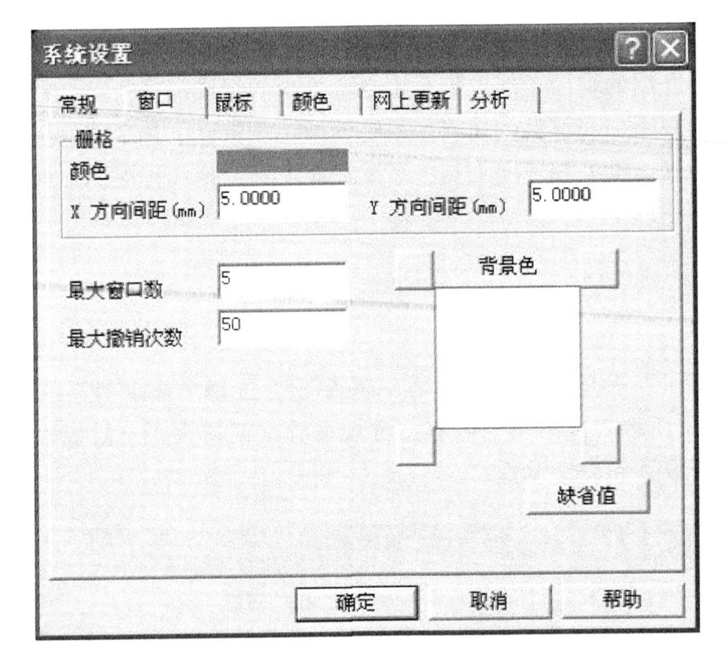

图 5 -2　窗口设置属性页

用户在使用栅格来确定制品尺寸的时候可以在这里设定屏幕 X、Y 方向的栅格间距。栅格间距的大小可由“X 方向”和“Y 方向”选定，参数的单位在建立方案“导入 STL 文件”时设定。

同时打开的最多窗口数是用来确定允许用户打开的窗口最大数目。如果当前打开的窗口数已经达到规定数量，则用户打开新窗口的时候系统会自动将最先打开的窗口关闭，如果该窗口不能关闭，如正在分析等原因，则尝试关闭下一个窗口。此功能可以方便用户进行多方案的比较。

撤销、恢复可进行的次数是用于确定“撤销”与“恢复”操作可以撤销和恢复的次数。

背景色是用来设置系统的背景色，可以单击四个角上的按钮来设置背景色。以上参数若均用缺省值，只需单击“缺省值”按钮即可。

3. 鼠标设置

华塑 CAE 支持自定义图形操作鼠标快捷键，如图 5 -3 所示。

中键：单击该项的下拉框，可以设置“中键”对应的图形操作命令。

中键 + Shift：单击该项的下拉框，可以设置“中键 + Shift”对应的图形操作命令。

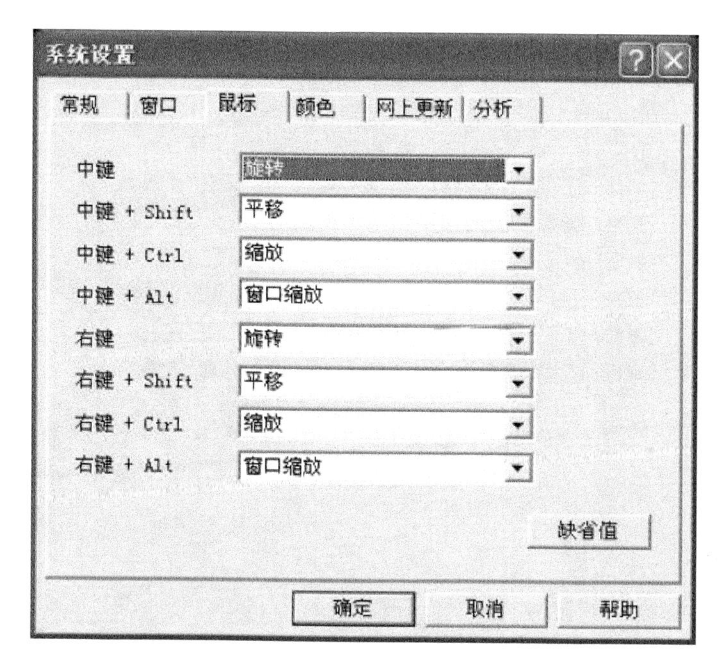

图 5-3 鼠标设置属性页

中键+Ctrl：单击该项的下拉框，可以设置“中键+Ctrl”对应的图形操作命令。

中键+Alt：单击该项的下拉框，可以设置“中键+Alt”对应的图形操作命令。

右键：单击该项的下拉框，可以设置“右键”对应的图形操作命令。

右键+Shift：单击该项的下拉框，可以设置“右键+Shift”对应的图形操作命令。

右键+Ctrl：单击该项的下拉框，可以设置“右键+Ctrl”对应的图形操作命令。

右键+Alt：单击该项的下拉框，可以设置“右键+Alt”对应的图形操作命令。

以上参数若均用缺省值，只需单击“缺省值”按钮即可。

4. 颜色设置

设置颜色功能项用于设置系统的“实体”、“动模板”、“网格”、“定模板”、“线框”等的颜色，如图 5-4 所示。用鼠标左键单击该项的颜色条，则系统弹出标准的颜色选择对话框供用户选择颜色，选定颜色后按“确定”按钮即可。如全部选择系统缺省颜色，只需单击“缺省值”按钮。

5. 网上更新设置

系统支持网络更新，在此设置自动进行网络更新的间隔天数，默认为 30 天，如图 5-5 所示。系统运行到了规定时间后就会自动检查是否已经存在更新版本并提示用户进行网络更新。该项功能需要用户的计算机能连接上 Internet 网。

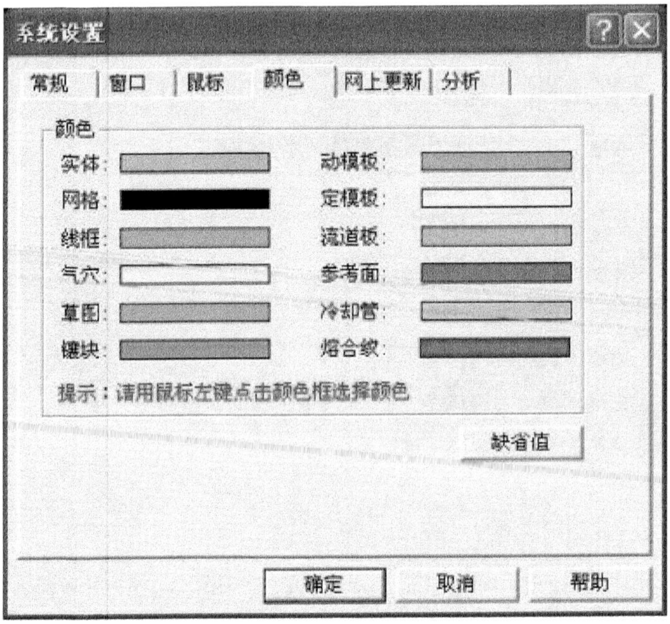

图 5-4　颜色设置属性页

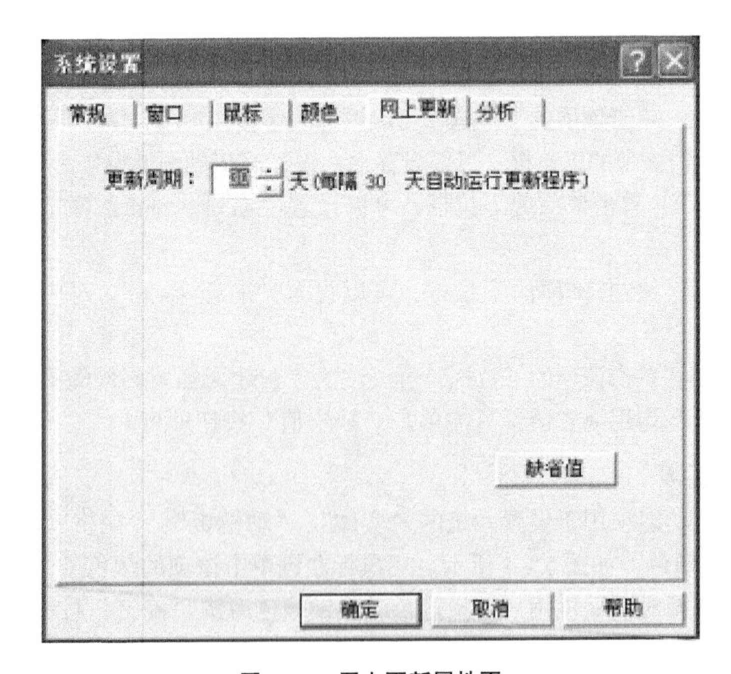

图 5-5　网上更新属性页

6. 分析设置

该功能用于设置分析线程的优先级，如图 5-6 所示。单击该项的下拉框，可以设置为“非常低”“低”“普通”“高”和“非常高”五级。如果采用缺省值，点击“缺省值”按钮即可。

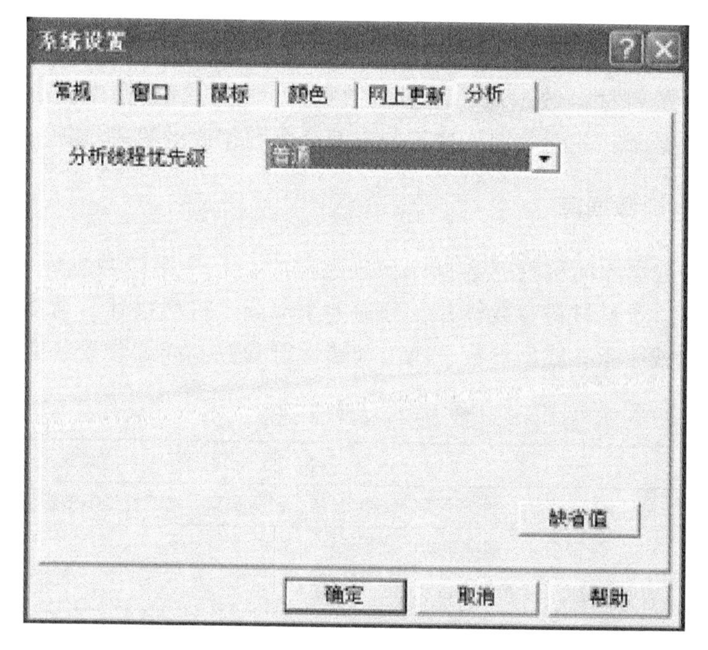

图 5－6　分析设置属性页

7. 设置服务器 IP

华塑 CAE 采用加密狗来保护软件产权，如果用户购买的是单机版，则加密狗必须连接到计算机的 USB 接口才能启动使用软件，如果用户购买的是网络版，则加密狗连接到服务器的 USB 端口后，其他计算机就可以连接到服务器来验证加密狗，这就需要用户设置服务器的 IP 地址，如图 5－7 所示。该对话框在用户第一次运行本系统的时候，或者启动系统无法连接加密狗的时候都会弹出将局域网内所有的服务器显示出来，用户选择一个服务器的 IP 地址。

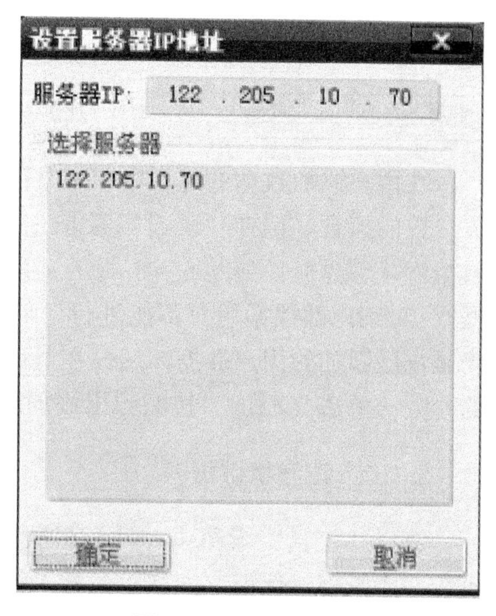

图 5－7　设置服务器

5.2　数据库管理

在流动、保压、冷却、应力和翘曲等数值分析的过程中都需要用到材料的多项机械性能、物理性能和热性能等多种参数，这些参数对分析结果的准确性有很大的影响。系统提供的数据库虽然十分庞大，但毕竟不能囊括所有材料，为此系统提供数据库管理功能让用户可以自由扩充数据库。系统有几个重要的数据库需要用户管理：塑料材料数据库、注射机数据库、模具钢数据库、冷却介质数据库、填充物数据库。下面分别从这几个方面介绍数据库的管理维护。

5.2.1 材料数据库

塑料材料数据库简称材料数据库，该数据库在三个系统数据库中最为复杂，包含参数最多。塑料材料参数较多，分为七个部分：材料描述、熔体指数、流变性能参数、机械性能、成型参数、PVT 和热性能参数，详细参数参见表 5－1。

表 5－1 材料参数表

分 类	参 数
材料描述	材料名称、牌号、生产厂家、纤维含量、树脂类型、增强纤维类型形状、备注
熔体指数	MFI、测试温度、测试载荷
流变性能参数	玻璃化温度、七参数、c1、c2、五参数
机械性能	纵向拉伸模量、横向拉伸模量、纵向泊松比、横向泊松比、剪切模量、纵向热膨胀系数、横向热膨胀系数
成型参数	顶出温度、最低成型温度、最高成型温度、推荐成型温度、最低模具温度、最高模具温度、推荐模具温度、最大许可剪切应力、最大许可剪切速率
PVT	PVT 参数
热性能参数	固态密度、液态密度、比热、热传导系数

在用户添加数据的过程中，常常需要系统提供的拟合程序来进行塑料材料相关参数的拟合。选择“工具”菜单中“材料数据库”菜单项后就可以进入材料数据库管理界面，如图 5－8 所示。系统将数据分为“内部数据”和“用户数据”，对于内部数据用户不能进行任何操作，用户要查看、删除、修改的数据仅仅是自己添加的用户数据。用户在对话框中双击某项数据记录即可查看该种塑料的参数，单击“添加”按钮弹出添加新塑料对话框，如图 5－9 所示。

5.2.2 注塑机数据库

选择“工具”菜单中“注塑机数据库”菜单项后弹出如图 5－10 所示注塑机数据库管理对话框，同样也包括了添加、修改和删除等功能。

用户添加新注塑机时，弹出如图 5－11 所示对话框提示用户输入注塑机参数，包括 CAE 相关参数和 CAD 相关参数两个部分。

5.2.3 模具材料数据库

模具钢材料数据库主要用于冷却分析。目前数据库中包含了常用的模具钢种

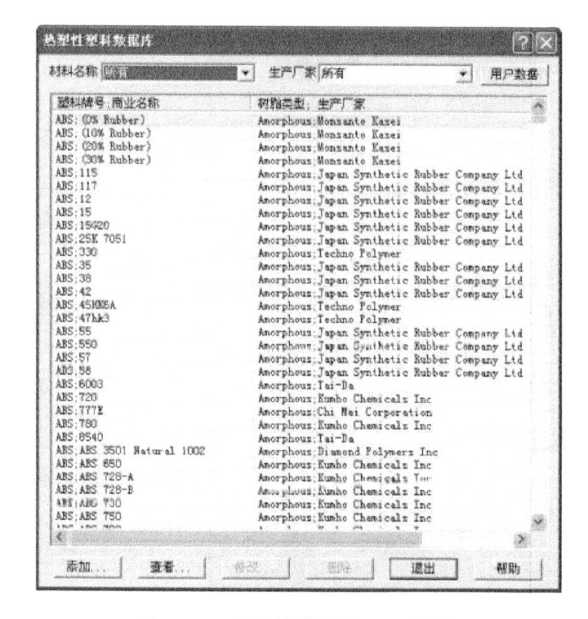

图 5-8 “塑料数据库”对话框

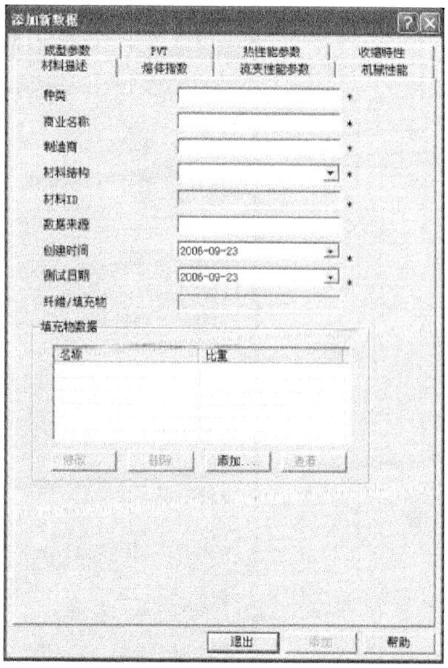

图 5-9 “添加新数据”对话框

图 5-10 “注塑机数据库”对话框

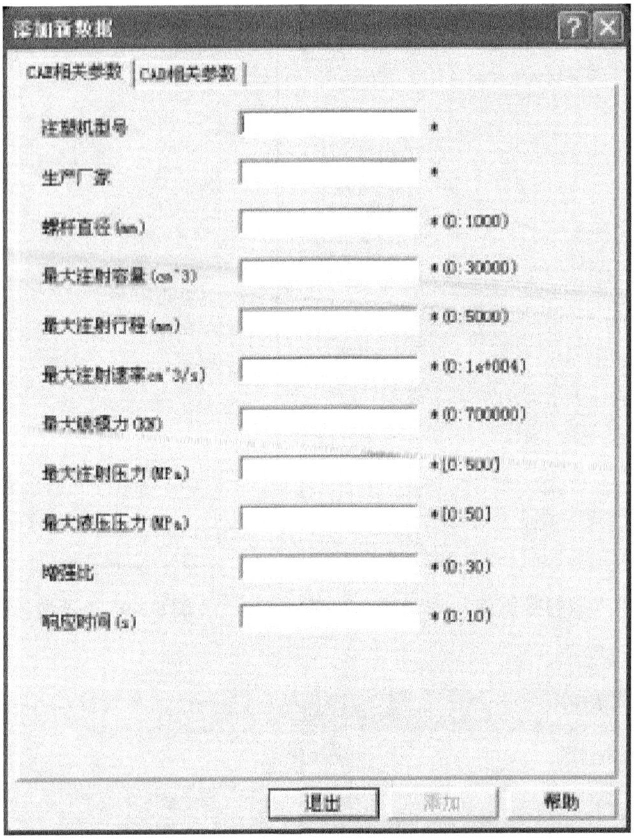

添加新数据

CAE相关参数 | CAD相关参数

注塑机型号 *

生产厂家 *

螺杆直径(mm) *(0:1000)

最大注射容量(cm^3) *(0:30000)

最大注射行程(mm) *(0:5000)

最大注射速率cm^3/s) *(0:1e+004)

最大锁模力(KN) *(0:700000)

最大注射压力(MPa) *[0:500]

最大液压压力(MPa) *[0:50]

增强比 *(0:30)

响应时间(s) *(0:10)

退出 添加 帮助

图 5－11 “添加新数据”对话框

类，用户可以自由添加与扩充。如果系统提供的数据库中没有用户需要的材料，需要用户自己添加，如图 5－12 所示。在添加新的模具钢种类时，需要钢材的三个参数，即钢材密度、比热容和导热系数，这些参数通常由钢材生产商提供。同其他数据库一样，用户也可以修改和删除数据。模具钢数据库管理界面如图 5－13 所示。

5.2.4 冷却介质数据库

用于对冷却介质数据库进行管理，如图 5－14 所示。用户可以向冷却介质数据库中添加新的冷却介质，如图 5－15 所示，也可以删除自己添加的冷却介质，但不能对系统的冷却介质进行编辑和删除。

5.2.5 填充物数据库

用于对填充物数据库进行管理。用户可以向填充物数据库中添加新的填充物数据，也可以删除自己添加的填充物数据，但是不能对系统的填充物进行编辑和删除，如图 5－16、图 5－17 所示。

添加新数据

商业名称 *

制造商 *

密度 (Kg/m^3) *(0:15000]

比热容 (J/Kg-K) *(0:2000)

导热系数 (W/m-K) *(0:1000)

弹性模量 (MPa) *(0:3e+006)

泊松比 *[0:1)

模具热膨胀系数 (1/C) *(0:10)

确定 取消 帮助

图 5－12 “添加新数据”对话框

模具钢材料	生产厂家	密度	比热容
AISI A2	Bohler Uddeholm	7750.000000	460.000000
AISI D2	Bohler Uddeholm	7700.000000	460.000000
Alumec 89	Alcoa	2823.400000	891.192000
Alumec 99, High ...	Alcoa	2823.400000	891.192000
Aluminium A1	Generic	2800.000000	782.313000
Ampco 940	Ampco Metals	8580.000000	404.000000
Beryllium Copper B1	Generic	8415.000000	420.000000
Bohler K340 Isodur	Bohler	7680.000000	460.000000
Bohler W302 IsoB...	Bohler	7800.000000	460.000000
Brass 60-40	Generic	8520.000000	385.000000
Bronze 612	Generic	7780.000000	377.000000
Bruno	Timken	7833.500000	476.976000
Calmax	Uddeholm	7770.000000	455.000000
Carb Steel	Generic	7833.000000	460.000000
Carpenter Stainl...	Carpenter Powde...	7612.000000	460.240000
Carpenter Stanle...	Carpenter Powde...	7722.700000	460.240000
Copper (PURE)	Generic	8960.000000	383.000000
Copper Alloy	Generic	8710.000000	392.270000
DME #2	DME	7841.800000	481.160000
DME #3	DME	7840.000000	481.160000
Edro #15, Stainl...	Edro	7800.000000	460.000000
Edro #16, Stainl...	Edro	7800.000000	460.000000
Edro #3, Prehard...	Edro	7800.000000	460.000000
Edro #8, Premimu...	Edro	7800.000000	460.000000
Elmax	Uddeholm	7800.000000	460.000000
Elmax, Powder Me...	Uddeholm	7800.000000	460.000000
Holdax	Uddeholm	7800.000000	460.000000

图 5－13 “模具材料数据库”对话框

冷却介质数据库

生产厂家 所有　　用户数据

商业名称	密度	比热容	导热系数
COOLANOL 25	875.000000	2008.000000	0.128000
COOLANOL 45	870.000000	2050.000000	0.130100
DOWFROST FLUID/GLYCOL 25%-75%	1034.000000	3131.000000	0.273900
DOWFROST FLUID/GLYCOL 50%-50%	1026.000000	3629.000000	0.368100
DOWFROST FLUID/GLYCOL 75%-25%	1010.000000	3977.000000	0.480400
DOWFROST HD/GLYCOL 50%-50%	1042.000000	3506.000000	0.368100
DOWFROST HD/GLYCOL 75%-25%	1019.000000	3929.000000	0.480400
DOWTHERM 4000/GLYCOL 25%-75%	1102.000000	2849.000000	0.315400
DOWTHERM 4000/GLYCOL 50%-50%	1071.000000	3347.000000	0.390500
DOWTHERM 4000/GLYCOL 75%-25%	1031.000000	3784.000000	0.490800
DOWTHERM A	873.000000	2108.000000	0.117500
DOWTHERM G	973.000000	1955.000000	0.114900
DOWTHERM HT	896.000000	2076.000000	0.114900
DOWTHERM J	749.000000	2302.000000	0.106300
DOWTHERM LF	913.000000	2087.000000	0.116600
DOWTHERM Q	874.000000	2032.000000	0.114100
DOWTHERM SR-1/GLYCOL 25%-75%	1088.000000	2905.000000	0.315400
DOWTHERM SR-1/GLYCOL 50%-50%	105[illegible].000000	3380.000000	0.390500
DOWTHERM SR-1/GLYCOL 75%-25%	1025.000000	3797.000000	0.400800
ETHYLENE GLYCOL (PURE)	1117.000000	2382.000000	0.249000
ETHYLENE GLYCOL/WATER 10%-90%	1011.000000	4060.000000	0.576000
ETHYLENE GLYCOL/WATER 20%-80%	1023.000000	3943.000000	0.550000
ETHYLENE GLYCOL/WATER 30%-70%	1037.000000	3742.000000	0.505000
ETHYLENE GLYCOL/WATER 40%-60%	1051.000000	3537.000000	0.458000
ETHYLENE GLYCOL/WATER 50%-50%	1064.000000	3336.000000	0.413000
ETHYLENE GLYCOL/WATER 60%-40%	1076.000000	3131.000000	0.368000
ETHYLENE GLYCOL/WATER 70%-30%	1087.000000	2947.000000	0.346000
ETHYLENE GLYCOL/WATER 80%-20%	1097.000000	2763.000000	0.322000
ETHYLENE GLYCOL/WATER 90%-10%	1107.000000	2574.000000	0.285000
FC 75 (FLUOROCHEMICAL - 3M)	1658.000000	1110.000000	0.060250
IG-2	815.000000	2323.000000	0.126300
MOBILTHERM 600	886.100000	2082.000000	0.119100
MOBILTHERM 603	817.000000	2129.000000	0.129100

添加...　查看...　修改...　删除　退出　帮助

图 5－14　“冷却介质数据库”对话框

添加新数据

商业名称		*
制造商		*
密度 (Kg/m^3)		* (0:3000)
比热容 (J/Kg-C)		* (0:10000)
导热系数 (W/m-C)		* (0:10)
粘度		
c1 (Pa-s)		* (1e-007:0.1)
c2 (C)		(0:2e+005)
c3 (C)		(0:6000)

确定　取消　帮助

图 5－15　“添加新数据”对话框

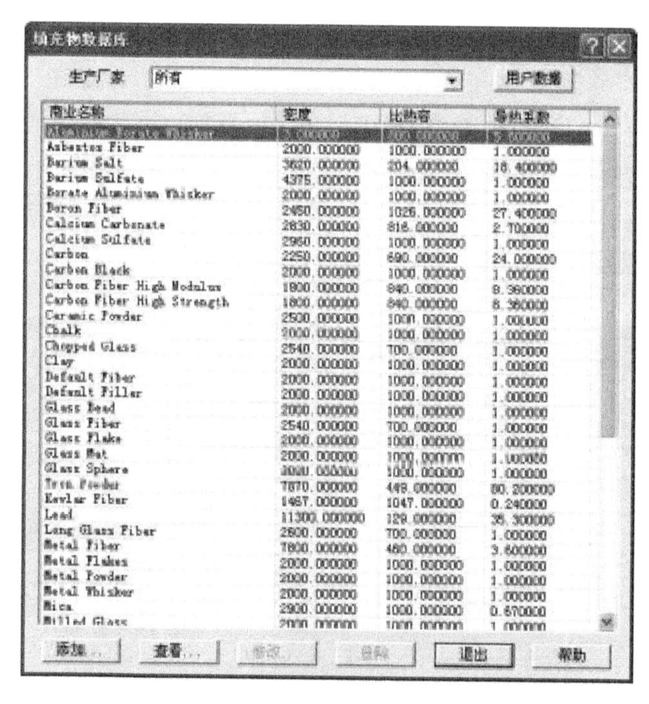

商业名称	密度	比热容	导热系数
[illegible]	[illegible]	[illegible]	[illegible]
Asbestos Fiber	2000.000000	1000.000000	1.000000
Barium Salt	3620.000000	204.000000	18.400000
Barium Sulfate	4375.000000	1000.000000	1.000000
Borate Aluminium Whisker	2000.000000	1000.000000	1.000000
Boron Fiber	2450.000000	1026.000000	27.400000
Calcium Carbonate	2830.000000	818.000000	2.700000
Calcium Sulfate	2960.000000	1000.000000	1.000000
Carbon	2250.000000	690.000000	24.000000
Carbon Black	2000.000000	1000.000000	1.000000
Carbon Fiber High Modulus	1800.000000	840.000000	8.360000
Carbon Fiber High Strength	1800.000000	840.000000	8.360000
Ceramic Powder	2500.000000	1000.000000	1.000000
Chalk	3000.000000	1000.000000	1.000000
Chopped Glass	2540.000000	700.000000	1.000000
Clay	2000.000000	1000.000000	1.000000
Default Fiber	2000.000000	1000.000000	1.000000
Default Filler	2000.000000	1000.000000	1.000000
Glass Bead	2000.000000	1000.000000	1.000000
Glass Fiber	2540.000000	700.000000	1.000000
Glass Flake	2000.000000	1000.000000	1.000000
Glass Mat	2000.000000	1000.000000	1.000000
Glass Sphere	3000.000000	1000.000000	1.000000
Iron Powder	7870.000000	449.000000	80.200000
Kevlar Fiber	1457.000000	1047.000000	0.240000
Lead	11300.000000	129.000000	35.300000
Long Glass Fiber	2600.000000	700.000000	1.000000
Metal Fiber	7800.000000	460.000000	3.600000
Metal Flakes	2000.000000	1000.000000	1.000000
Metal Powder	2000.000000	1000.000000	1.000000
Metal Whisker	2000.000000	1000.000000	1.000000
Mica	2900.000000	1000.000000	0.670000
Milled Glass	2000.000000	1000.000000	1.000000

图 5－16 “填充物数据库”对话框

添加新数据

商业名称 *
制造商 Generic
密度(Kg/m^3) *(0:20000)
比热容(J/Kg-C) *(0:20000)
导热系数(W/m-C) *(0:100)
机械属性
弹性模量，第一主方向(MPa) *(0:3e+006)
弹性模量，第二主方向(MPa) *(0:3e+006)
泊松比(v12) *[0:1)
泊松比(v23) *[0:1)
剪切模量(MPa) *(100:1e+008)
热膨胀系数
Alpha1(1/C) *(-0.0001:0.03)
Alpha2(1/C) *(-0.0001:0.03)
抗拉强度
平行纤维/填充物主轴方向(MPa) *(0:3e+006)
垂直纤维/填充物主轴方向(MPa) *(0:3e+006)
纵横比L/D *(0:5e+006]

确定 取消 帮助

图 5－17 “添加新数据”对话框

5.2.6　数据导出与导入

数据导出与导入功能为不同用户之间的数据共享提供了便利。例如用户 A 添加了一些新的塑料材料数据，而用户 B 的数据库中没有这些数据，此时用户 A 就可以将这些数据导出，然后将导出的数据为用户 B 导入，这样就可以实现用户 A、B 之间的数据共享。其操作界面如图 5－18 所示。

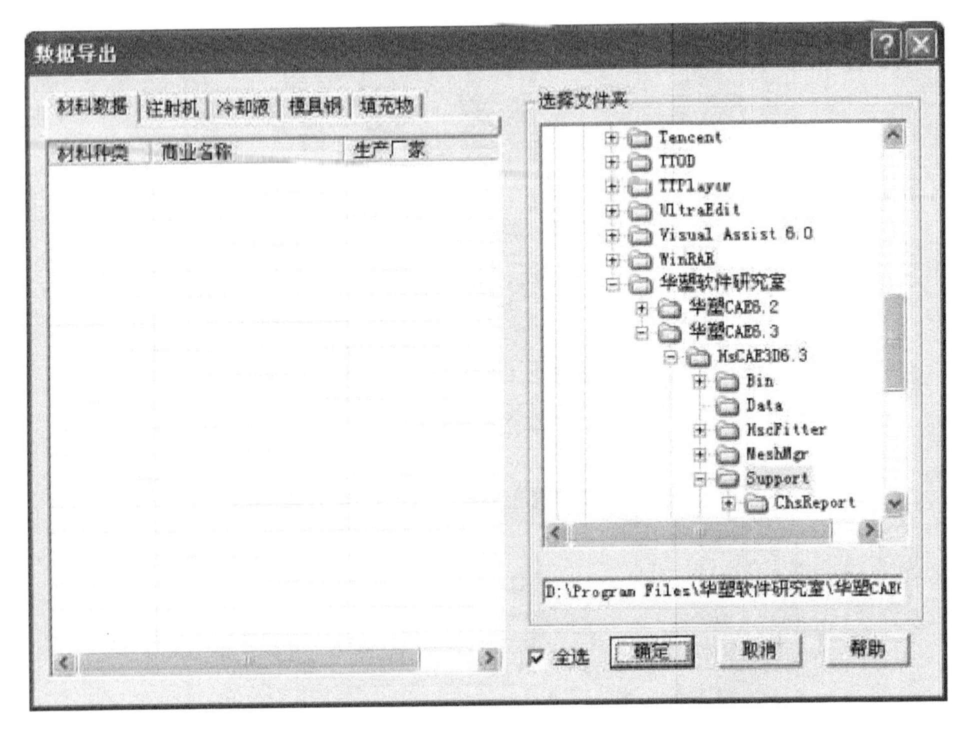

图 5－18　“数据导出”对话框

5.3　批处理辅助工具

批处理辅助工具是一个为方便用户进行多个分析方案连续分析而设计的工具。用户可以使用辅助工具方便地进行大批量方案的分析，中间无需用户介入操作。用户如果需要长时间的离开，同时又需要进行工艺方案的分析，就可以使用批处理辅助工具。它将根据用户的设定，进行方案的分析。在批处理工具中可以进行流动详细分析、保压分析、冷却分析、应力分析、翘曲分析。在批处理工具中可以设置分析项目的优先级。优先级共有 5 级，分别为：最低级、较低级、普通级、较高级和最高级。

用户可以选择“视图”菜单中“查看”选项中“辅助工具”菜单或者工具

栏按钮“”来显示或者隐藏辅助工具，如图 5－19、图 5－20 所示。用户可以将分析方案加入到批处理辅助工具，也可以从批处理辅助工具中删除某个分析方案，按住“Ctrl”键可以多选。但不能将正在分析的方案删除，而应当首先停止分析然后再删除该方案。

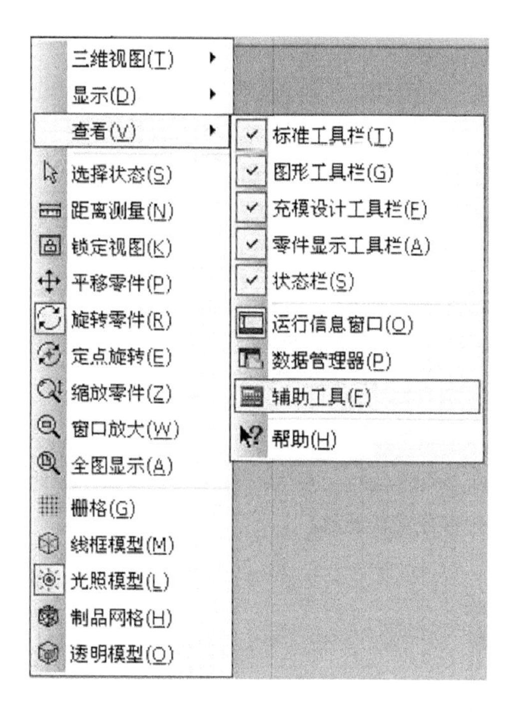

图 5－19　视图查看辅助工具菜单

批处理辅助工具中的每个方案有以下分析内容：流动详细分析、保压分析、冷却分析、应力分析、翘曲分析和气辅分析。用户可以根据需要选择分析内容。

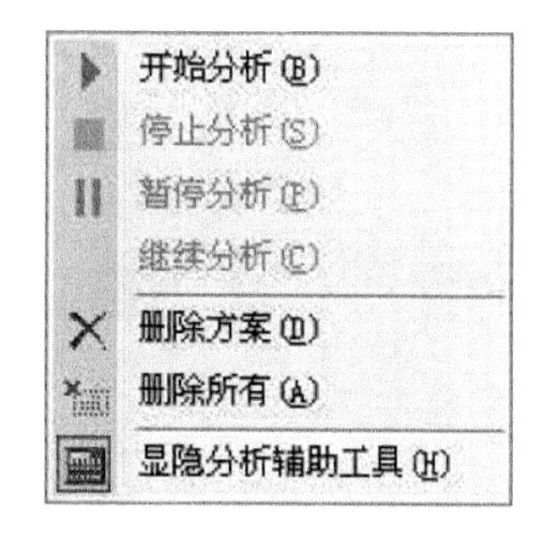

图 5－20　辅助工具快捷菜单

用户设置好分析内容，单击开始分析按钮之后，批处理辅助工具开始分析。分析时，批处理辅助工具将优先级高的首先分析，直到所有的分析方案完成分析。用户可以在分析的时候暂停分析或者继续暂停了的分析任务，用户也可以单击停止分析按钮停止分析，停止分析将使所有的分析方案都停止分析。

开始分析后，分析状态栏中将出现绿色的进度条，并将分析的进度以百分比的形式显示。暂停分析后，进度条将变成黄色，分析暂停，直到单击继续分析按钮。分析完成之后，进度条变成蓝色，并且显示分析的结果，如图 5－21 所示。

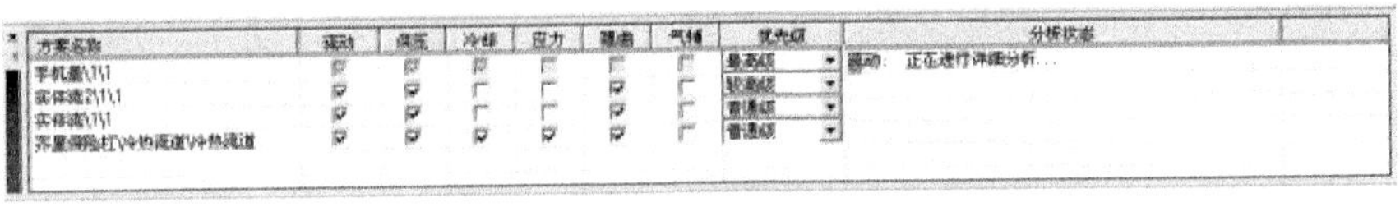

图 5-21 批量分析辅助工具

5.4 系统在线更新

华塑 CAE 版本的在线检查更新功能可以在线检查软件的更新版本，并在授权的情况下自动从华塑 CAE 官方网站 http://www.hscae.com/update/升级本地版本的新功能。软件开发者可能会对已经发布的软件版本中出现的错误或者不方便的地方进行修改以满足用户的需求，更新的部分直接放到该网站上，使用在线更新的功能可以使用户在第一时间内获得我们的更新。其中第一个页面的界面如图 5-22 所示。

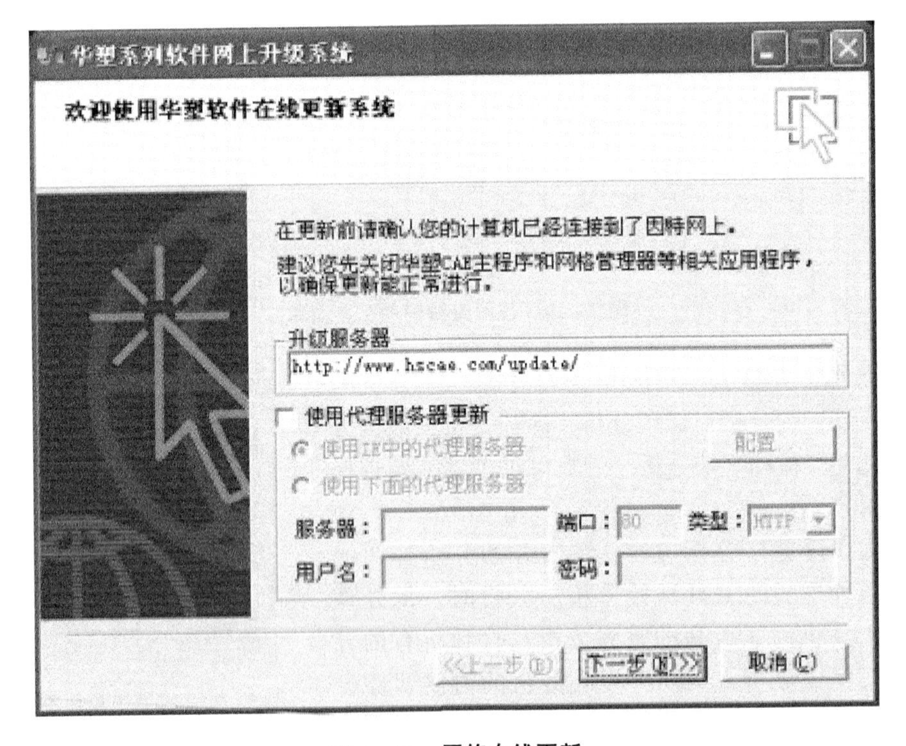

图 5-22 网络在线更新

1. 欢迎使用华塑软件在线更新系统

由于在进行更新时，可能要更新到华塑软件的可执行文件及相应的动态链接库，而正在使用的文件是不能被覆盖的，因此建议在更新时关闭华塑软件的主程序及网格管理器等相关应用程序。如果确实要更新到正在使用的文件，会在第三步“服务器上的产品列表”进入“下一步时”提示需要关闭相应程序，否则不能进入下一步。其用户界面如图 5－22 所示。

2. 已经安装的华塑组件

本页面显示了用户所购买的华塑软件的组件及其基本信息。同时用户可以在此页面中设置升级服务器，目前仅由“亿模在线”提供在线升级服务。其用户界面如图 5－23 所示。

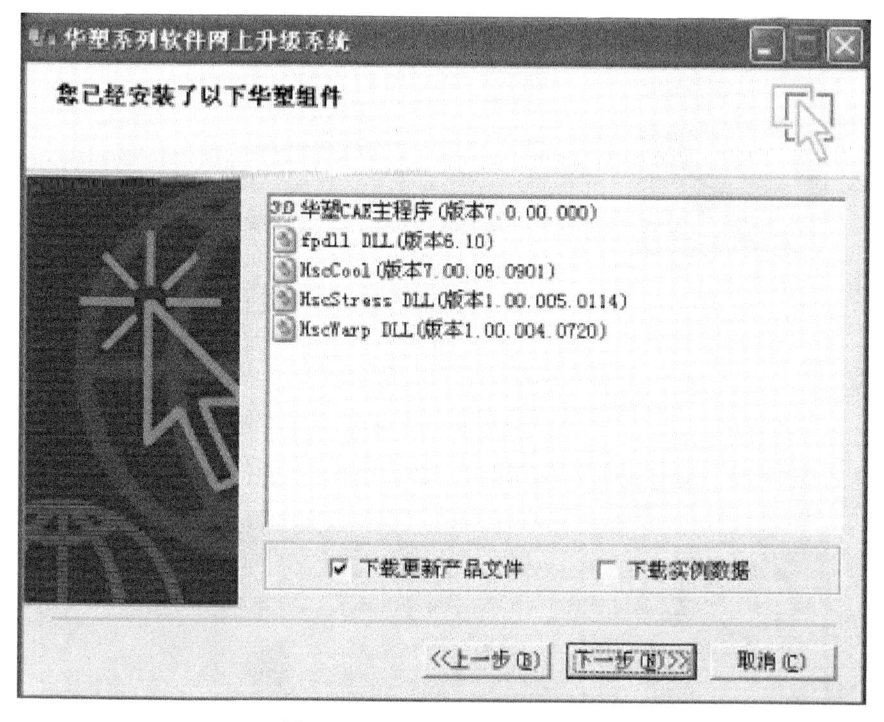

图 5－23　已经安装的华塑组件

下载更新产品文件：仅下载产品对应的需要更新的文件；

下载实例数据：同时可以下载软件开发者精心为每个产品制作的对应实例的安装程序。

3. 服务器上的产品列表

本页面显示了升级服务器上的产品列表，你可以在产品前面的方框中打勾下载相应的产品或文件。其用户界面如图 5－24 所示。

默认被选中的是用户已经安装的华塑软件的版本。方框为灰色表示所购买的软件的版本不允许升级到高版本，不允许升级，若单击该框将出现警告。

默认只会显示用户安装的华塑软件所需要更新产品及文件，不需要更新的部分将会被隐藏，如果想查看所有的产品及文件，可以用鼠标单击右边的“显示所有产品文件列表”。

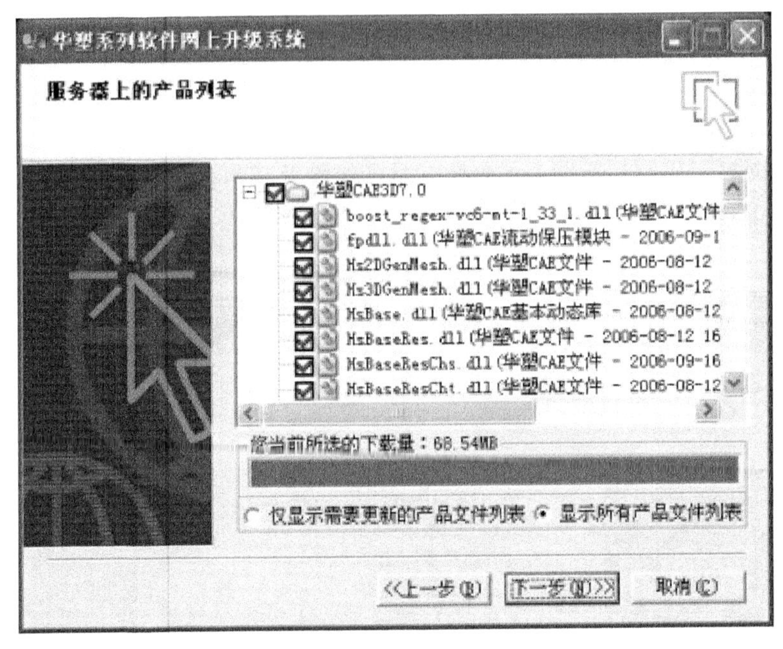

图 5-24　服务器上的产品列表

如果在更新第一步时没有关闭相应的应用程序，而在更新列表中出现了可执行文件或动态链接库，则会出现下面的提示，提示关闭相应的程序，如图 5-25 所示。

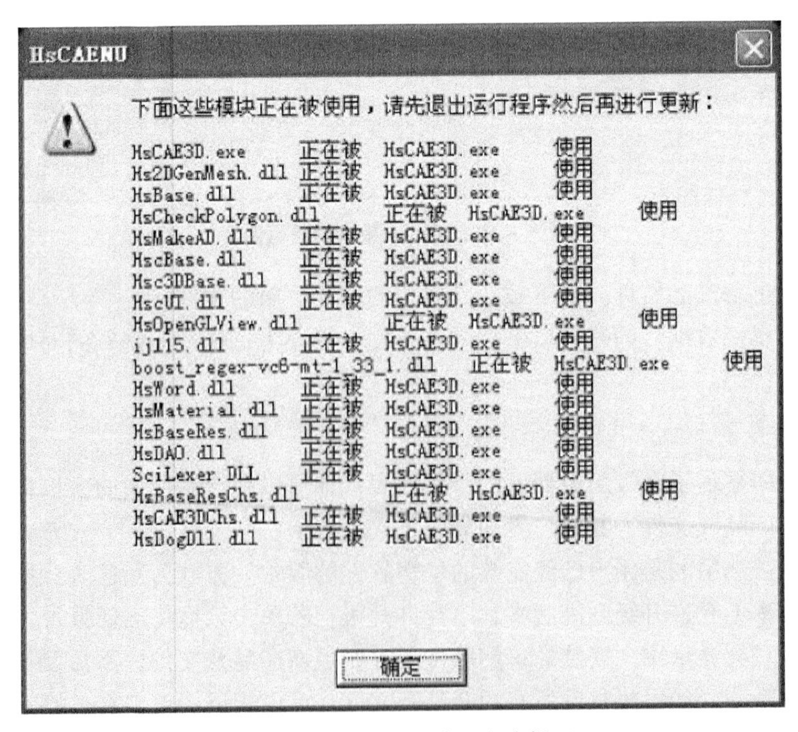

图 5-25　关闭指定应用程序提示

4. 从服务器上下载更新文件

在这个页面中，用户所有在上一步中选中的文件都会被下载下来。其用户界面如图 5－26 所示。对话框下面的两个进度条分别显示了单个文件的下载进度和总的下载进度。每个项目前面的图标表示不同的含义，所代表的意思如表 5－2 所示。

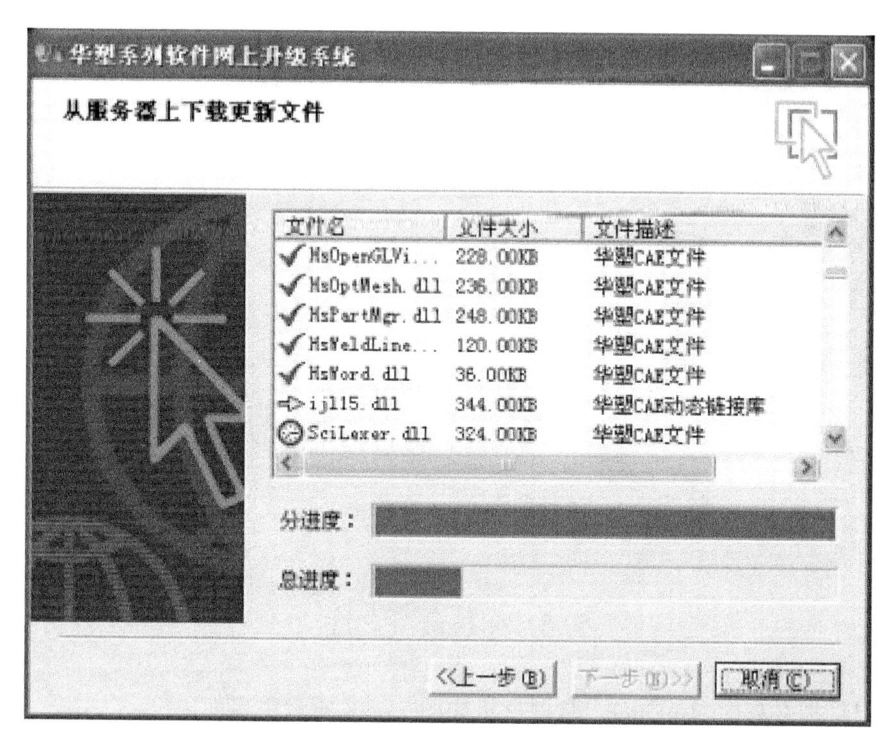

图 5－26　下载更新文件

表 5－2　下载图标表示的含义

图标	含义
	表示该文件等待下载
	表示该文件正在下载
	表示该文件已经下载完
	表示该文件下载时出错了，您可以试着重新下载

5. 全部下载完毕

这是整个升级向导的最后一页。在这个页面里用户可以直接运行前面下载下来的没有安装的其他华塑软件，还可以打开资源管理器到所下载的华塑软件安装程序所在的目录，或者访问华塑软件的官方网页——亿模在线 http://www.e－mold.com.cn/查看最新的新闻及其他更新。其用户界面如图 5－27 所示。

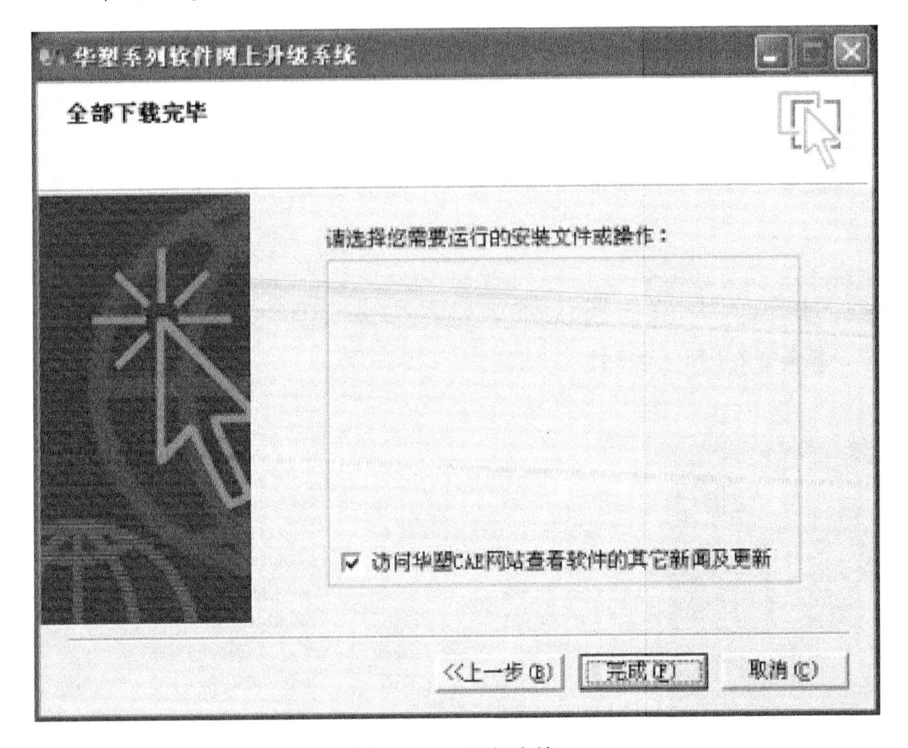

图 5-27　更新完毕

5.5　拟合程序

启动拟合程序 HscFitter，软件显示如图 5-28 所示主界面。

下面将分别介绍操作规程：

1. 新建数据

单击“新建数据”按钮，弹出如图 5-29 所示对话框。在编辑框中输入测试数据组数，单击“确认”，在数据输入电子表格序号列将显示相应序号，此时便可输入相应的测试数据了。

2. 从文件读取

单击“从文件读取”按钮，弹出标准的文件选择对话框，选择文件名，单击“打开”按钮。软件自动将保存在文件中的数据读出并显示在数据列表中。

3. 编辑数据

可以用“回车、←、↑、→、↓”键操作表格，编辑数据。

4. 由幂律生成

由于幂律模型提出较早，已经存在一些幂律参数数据，从 20 世纪 80 年代起

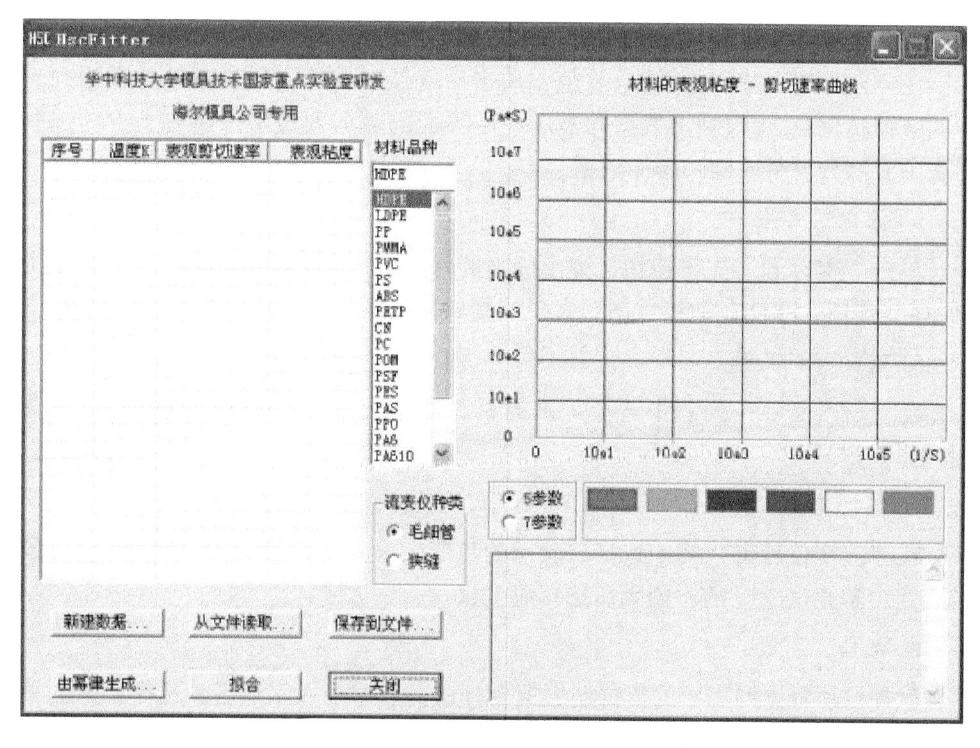

图 5-28 拟合程序

有关单位已经做了部分国产材料的幂律参数数据，因此系统附加了由幂律参数数据生成五参数与七参数的功能，但是由于幂律模型本身精度不高，并且不同批次的同种材料性能也有差异，因此拟合出来的结果精度有限。

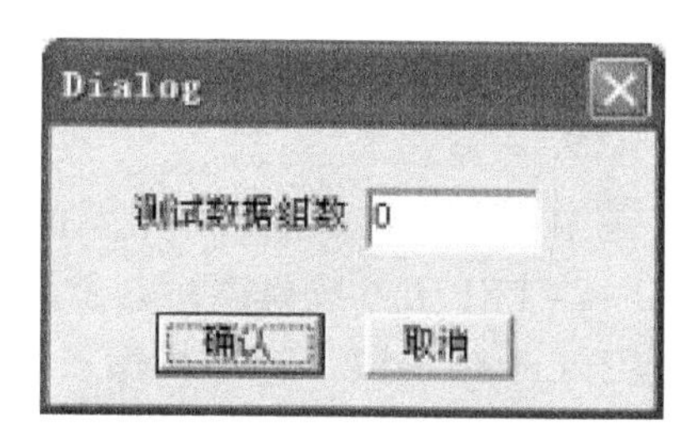

图 5-29 指定数据组数

单击“由幂律生成”按钮，弹出如图 5-30 对话框，在数据列表中一共有三行，分

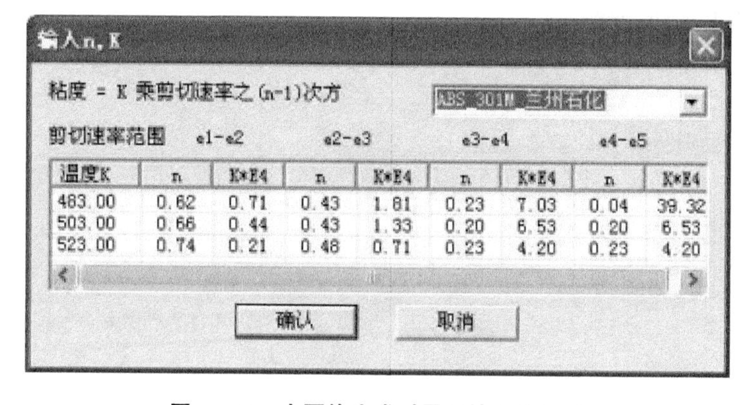

图 5-30 由幂律生成时需要输入的数据

别对应三种温度，每种温度对应于剪切速率 $10^1 \sim 10^2$、$10^2 \sim 10^3$、$10^3 \sim 10^4$、$10^4 \sim 10^5$ 四种范围分别输入 n、K 值，单击“确认”按钮。软件自动将数据列表中的数据转化成 24 组测试数据并显示在主界面的数据列表中。在右上方的选择列表中有部分材料的已知幂律数据。

5. 保存到文件

单击“保存到文件”按钮，弹出标准的保存文件对话框，输入文件名，单击“保存”按钮。软件自动将数据列表中的测试数据保存到设定的文件。

6. 选择材料品种

在“材料品种”列表中选择正确的材料品种，若无合适的材料品种，可选“其他”。

7. 选择流变仪种类

在“流变仪种类”框中选择试验用的流变仪为“毛细管”或“狭缝”，若数据是“由幂律生成”的，则无需选择流变仪。

8. 拟合

软件自动根据列表中的数据调用拟合算法。数据录入完毕后，选择合适的材料品种与流变仪种类。所有操作完成后，单击“拟合”按钮。此时“拟合”按钮变灰，等到“拟合”按钮重新变亮，拟合结果就会在“拟合图”和“拟合结果框”中显示出来。

9. 拟合结果

在“拟合结果框”中显示的五参数“N、Tau、Tb、B、BETA”分别对应于 Cross－EXP 五参数模型。七参数“N、Tau、D1、D2、D3、A1、A2_ ”分别对应于 Cross－WLF 七参数模型。

在拟合图中的曲线为拟合参数的曲线图，点为测试点，图下方为不同温度的颜色显示图例。可以通过选择“五参数”或“七参数”按钮切换图中曲线为五参数曲线或七参数曲线。

第六章　应 用 实 例

6.1　应用实例——法兰

下面以法兰零件一模四腔为例，详细说明应用 HsCAE3D 软件系统模拟塑料注射成型过程的一般步骤。从总体来讲可以分为三个步骤：前置处理→数值分析→后置处理。而每一大步又可以进行细分，其中以前置处理工作最为繁重，如表 6－1 所示。下面分步介绍每一步操作。

表 6－1　操作步骤

前置处理		数值分析		后置处理
新建零件 添加分析方案 导入 CAD 模型 充模设计 冷却设计 翘曲设计	——→	流动分析 保压分析 冷却分析 应力分析 翘曲分析	——→	结果显示 分析报告

注意：法兰不是典型的气辅成型件，所以不进行气辅设计与分析。在应用实例二中，将以衣架的例子来介绍气辅设计和分析的步骤。

1. 新建零件

在“数据管理器”中“分析数据”分支上单击鼠标右键，弹出如图 6－1 所示的快捷菜单。选择“新建零件”菜单项，弹出“新建零件”对话框，如图 6－2 所示。在编辑框中输入零件的名称“法兰”，单击“确定”后，“数据管理器”中“分析数据”分支下就会新建“法兰”子分支。

图 6－1　新建零件

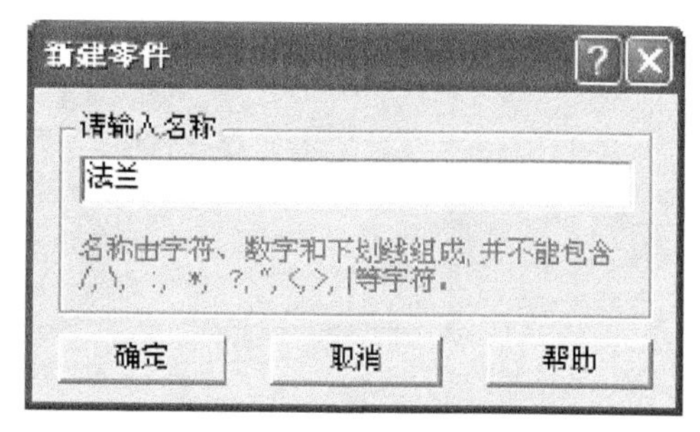

图 6－2　“新建零件”对话框

2. 添加分析方案

在“数据管理器”中“法兰”分支上单击鼠标右键。弹出如图 6－3 所示的快捷菜单。选择“添加分析方案”菜单项，系统弹出“新建分析方案”对话框，如图 6－4 所示。在编辑框中输入分析方案的名称“一模四腔”。单击“确定”添加分析方案。

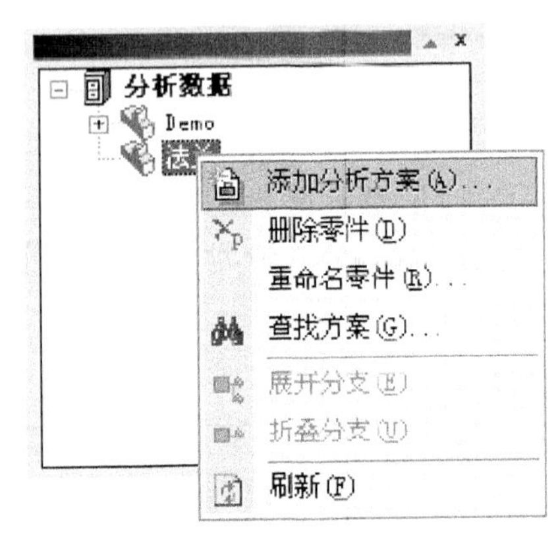

图 6－3　添加分析方案

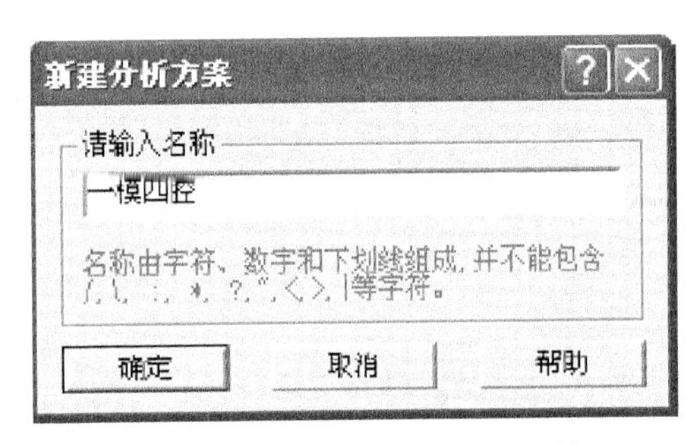

图 6－4　“新建分析方案”对话框

3. 导入 CAD 模型

在“数据管理器”中“法兰”目录下“分析方案——一模四腔”分支上单击鼠标右键，弹出如图 6－5 所示的快捷菜单。选择“导入制品图形文件”菜单项，系统弹出标准的打开文件对话框，如图 6－6 所示。找到该零件的目录及名称，单击“打开”按钮。

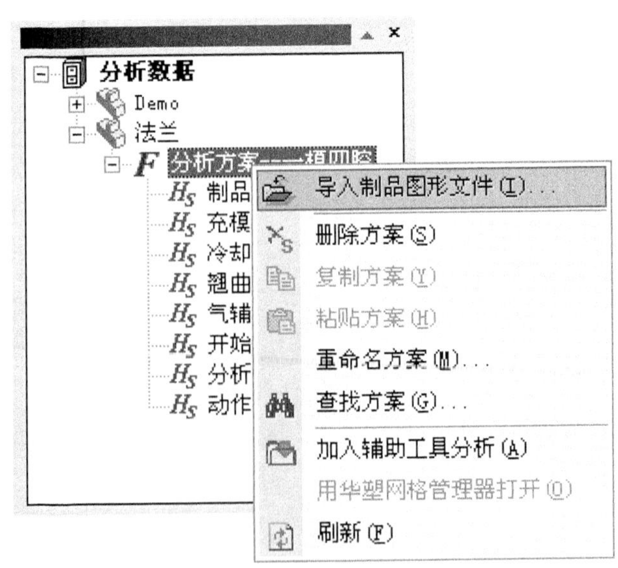

图 6－5　导入制品图形文件

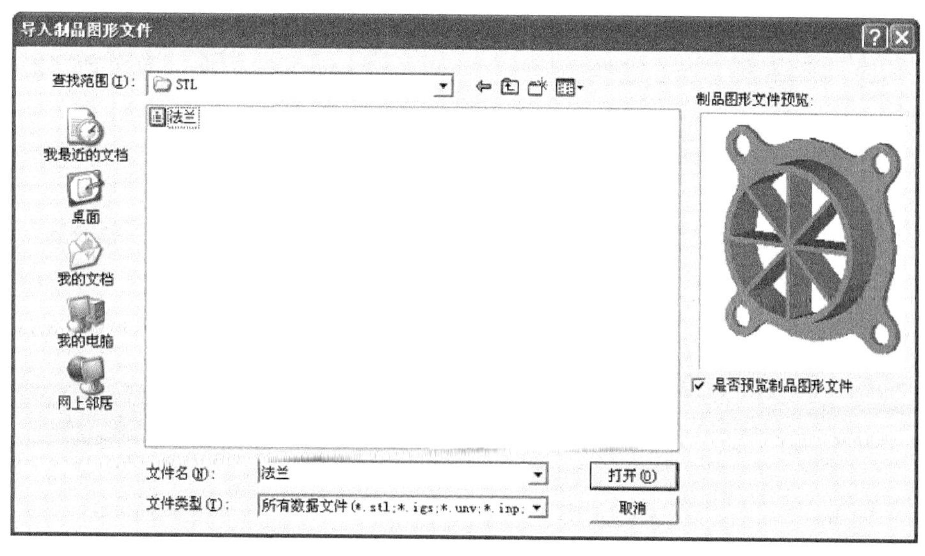

图 6-6 选择要导入的文件

在导入制品图形文件时，会出现如图 6-7 所示的对话框，用于尺寸单位选择和精度控制，选择单位为毫米，精细控制程度默认，确认没有选择生成四面体网格，单击“确定”。

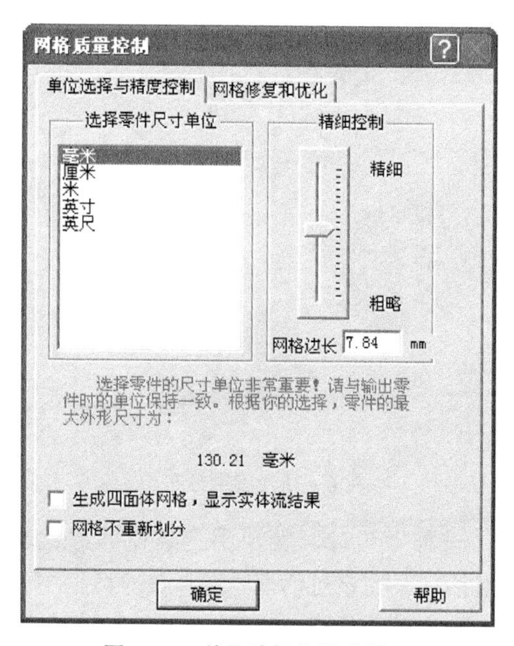

图 6-7 单位选择与精度控制

4. 充模设计

充模设计主要是为流动、保压分析服务，主要任务是完成多型腔设计、流道系统设计和设置充模工艺条件。在“数据管理器”中“法兰”目录下“分析方案——一模四腔”目录下双击“充模设计”就可以进入充模设计窗口。

（1）设计脱模方向。选择“设计”菜单中“设计脱模方向”菜单项，出现如图6-8所示对话框，选择“Z——Y”平面为分模面，即脱模方向为（-1，0，0），单击确定就可以看到充模设计窗口中出现一条带箭头的直线。箭头指向脱模方向。

（2）多型腔设计。选择“设计”菜单中“多型腔设计→圆周分布”菜单项，出现如图6-9所示对话框。按图示设定参数，单击确定。然后选择“设计”菜单中的“多型腔设计→完成”可以完成多型腔设计。完成多型腔设计后制品如图6-10所示。

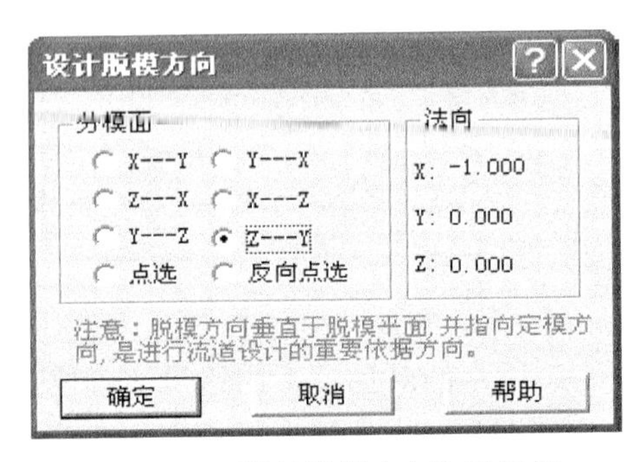

图6-8 “设计脱模方向”对话框

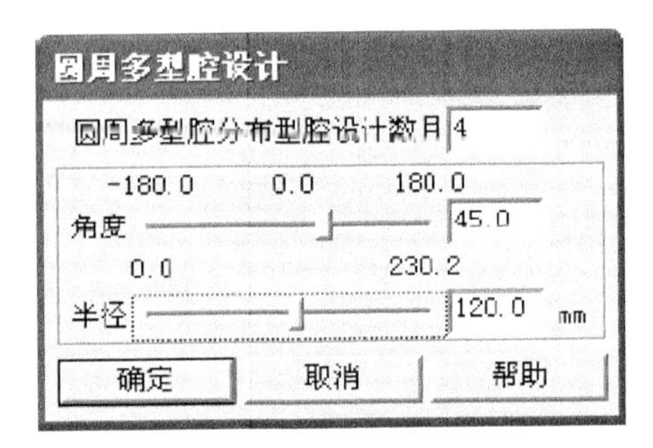

图6-9 “圆周多型腔设计”对话框

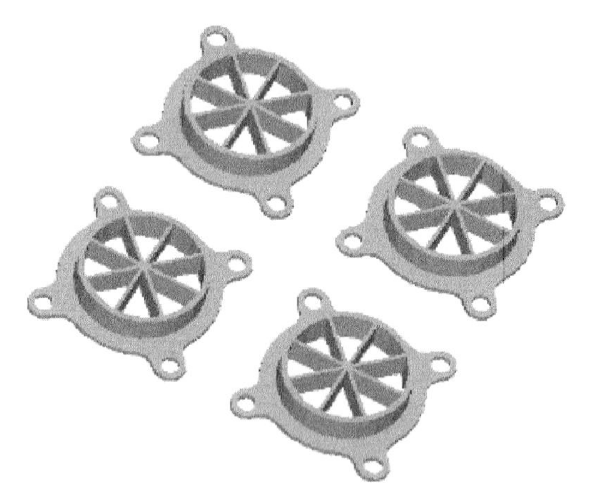

图6-10 圆周分布

（3）定义进料口。选择“设计”菜单中“新建→进料点”菜单项，系统弹出如图6-11所示的对话框，在该对话框中选择该对话框中的“选择”按钮后通过鼠标左键在制品上点选表面上的圆心位置，选择“应用”按钮即可在制品上添加一个进料点。然后单击图形工具栏的“选择”按钮“”选中该进料点，选择“多型腔分布镜像”，系统会在对应所有多型腔相同位置上添加浇口。进料口定义完成后制品如图6-12所示。

（4）设计流道。选择“设计”菜单中“新建→流道”菜单项，然后选择一个进料口位置，出现如图 6－13 所示对话框。按图示设定浇口参数，单击确定，完成其中一个进料口的设计。同样对其他进料口进行相同操作就可以完成浇口设计。浇口设计结果图 6－14 所示。

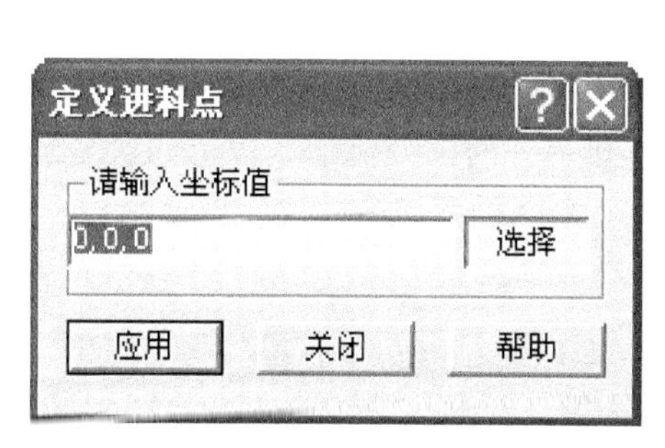

图 6－11 “定义进料点”对话框

图 6－12 进料口设计结果

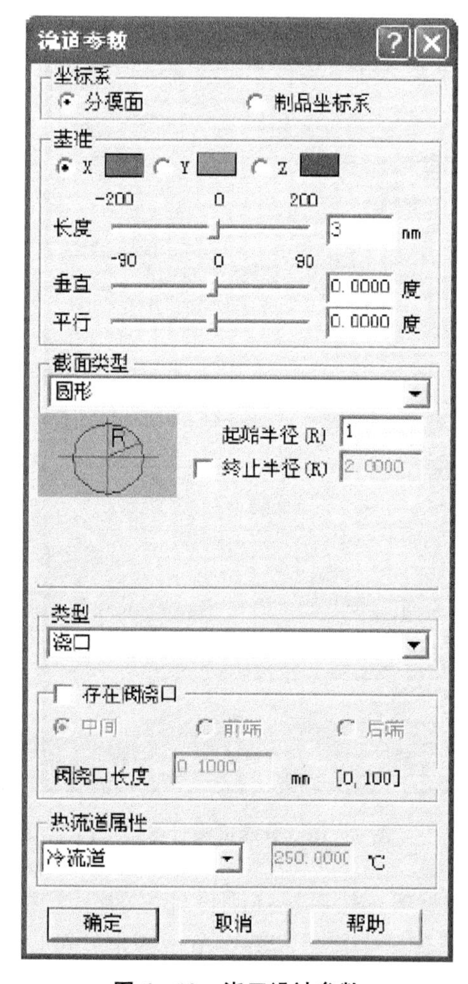

图 6－13 浇口设计参数

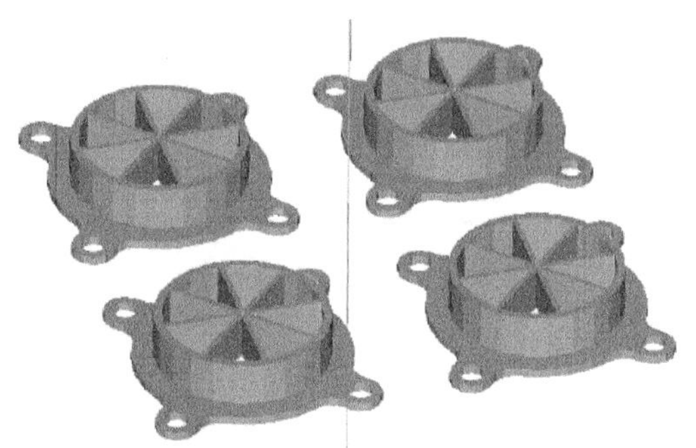

图 6－14 浇口设计结果

选择“设计”菜单中“新建→流道”菜单项，然后选择一个浇口端面，出现如图6-15所示对话框。按图示设定分流道参数，单击确定，完成其中一个分流道的设计。同样对其他分流道进行相同操作就可以完成分流道设计。

选择“设计”菜单中“新建→流道”菜单项，然后选择一个分流道端点，出现如图6-16所示对话框。按图示设定分流道参数，保持对话框打开（不要单击确定），再次选择“设计”菜单中“流道设计→选择基点”菜单项，选择另一分流道端点，连接这两个分流道。重复一次连接另外两个分流道。以上两次分流道设计结果如图6-17所示。

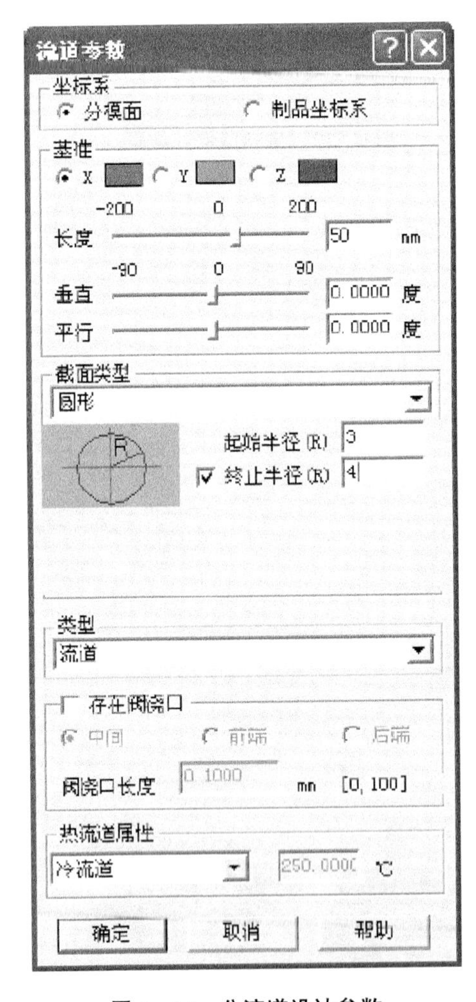

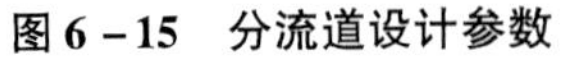
图6-15 分流道设计参数

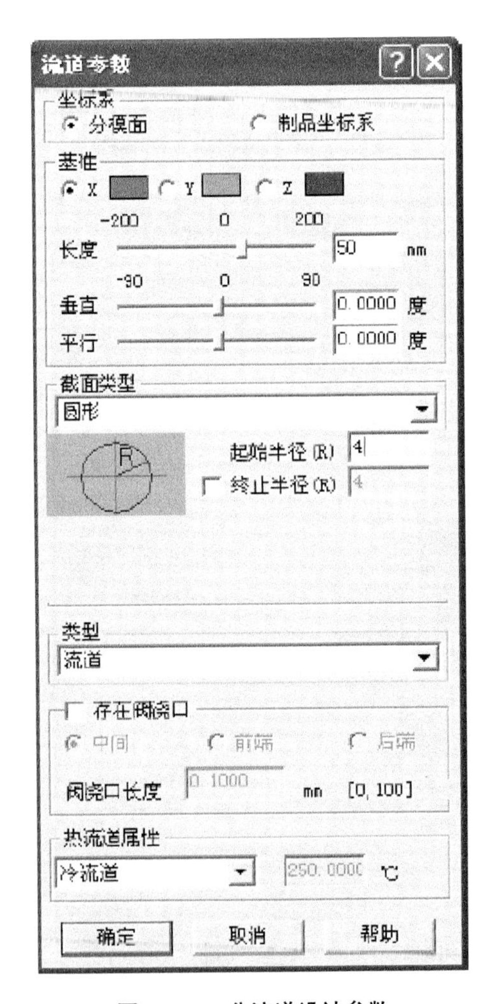

图6-16 分流道设计参数

选择“设计”菜单中“新建→流道”菜单项，然后选择刚设计好的分流道的交点，出现如图6-18所示对话框。按图示设定主流道参数，单击确定就可以完成主流道的设计。选择“设计”菜单中“完成流道设计”菜单项，系统自动生成冷料井并完成流道设计，至此流道设计全部结束，流道设计结果如图6－19所示。

图6－17 分流道设计结果

（5）设置工艺条件。选择“设计”菜单中“工艺条件”菜单项。屏幕上弹出“成型工艺”对话框，如图6－20所示，该对话框用于设置塑料材料、注塑机、成型条件及注射方式。

选择“制品材料”选项卡，在“材料种类”栏中选择“ABS”塑料，在“商业名称”栏中选择“780”，如图6－20所示。

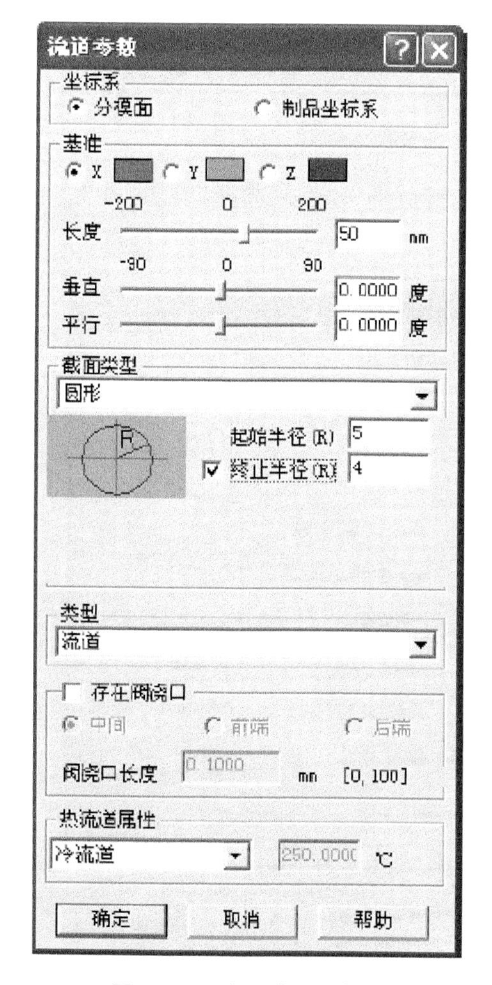

图6－18 主流道设计参数

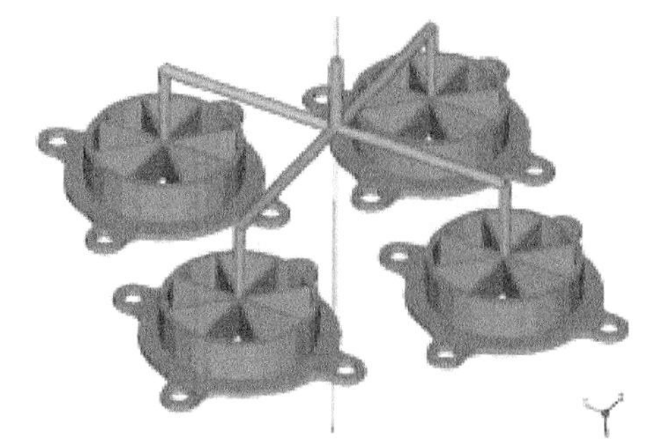

图6－19 流道设计结果

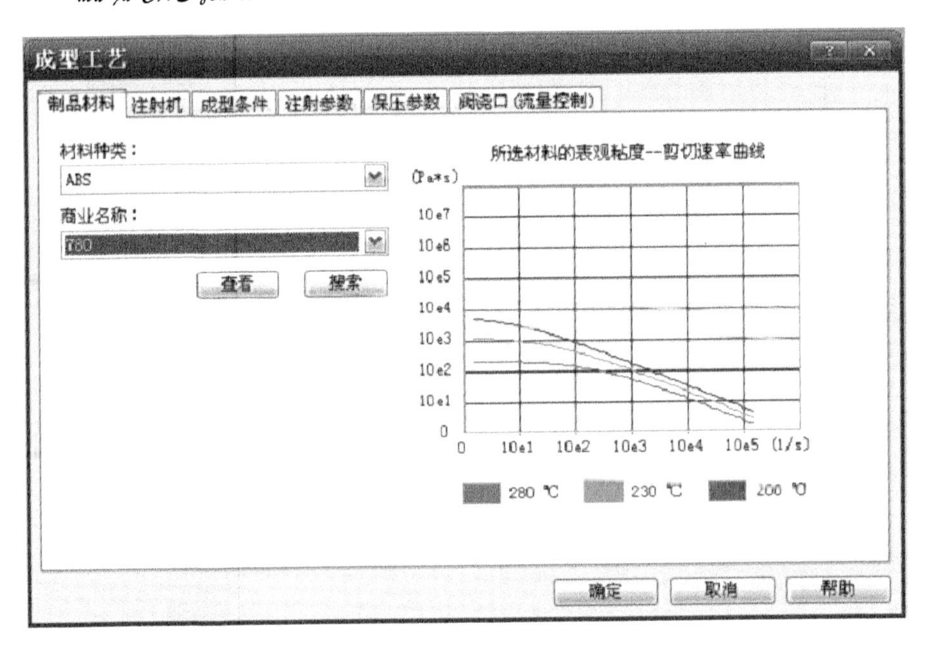

图 6－20　选择制品材料

选择“注射机”选项卡，在“注射机制造商”栏中选择“Generic”，在“注射机型号”栏中选择“500 ton”的注射机，如图 6－21 所示。

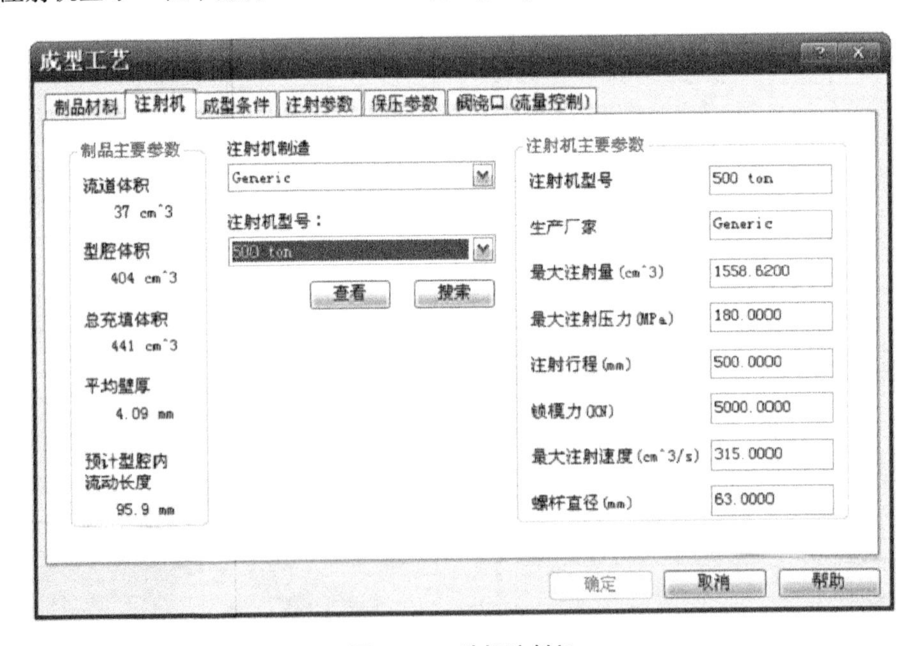

图 6－21　选择注射机

选择“成型条件”选项卡，“注射温度”设为“230℃”，“模具温度”设为“50℃”，“环境温度”设为“30℃”，如图 6－22 所示。

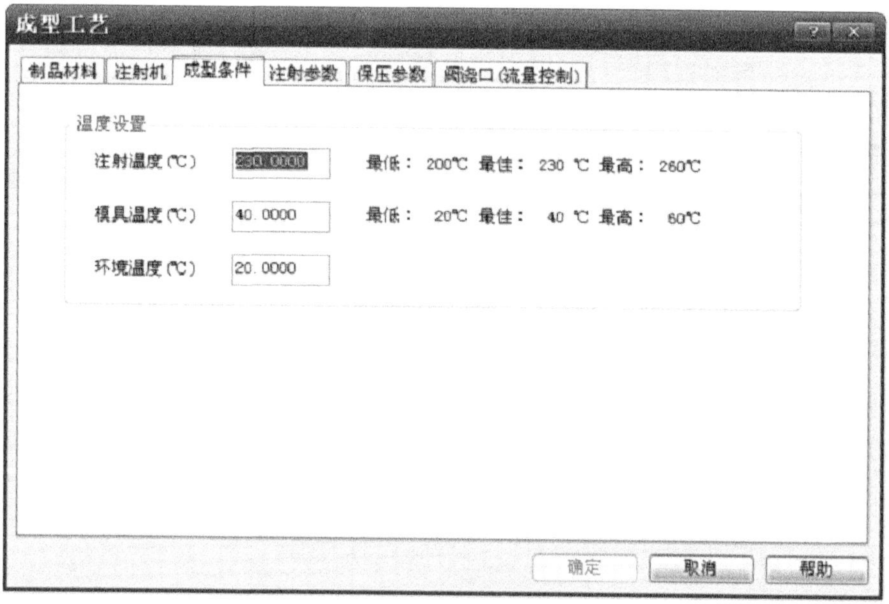

成型工艺

制品材料 | 注射机 | 成型条件 | 注射参数 | 保压参数 | 阀浇口(流量控制)

温度设置

注射温度(℃) 230.0000 最低： 200℃ 最佳： 230 ℃ 最高： 260℃

模具温度(℃) 40.0000 最低： 20℃ 最佳： 40 ℃ 最高： 60℃

环境温度(℃) 20.0000

确定 取消 帮助

图 6－22 设置成型条件

选择“注射参数”选项卡，“充填控制方式”选择“注射时间”，“总充模时间”设为“4s”，其他参数默认，如图 6－23 所示。如果用户需要启动“分级注射曲线优化”功能，则在设置工艺条件前必须进行过流动分析，即快速分析或者详细分析。一般过程是这样的：用户首先设注射参数为自动控制，然后启动快速充模分析，分析结束后返回充模设计窗口重新设置工艺条件，此时就能进行分级

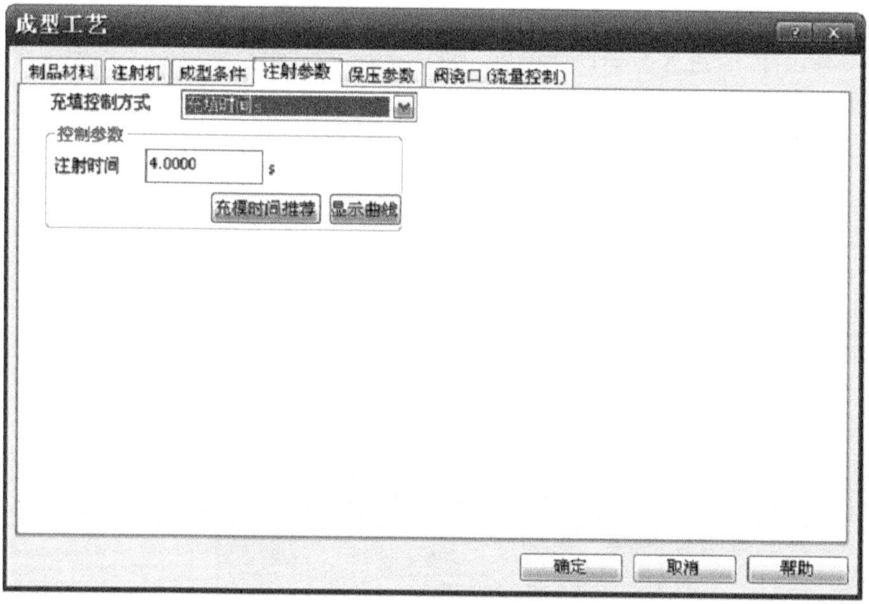

成型工艺

制品材料 | 注射机 | 成型条件 | 注射参数 | 保压参数 | 阀浇口(流量控制)

充填控制方式 注射时间

控制参数

注射时间 4.0000 s

充模时间推荐 显示曲线

确定 取消 帮助

图 6－23 设置注射参数

注射曲线优化。

选择“保压参数”选项卡。“保压控制”选择“时间—自动压力控制”，并勾选自动时间控制，其他参数默认，如图 6－24 所示。

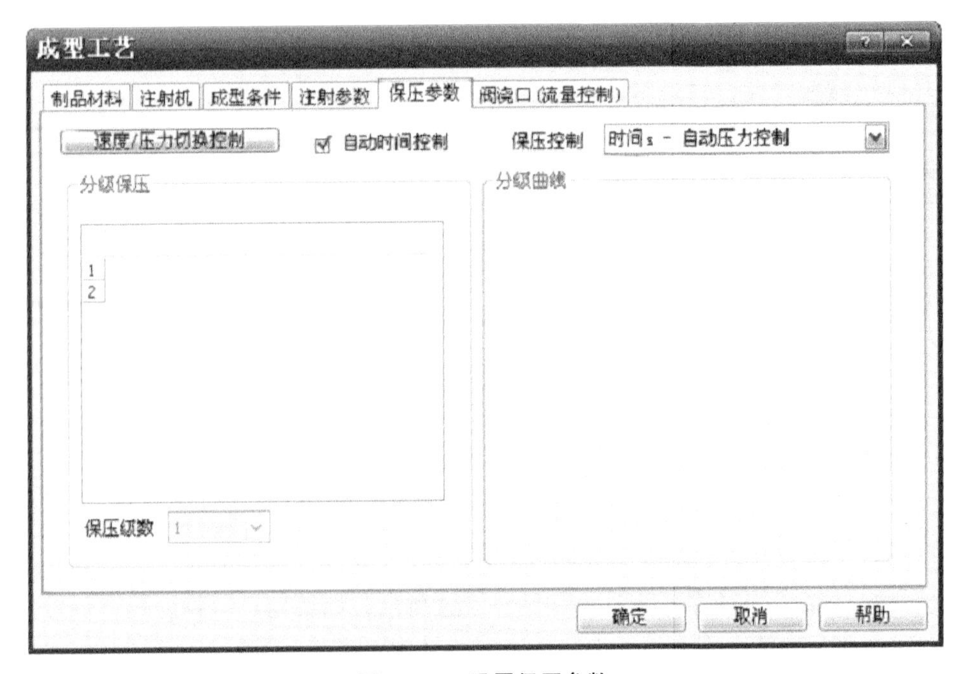

图 6－24　设置保压参数

5. 冷却设计

在“数据管理器”中“法兰”目录下“分析方案——一模四腔”目录下双击“冷却设计”，进入冷却设计窗口。首先选择“设计”菜单中“动定模设计”菜单项，弹出如图 6－25 所示对话框，按图设定虚拟型腔参数。

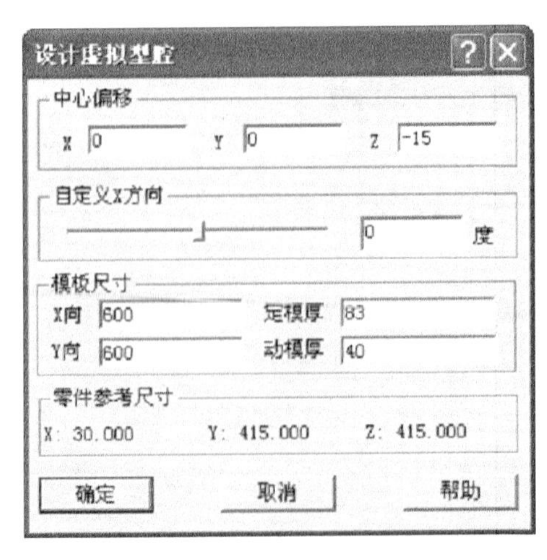

图 6－25　设计虚拟型腔

现在开始添加型腔回路。在“冷却管理器”中“草绘回路”分支上单击鼠标右键，弹出如图 6－26 所示快捷菜单。选择“添加回路”菜单项，系统弹出如图 6－27 所示对话框，确定回路直径为 8 mm。

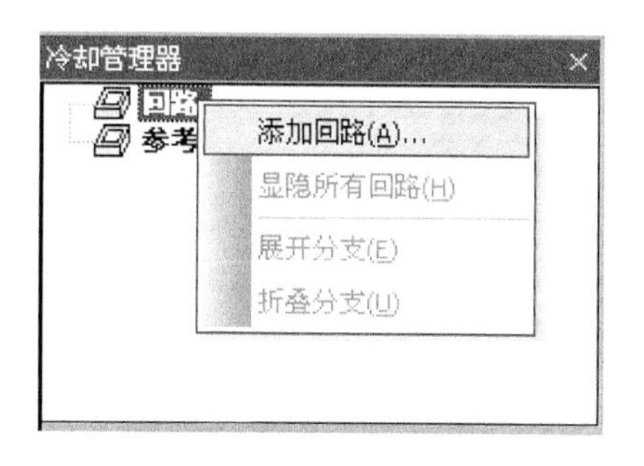

图 6－26 添加回路

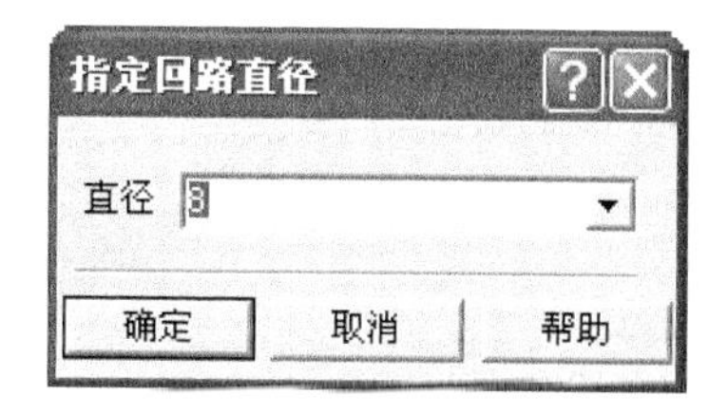

图 6－27 指定回路直径

在“冷却管理器”中“参考面”上单击鼠标右键，弹出如图 6－28 所示快捷菜单。选择“添加参考面”菜单项，出现如图 6－29 所示对话框，按图设定参考面参数。

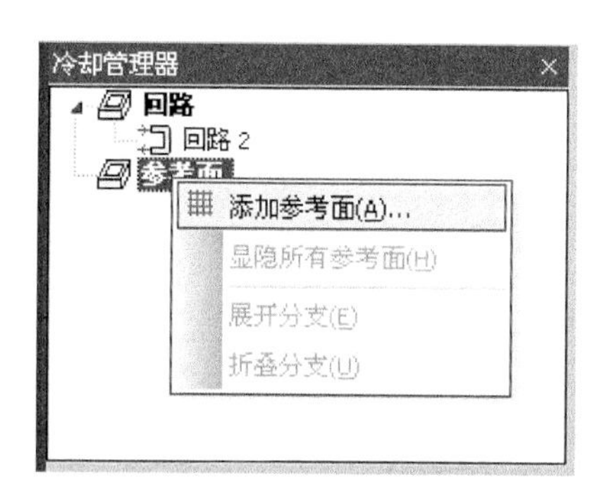

图 6－28 新建参考面

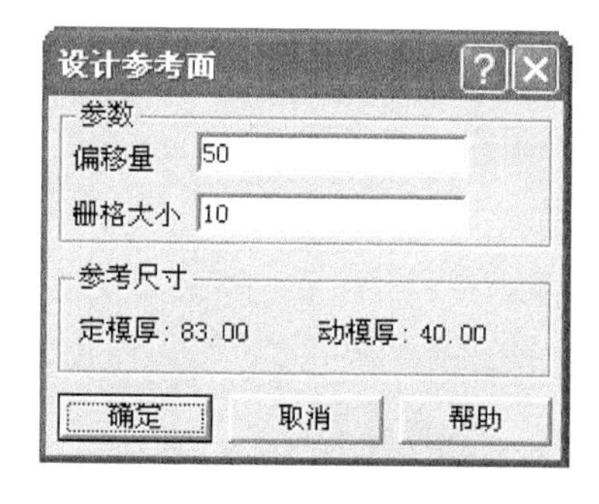

图 6－29 指定参考面参数

使用冷却设计工具栏上的工具，创建型腔冷却回路草图，如图 6－30 所示。然后按住 Shift 键，单击其中一个冷却实体则与其相连的所有实体都被选中，将选中的实体移动到回路 1 中。注意在 HSCAE3D 7.5 中所有新建的冷却实体在刚建立时与回路是独立的，都需要移动到相应的回路中去。

在“冷却管理器”中“草绘回路”目录下“回路 1”分支上单击鼠标右键，弹出如图 6－31 所示快捷菜单。选择“完成回路”菜单项，系统弹出如图 6－32 所示对话框提示用户定义回路出入口，单击“确定”完成型腔冷却回路设计。如图 6－33 所示。

参照以上回路 1 的设计步骤，完成型芯冷却回路设计。型腔及型芯回路全部设计完成后，选择“设计”菜单中“完成冷却设计”菜单项来完成冷却回路设计，完成的型腔冷却型芯回路设计结果如图 6－34 所示。

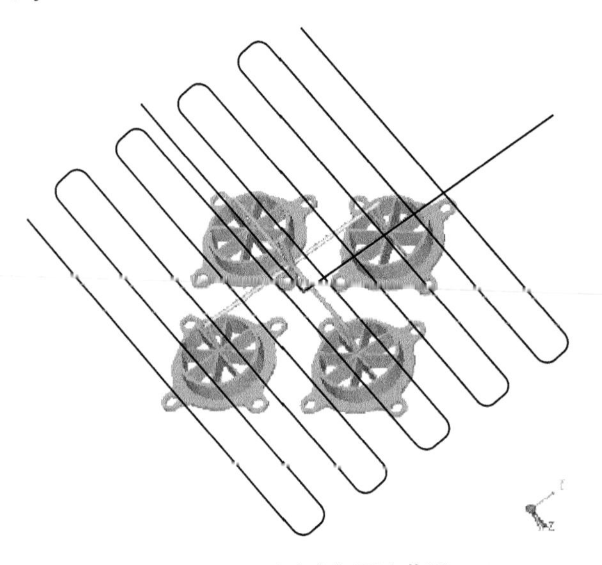

图 6－30　型腔冷却回路草图

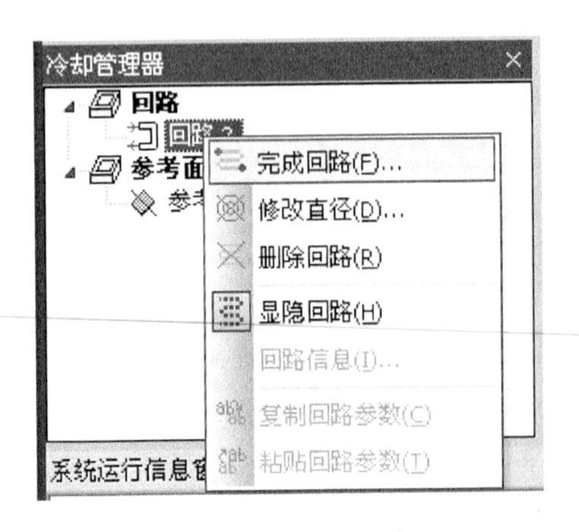

图 6－31　完成回路

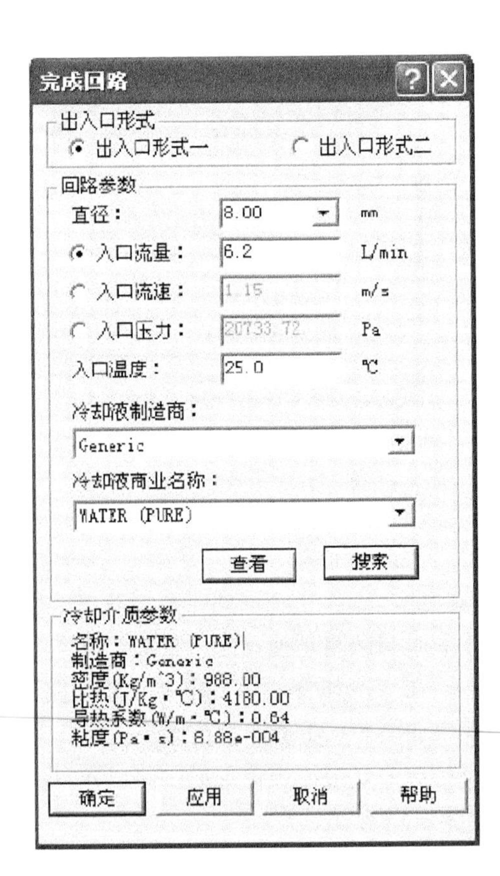

图 6－32　定义回路出入口

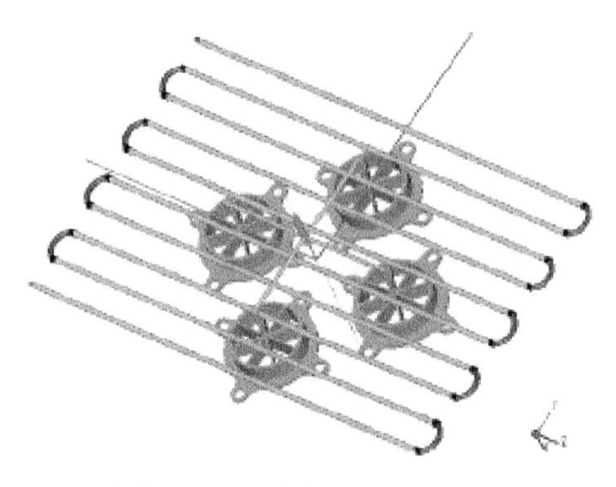

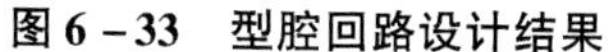

图 6－33　型腔回路设计结果

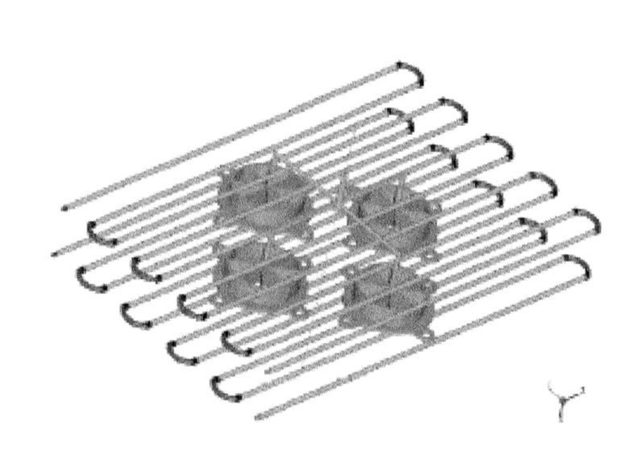

图 6－34　冷却回路设计结果

完成冷却回路设计后，选择“设计”菜单中“冷却工艺条件”菜单项，弹出如图 6－35 所示对话框，在此对话框里设定模具材料、塑料材料及冷却条件。选择“模具材料”属性页，选择模具钢材料为“TOOL STEEL P－20”，如图 6－35 所示。选择“塑料材料”属性页，塑料材料已经是“ABS 780”，如图 6－36 所示。选择“冷却条件”属性页，按图 6－37 所示设定冷却条件。单击“冷却工艺条件”对话框中“确定”按钮，保存当前设置的冷却工艺参数。

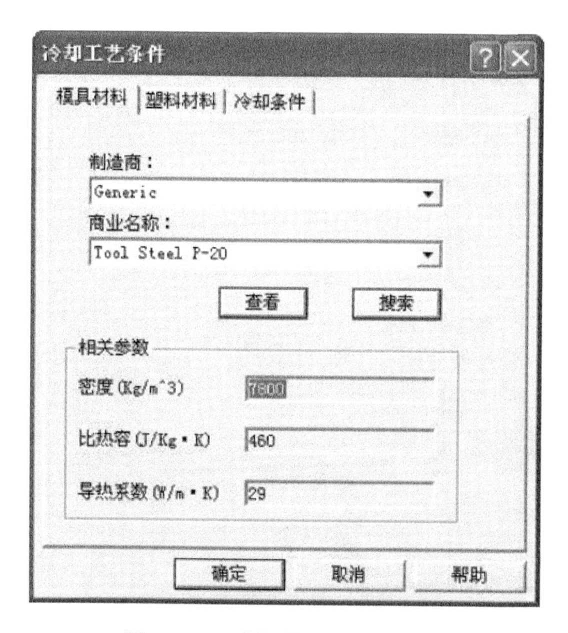

图 6－35　选择模具材料——钢

6. 翘曲设计

在“数据管理器”中的“法兰”目录下的“分析方案——一模四腔”目录下，双击“翘曲设计”分支进入翘曲设计窗口。翘曲设计对于翘曲分析是非必需的，本实例不进行翘曲设计。

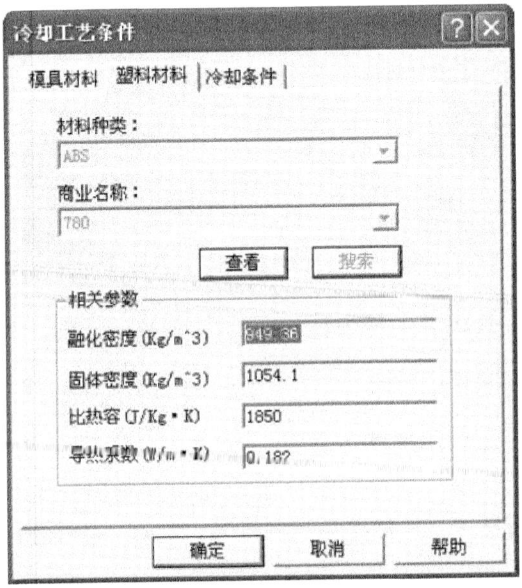

冷却工艺条件
模具材料 塑料材料 冷却条件
材料种类：ABS
商业名称：780
查看 搜索
相关参数
融化密度 (Kg/m^3) 849.36
固体密度 (Kg/m^3) 1054.1
比热容 (J/Kg·K) 1850
导热系数 (W/m·K) 0.187
确定 取消 帮助

图 6-36　选择塑料材料

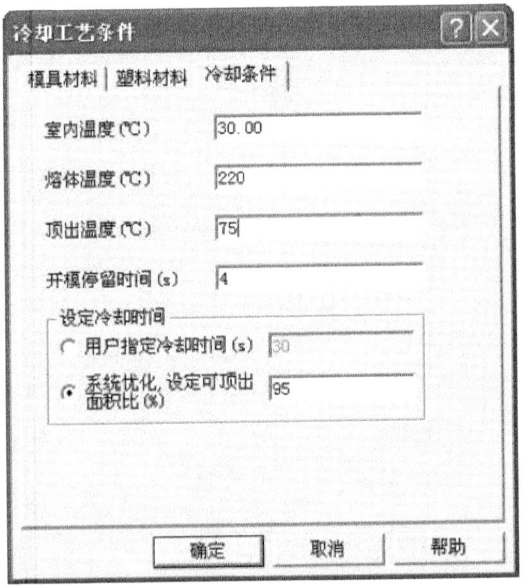

冷却工艺条件
模具材料 塑料材料 冷却条件
室内温度 (℃) 30.00
熔体温度 (℃) 220
顶出温度 (℃) 75
开模停留时间 (s) 4
设定冷却时间
用户指定冷却时间 (s) 30
系统优化，设定可顶出面积比 (%) 95
确定 取消 帮助

图 6-37　设置冷却条件

7. 开始分析

在“数据管理器”中的“法兰”目录下的“分析方案——一模四腔”目录下，双击“开始分析”分支进入分析窗口。在工具栏单击开始分析按钮“▶”，弹出启动分析对话框，如图 6-38 所示。选择详细分析、保压分析、冷却分析、应力分析及翘曲分析，单击“启动”按钮开始分析。在分析信息输出窗口可查看分析过程中的相关信息。

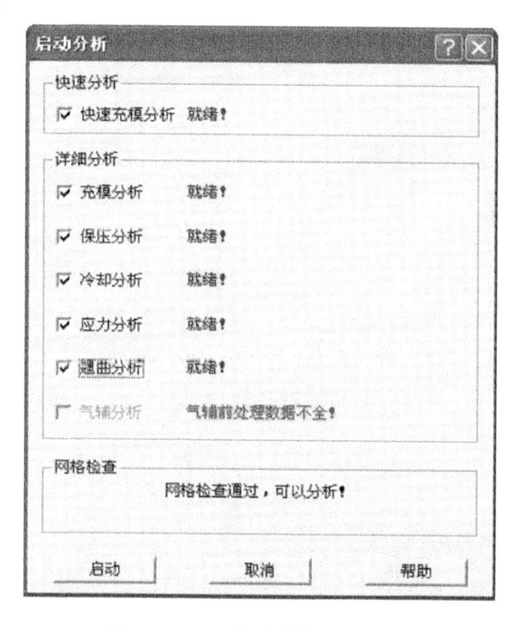

图 6－38 “启动分析”对话框

8. *后置处理*

在“数据管理器”中的“法兰”目录下的“分析方案——一模四腔”目录下，双击“分析结果”分支进入分析结果查看窗口。在“流动”、“冷却”及“翘曲”菜单中选择相应菜单项可以查看各种结果。部分结果如图 6－39～图 6－54 所示。

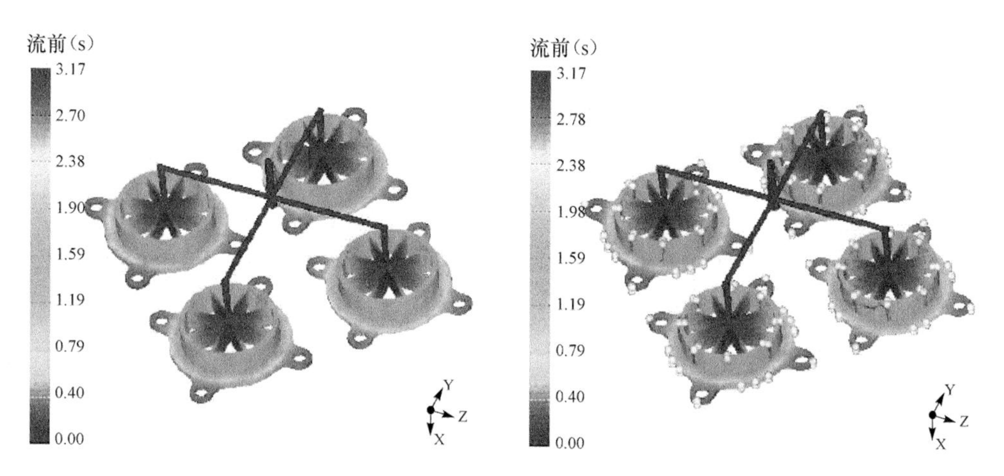

图 6－39 流动前沿

图 6－40 熔合纹、气穴

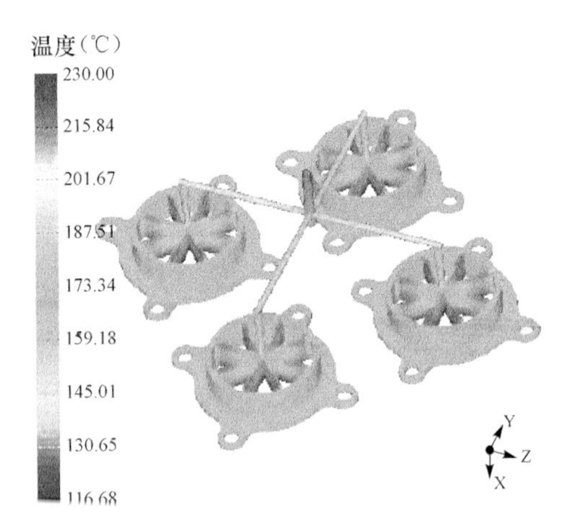

图 6－41　温度场

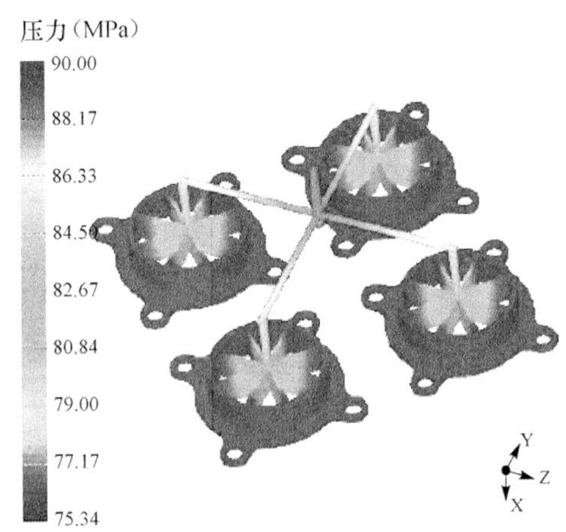

图 6－42　压力场

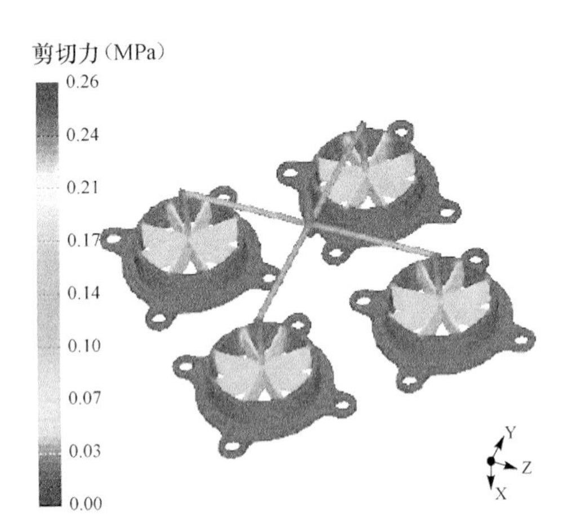

图 6－43　剪切力场

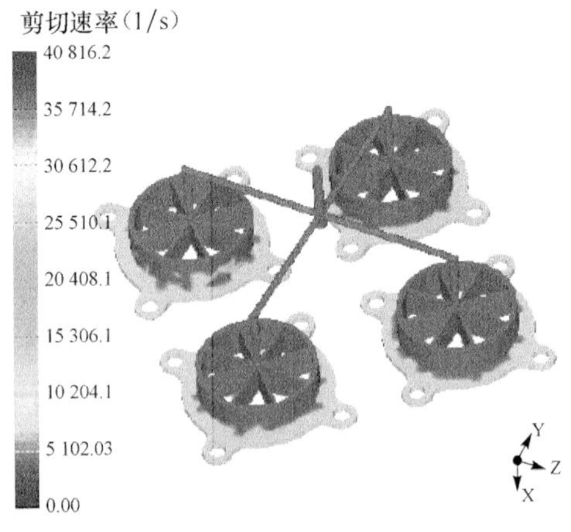

图 6－44　剪切速率场

图 6－45　表面定向

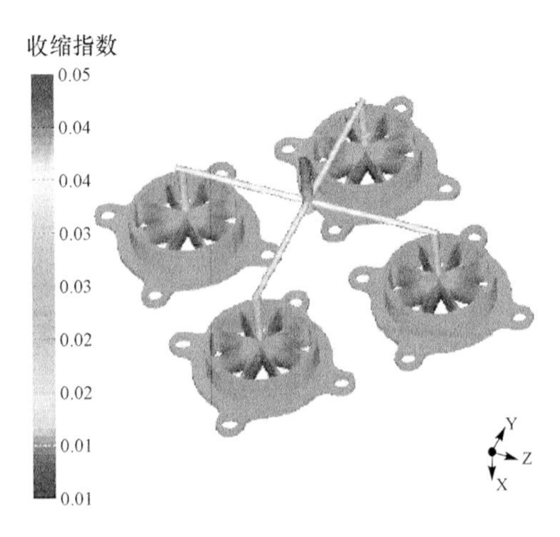

图 6－46　收缩指数

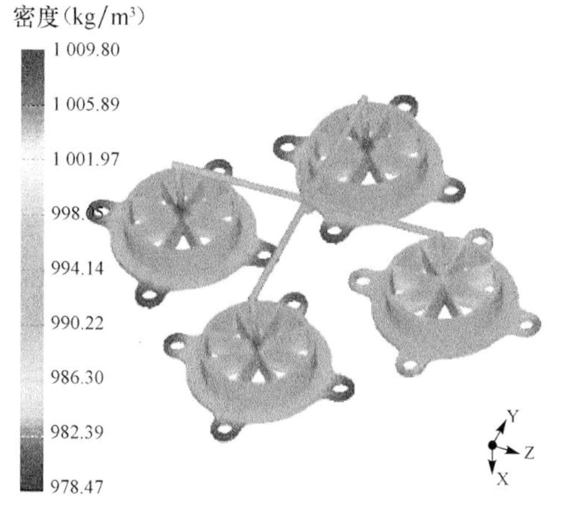

图 6-47 密度场

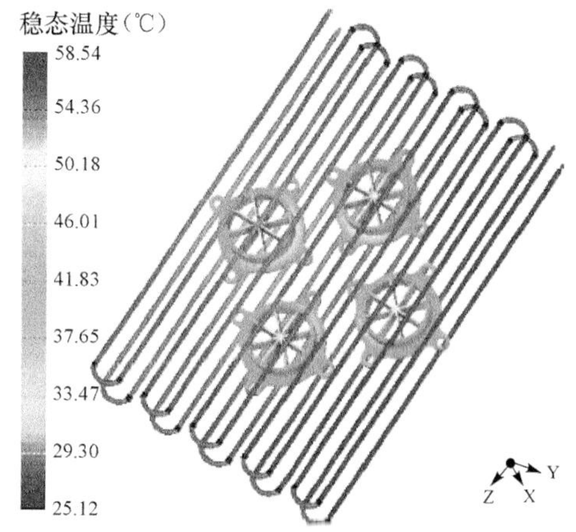

图 6-48 稳态温度场

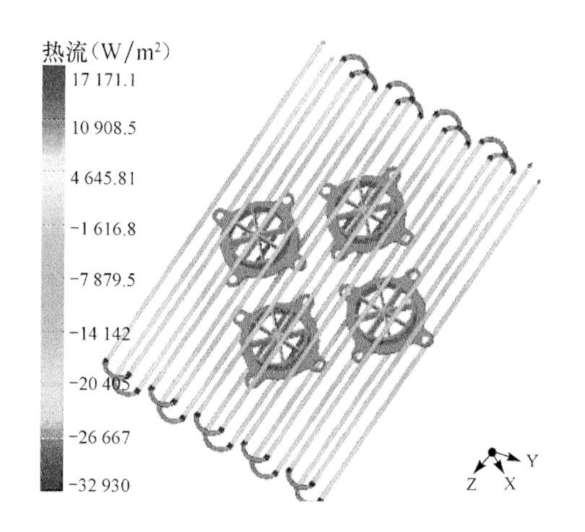

图 6-49 热流密度场

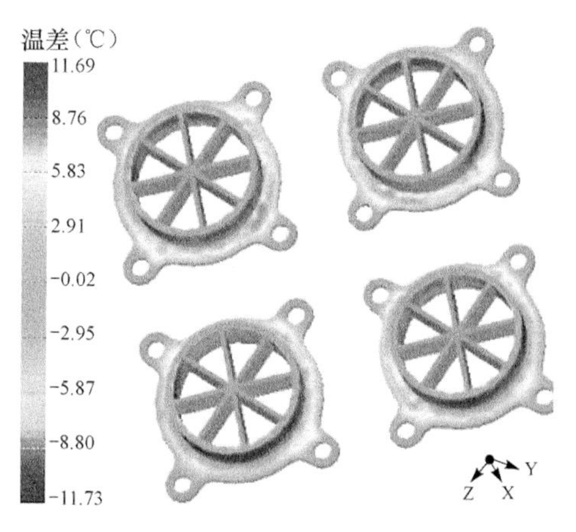

图 6-50 型芯型腔温差

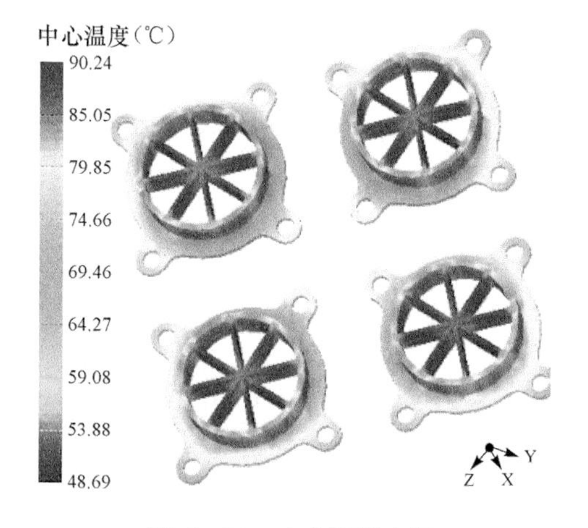

图 6-51 中心面温度场

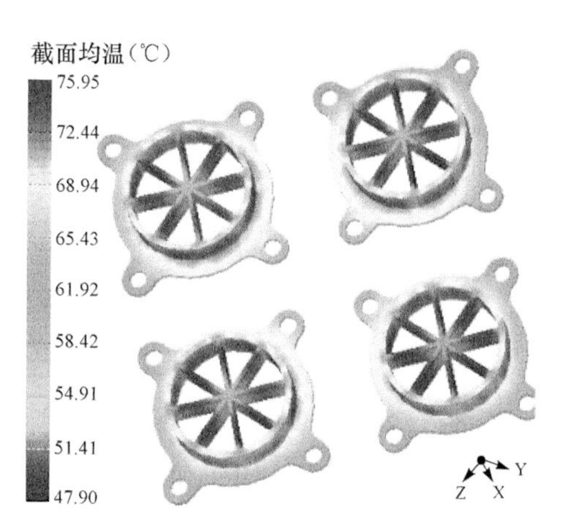

图 6-52 截面平均温度场

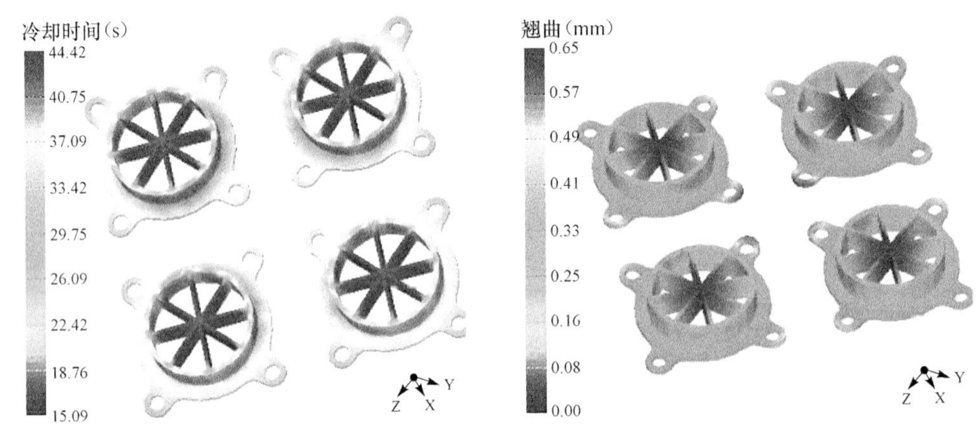

图 6－53　冷却时间　　**图 6－54　翘曲变形结果（放大 10 倍）**

6.2　应用实例二——衣架

下面以衣架为例，详细说明应用 HsCAE3D 软件系统模拟气体辅助注射成型过程的一般步骤。从总体来讲可以分为三个步骤：前置处理→数值分析→后置处理。而每一大步又可以进行细分，其中以前置处理工作最为繁重，如表 6－2 所示。下面分步介绍每一步操作。

表 6－2　操作步骤

前置处理		数值分析		后置处理
新建零件 添加分析方案 导入 CAD 模型 充模设计 气辅设计	⟶	气辅分析	⟶	气辅结果显示 分析报告

1. 新建零件

在“数据管理器”中“分析数据”分支上单击鼠标右键，弹出如图 6－55 所示的快捷菜单。选择“新建零件”菜单项，弹出“新建零件”对话框，如图 6－56 所示。在编辑框中输入零件的名称“衣架”，单击“确定”后“数据管理器”中“分析数据”分支下就会新建“衣架”子分支。

2. 添加分析方案

在“数据管理器”中“衣架”分支上单击鼠标右键。弹出如图 6－57 所示的快捷菜单。选择“添加分析方案”菜单项，系统弹出“新建分析方案”对话框，如图 6－58 所示。在编辑框中输入分析方案的名称“气辅分析”，单击“确定”添加分析方案。

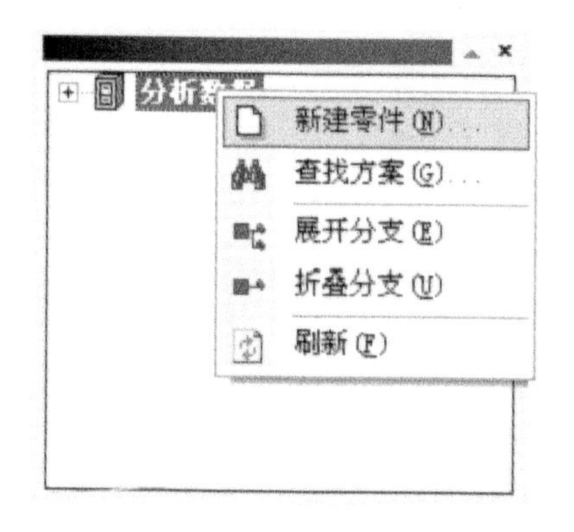

图 6-55 新建零件

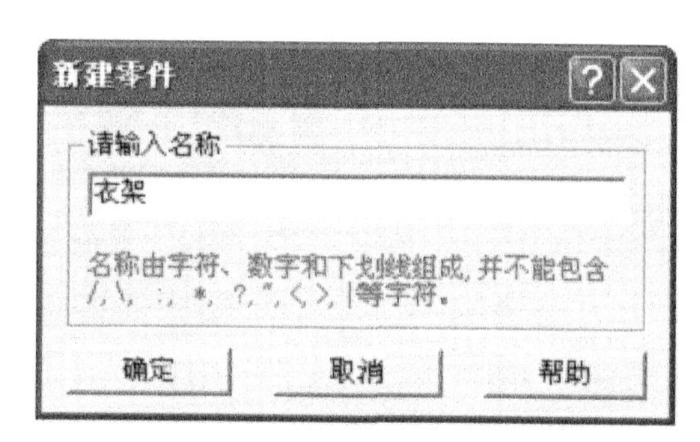

图 6-56 “新建零件”对话框

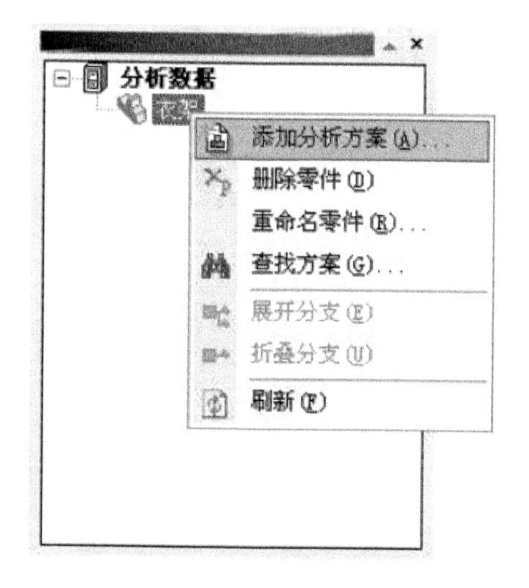

图 6-57 添加分析方案

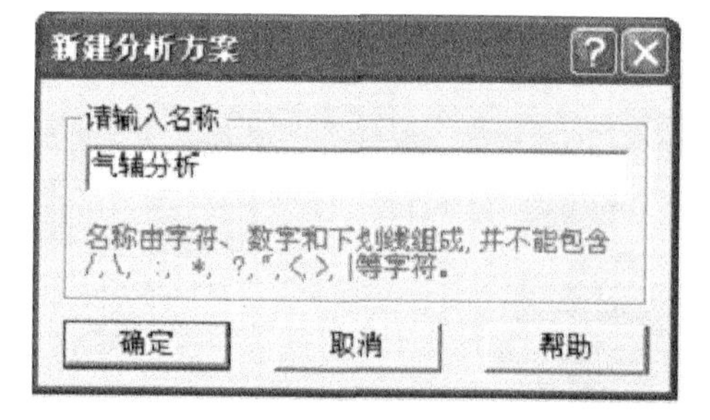

图 6-58 “新建分析方案”对话框

3. 导入 CAD 模型

在“数据管理器”中“衣架”目录下“分析方案——气辅分析”分支上单击鼠标右键，弹出如图 6-59 所示的快捷菜单。选择“导入制品图形文件”菜单项，系统弹出标准的打开文件对话框，如图 6-60 所示。找到该零件的目录及名称，单击“打开”按钮。

在导入制品图形文件时，会出现如图 6-61 所示的对话框，用于尺寸单位选择和精度控制，选择单位为毫米，精细控制程度默认，确认没有选择生成四面体网格，单击确定。

4. 充模设计

充模设计主要是为流动、保压分析服务，主要任务是完成多型腔设计、流道系统设计和设置充模工艺条件。在“数据管理器”中“衣架”目录下“分析方案——气辅分析”目录下双击“充模设计”就可以进入充模设计窗口。依照应

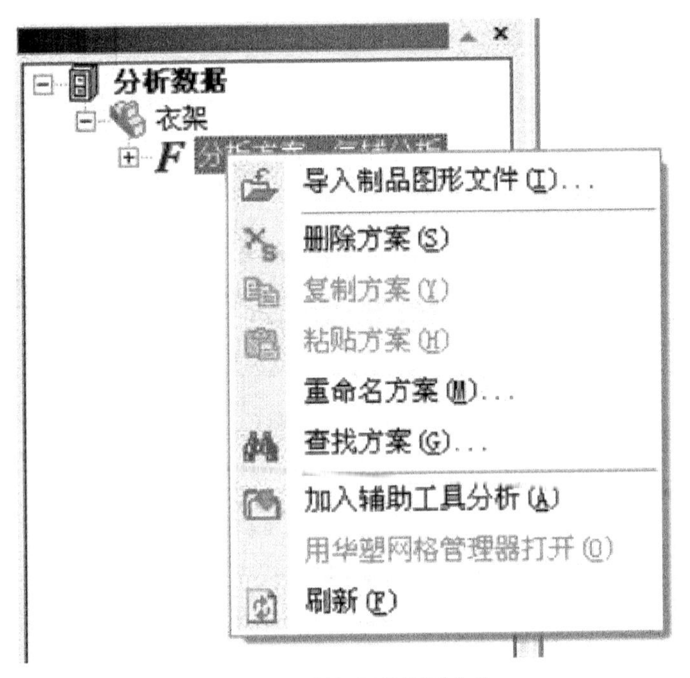

图6-59　导入制品图形文件

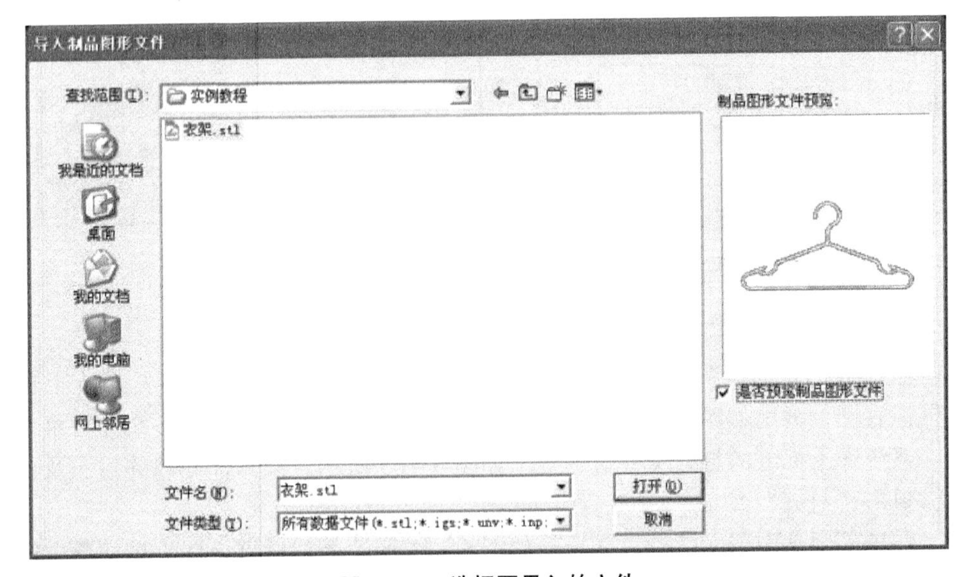

图6-60　选择要导入的文件

用实例一的充模设计步骤完成本零件的充模设计，并依照下列流道数据完成流道设计，如果没有特殊说明，则均为默认参数。

浇口：基准为X轴，截面为上梯形，长度为1 mm，边长为1.5 mm，高为1.5 mm，角度为0。

分流道1：基准为Z轴，截面为上梯形，长度为-4 mm，边长为4 mm，高

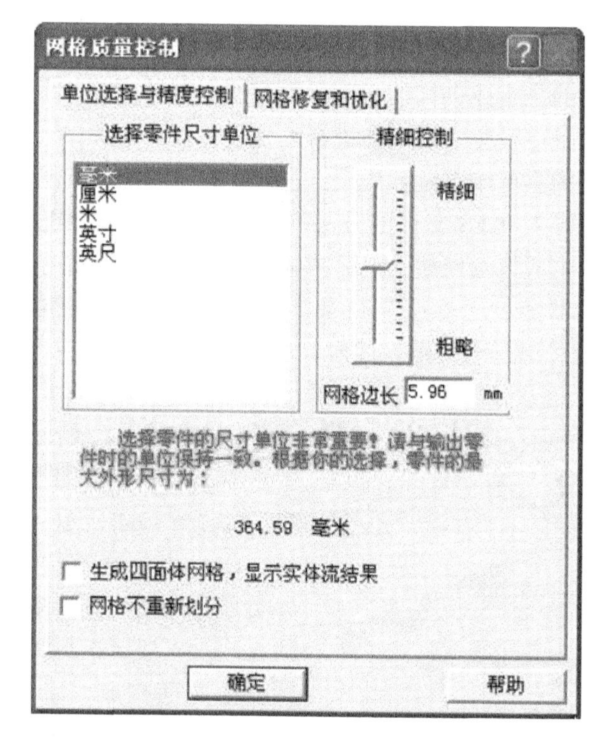

图 6－61 单位选择与精度控制

为 4 mm，角度为 0。

分流道 2：基准为 X 轴，截面为圆形，长度为 30 mm，起始半径为 2 mm，无终了半径。

分流道 3：基准为 Y 轴，垂直角度为 45，平行角度为 45，截面为圆形，长度为 60 mm，起始半径为 2 mm，无终了半径。

主流道：基准为 X 轴，截面为圆形，长度为 40 mm，起始半径为 3 mm，终了半径为 1 mm。

其中完成后的进料点如图 6－62 所示，流道系统如图 6－63 所示。

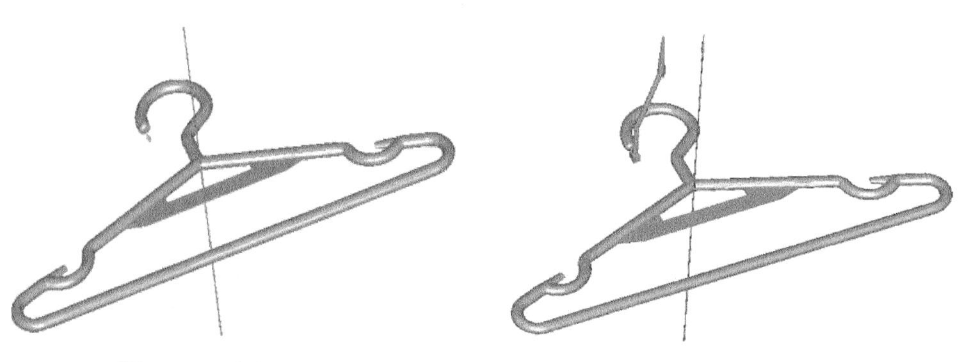

图 6－62 进料口位置

图 6－63 流道系统

5. 气辅设计

气辅设计的目的是生成供气体在制品中穿透的气道网格。只有在完成充模设计和充模成型工艺条件设置之后才能进行气辅设计。

生成气道网格的主要步骤是：先定义进气口，之后通过选择制品表面、生成面、直接绘制或者导入 IGES 文件的方法得到气道边界，选择边界指定为气道引导线，之后就可以生成气道网格，最后再设置气辅工艺完成整个气辅设计。

在“数据管理器”中“衣架”目录下“分析方案——气辅分析”目录下双击“气辅设计”就可以进入气辅设计窗口。根据下列步骤完成整个气辅设计。

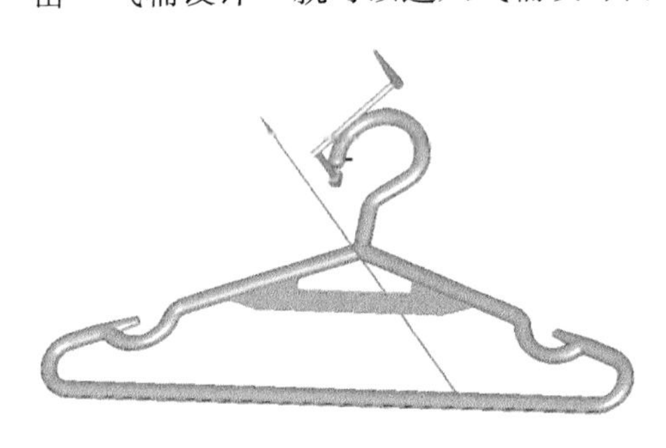

图 6-64　进气口位置

（1）设计进气口，选择“设计”菜单中的“定义/删除进气口”，鼠标单击制品上一点，即可在此点定义进气口，如图 6-64 所示。

（2）生成气道边界，为了适用于各类零件，系统设计多种生成气道边界的方法。衣架属于封闭通道零件，气道特征由曲面构成，采用生成平面法合适。生成平面参数，如图 6-65 所示。

（3）识别气道特征，选择边界，指定为气道引导线拟合气道特征路径。

（4）生成气道网格，以气道网格中心线形式显示，如图 6-66 所示。

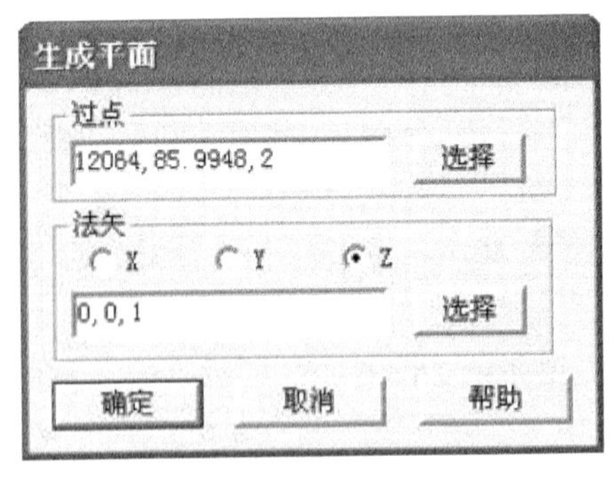

图 6-65　“生成平面”对话框

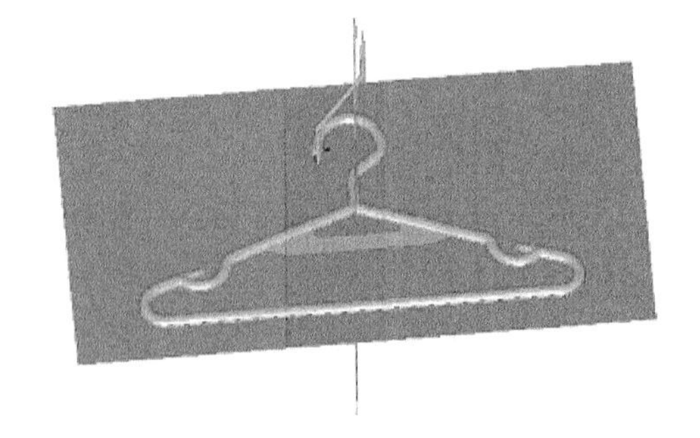

图 6-66　气道网格

（5）编辑气道网格，对于局部不合理的气道网格，可以对其进行编辑，这里基本可以不用编辑。

（6）设置气辅工艺条件，参数如图 6-67 所示。

6. 开始分析

在“数据管理器”中“衣架”目录下“分析方案——气辅分析”目录下双击“开始分析”，进入分析窗口。在工具栏单击开始分析按钮“▶”，弹出启动分析对话框，如图 6-68 所示。选择气辅分析，单击“启动”按钮开始分析。

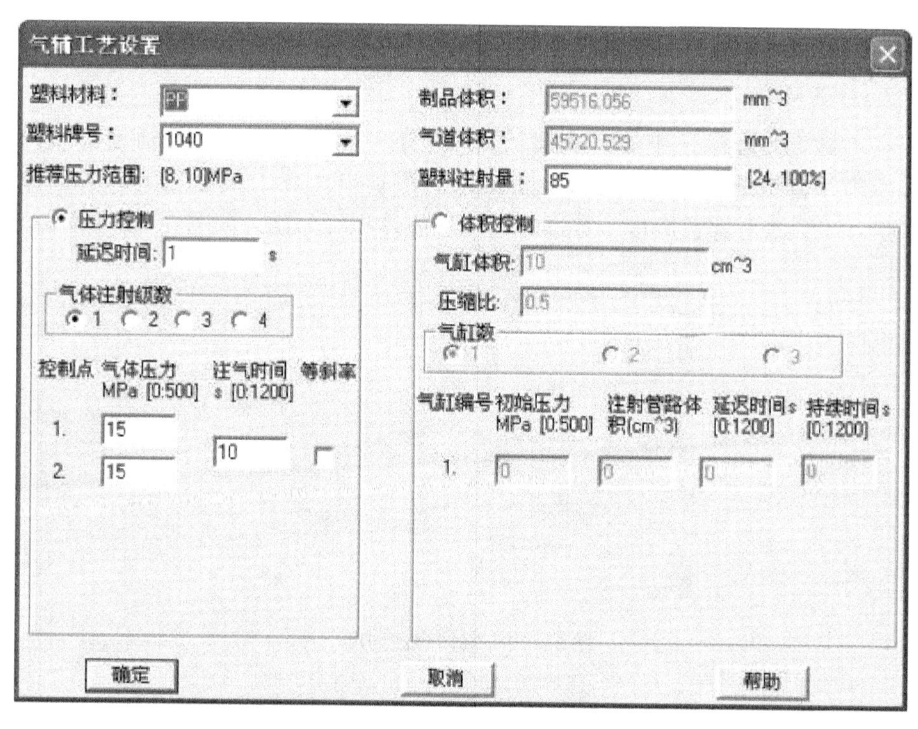

图 6－67　气辅工艺设置

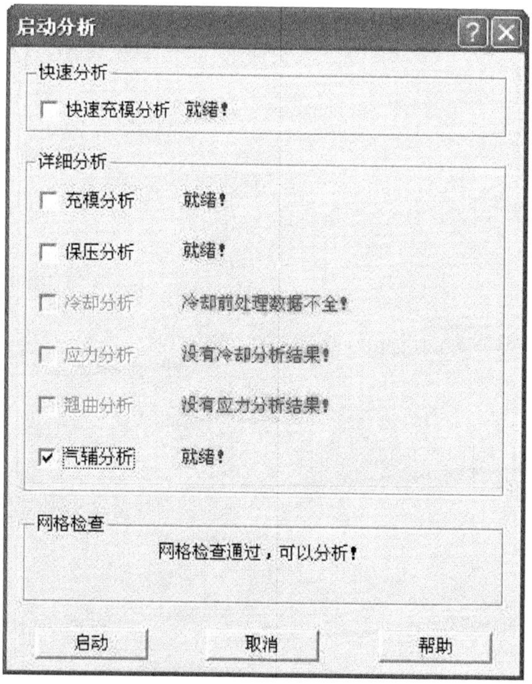

启动分析

快速分析

快速充模分析　就绪！

详细分析

充模分析　就绪！

保压分析　就绪！

冷却分析　冷却前处理数据不全！

应力分析　没有冷却分析结果！

翘曲分析　没有应力分析结果！

气辅分析　就绪！

网格检查

网格检查通过，可以分析！

启动　取消　帮助

图 6－68　“启动分析”对话框

在分析信息输出窗口可查看分析过程中的相关信息。

7. 后置处理

在“数据管理器”中的“衣架”目录下的“分析方案——气辅分析”目录下，双击“分析结果”分支进入分析结果查看窗口。在“气辅”菜单中选择相应菜单项可以查看穿透厚度、穿透时间、气体体积百分比，如图 6－69 所示。

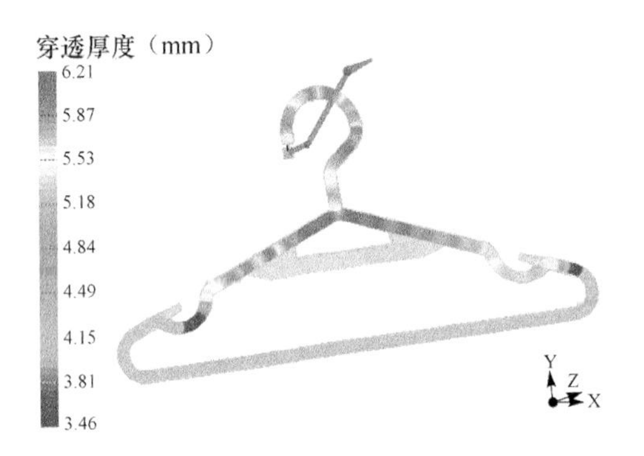

图 6－69　气体穿透时间

第七章　应 用 指 导

用户在使用模拟软件时，不仅要学习软件的操作，同时也需要具备一定的塑料成型工艺知识、CAE 基础知识以及对分析结果的正确理解。为了让用户更好地利用 CAE 软件为生产加工服务，下面简要地介绍一些基础知识。

7.1　塑料及其性质

由于塑料的内部结构比金属复杂，因此掌握其性能特点比较困难。要想有效地进行塑料的注射成型，就应该对与成型有关的性能有所了解。

（1）比热容。不同塑料的比热容差别较大，并随着温度的变化而变化。

（2）热扩散系数。塑料的热扩散系数与成型中材料的温度与冷却有较大关系，并且也随着温度的变化而变化。

（3）密度/比容。塑料的密度与温度有强烈的依赖关系，温度升高时密度较小。注射成型过程中，温度不断变化，故材料的密度也在不断变化，这种变化对产品的质量有重要影响。

（4）热降解、分解温度。塑料因加工温度偏高，或在较高温度下停留时间过长，从而使平均分子量降低的现象称为热降解。如出现这种情况，则熔体的粘度降低，制品出现飞边、气泡和银丝，机械性能变差，如弹性消失、强度降低等。分解温度是指聚合物因受热而迅速分解为低分子的温度。显然分解温度是注射成型温度的上限。

（5）剪切变稀。塑料熔体的粘性系数并非常数（非牛顿流体），而是随剪切速率的增加而降低，这种现象称为剪切变稀。不同塑料的剪切变稀程度差别较大。粘度特性在注射成型工艺中是一个非常重要的因素，因此剪切变稀对注射成型的压力、温度等有重要影响。

7.2　热塑性塑料注射成型中的常见缺陷及产生原因（见表 7－1）

表 7－1　注射成型中常见缺陷及产生原因

常见缺陷	产生原因
制品填充不足	（1）料筒，喷嘴及模具的温度偏低；（2）加料量不足；（3）料筒内的剩料太多；（4）注射压力太小；（5）注射速度太慢；（6）流道和制品填充不足浇口尺寸太小，浇口数量不够，浇口位置不恰当；（7）型腔排气不良；（8）注射时间太短；（9）浇注系统发生堵塞；（10）塑料的流动性太差

续表

常见缺陷	产生原因
制品有溢边	（1）料筒，喷嘴及模具温度太高；（2）注射压力太大，锁模力太小；（3）模具密合不严，有杂物或模板已变形；（4）型腔排气不良；（5）塑料的流动性太好；（6）加料量过大
制品有气泡	（1）塑料干燥不够，含有水分；（2）塑料有分解；（3）注射速度太快；（4）注射压力太小；（5）模温太低，充模不完全；（6）模具排气不良；（7）从加料端带入空气
制品凹陷	（1）加料量不足；（2）料温太高；（3）制品壁厚与壁厚相差过大；制品凹陷；（4）注射和保压的时间太短；（5）注射压力太小；（6）注射速度太快；（7）浇口位置不恰当
制品有明显的熔合纹	（1）料温太低，塑料的流动性差；（2）注射压力太小；（3）注射速度太慢；（4）模温太低；（5）型腔排气不良；（6）塑料受到污染制品的表面有银丝及波纹
制品的表面有银丝及波纹	（1）塑料含有水分和挥发物；（2）料温太高或太低；（3）注射压力太小；（4）流道和浇口的尺寸太大；（5）嵌件未预热，温度太低；（6）制品内应力太大
制品的表面有黑点及条纹	（1）塑料有分解；（2）螺杆的速度太快，背压力太大；（3）喷嘴与主流道吻合不好，产生积料；（4）模具排气不良；（5）塑料受污染或带进杂物；（6）塑料的颗粒大小不均匀
制品翘曲变形	（1）模具温度太高，冷却时间不够；（2）制品厚薄悬殊；（3）浇口制品翘曲变形位置不恰当，且浇口数量不合适；（4）推出位置不恰当，且受力不均；（5）塑料分子定向作用太大
制品的尺寸不稳定	（1）加料量不稳定；（2）塑料颗粒大小不均匀；（3）料筒和喷嘴的制品的尺寸不稳定；温度太高；（4）注射压力太小；（5）充模和保压的时间不够；（6）浇口和流道的尺寸不恰当；（7）模具的设计尺寸不恰当；（8）推杆变形或磨损；（9）注射机的电气，液压系统不稳定制品黏模
制品黏模	（1）注射压力太大，注射时间太长；（2）模具温度太高；（3）浇口尺寸太大，且浇口位置不恰当

7.3 注塑条件对制品成型的影响

1. 塑料材料

如前所述，塑料材料性能的复杂性决定了注射成型过程的复杂性。而塑料材料的性能又因品种不同、牌号不同、生产厂家不同，甚至批次不同而差异较大。不同的性能参数可能导致完全不同的成型结果。

2. 注射温度

熔体流入冷却的型腔，因热传导而散失热量。与此同时，由于剪切作用而产生热量，这部分热量可能较热传导散失的热量多，也可能少，主要取决于注塑条件。熔体的黏性随温度升高而变低。这样，注射温度越高，熔体的黏度越低，所需的充填压力越小。同时，注射温度也受到热降解温度、分解温度的限制。

3. 模具温度

模具温度越低，因热传导而散失热量的速度越快，导致熔体的温度降低，流动性变差。当采用较低的注射速率时，这种现象尤其明显。

4. 注射时间

注射时间对注塑过程的影响表现在三个方面：

（1）缩短注射时间，熔体中的剪切速率提高，充满型腔所需要的注射压力也要提高；

（2）缩短注射时间，熔体中的剪切速率提高，由于塑料熔体的剪切变稀特性，熔体的黏度降低，充满型腔所需要的注射压力也要降低；

（3）缩短注射时间，熔体中的剪切速率提高，剪切发热越大，同时因热传导而散失的热量少，因此熔体的温度高，黏度低，充满型腔所需要的注射压力也要降低。

以上三种情况共同作用的结果，使图 7－1 中的充满型腔所需要的注射压力的曲线呈现“U”形。也就是说，存在一个注射时间，此时所需的注射压力最小。

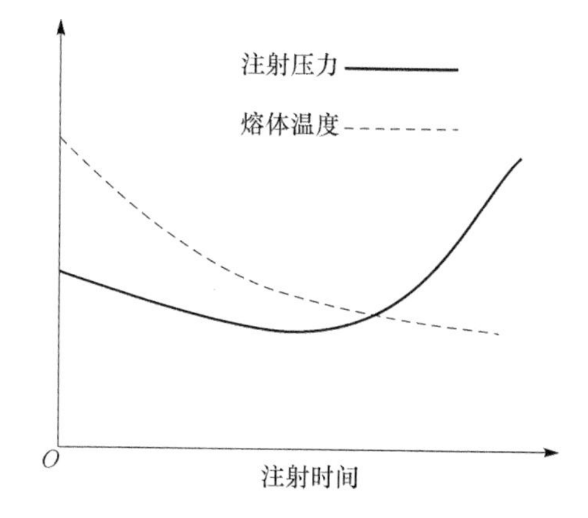

图 7－1　注射时间与注射压力、熔体温度的关系

7.4　应用注射模流动模拟软件的必要性

塑料熔体注入模具后的流动行为在决定制品质量方面具有重要意义，注塑制品的质量取决于注射成型过程，塑料材料性能的复杂性决定了注射成型过程的复杂性，有些注射成型问题连有经验的模具设计师也很难解决，因此很有必要对充模过程进行有效分析。

注塑过程中的流动分析在国外已得到了普遍的应用，它建立在计算机与 CAD 被广泛应用的基础上，其目的是预测塑料熔体注入模具型腔时的流动情况，从而判断熔体流动给注塑件质量带来的影响。流动模拟软件的应用主要包括三个方面：第一是利用软件来预计所设定注塑方案的压力、温度等的分布；第二是利用预计的压力、温度等的分布来改善模具和塑料制品的设计；第三是对多个候选的注塑方案进行比较优化，选择最佳方案。

传统的注塑模设计首先考虑的是模具本身的需要，之后考虑的才是注塑制品的需要。换句话说，传统的注塑模设计是把塑料熔体在流道和型腔中的流动放在第二位考虑的。例如，常规的模具设计通常是根据经验确定浇口的数量和位置，而不是根据流动分析来确定这些参数，结果经常是浇口数量偏多、尺寸偏大。但是在市场经济条件下，产品的质量与成本已成为企业生存发展的生命线，注射成型模拟软件可以辅助企业确立竞争优势。

7.5　注塑模流动模拟软件的指导作用

塑料注射模流动模拟软件的指导意义十分广泛，作为一种设计工具，它能够辅助模具设计者优化模具结构与工艺，指导产品设计者从工艺的角度改进产品形状，选择最佳成型性能的塑料，帮助模具制造者选择合适的注射机，当变更塑料品种时对现有模具的可行性做出判断，分析现有模具设计的弊病。同时，流动软件又是一种教学软件工具，能够帮助模具工作者熟悉熔体在型腔内的流动行为，把握熔体流动的基本原则。下面逐项分析三维流动软件的主要输出结果如何指导设计。

1. 熔体流动前沿动态显示

显示熔体从进料口逐渐充满型腔的动态过程，由此可判断熔体的流动是否为较理想的单项流形式（简单流动），因为复杂流动成型不稳定，容易出现次品；以及各个流动分支是否同时充满型腔的各个角落（流动是否平衡）。若熔体的填充过程不理想，可以改变进料口的尺寸、数量和位置，反复运行流动模拟软件，直到获得理想的流动形式为止。若仅仅是为了获得较好的流动形式而暂不考察详尽的温度场、应力场的变化，或是初调流道系统，最好是运行简易三维流动分析(等温流动分析)，经过几次修改，得到较为满意的流道设计后，再运行非等温三维流动分析。

2. 型腔压力

在填充过程中最大的型腔压力值能帮助判断在指定的注射机上熔体能否顺利充满型腔（是否短射），何处最可能产生飞边，在各个流动方向上单位长度的压力差（又称压力梯度）是否接近相等（因为最有效的流动形式是沿着每个流动分支熔体的压力梯度相等），是否存在局部过压（容易引起翘曲）。流动模拟软件还能给出熔体填充模具所需的最大锁模力，以便用户选择注射机。

3. 熔体温度

提供型腔内熔体填充过程中的温度场。可鉴别填充过程中熔体是否存在着因剪切发热而形成的局部热点（易产生表面黑点、条纹等并引起机械性能下降），判断熔体的温度分布是否均匀（温差太大是引起翘曲的主要原因），判断熔体的平均温度是否太低（引起注射压力增大）。熔体接合点的温度还可帮助判断熔合纹的相对强度。

4. 剪切速率

剪切速率又称应变速率或者速度梯度。该值对熔体的流动过程影响很大。实验表明，熔体在剪切速率为 $10^3\ s^{-1}$左右成型时，制品的质量最佳。流道处熔体剪切速率的推荐值为 $5\times10^2\sim5\times10^3\ s^{-1}$，浇口处熔体剪切速率的推荐值为 $10^4\sim10^5\ s^{-1}$。流动软件能给出不同填充时刻型腔各处的熔体剪切速率，有助于用户判断在该设计方案下预测的剪切速率是否与推荐值接近，而且还能判断熔体的最大剪切速率是否超过该材料所允许的极限值。剪切速率过大将使熔体过热，导致聚合物降解或产生熔体破裂等弊病。剪切速率分布不均匀会使熔体各处分子产生不同程度的取向，因而收缩不同，导致制品翘曲。通过调整注射时间可以改变剪切速率。

5. 剪切应力

剪切应力也是影响制品质量的一个重要因素，制品的残余应力值与熔体的剪切应力值有一定的对应关系：剪切应力值大，残余应力值也大。因此熔体的剪切应力值不宜过大，以避免制品翘曲或开裂。根据经验，熔体在填充型腔时所承受的剪切应力不应超过该材料抗拉强度的1%。

6. 熔合纹/气穴

两个流动前沿相遇时形成熔合纹，因而在多浇口方案中熔合纹不可避免，在单浇口时，部分制品的几何形状以及熔体的流动情况也会形成熔合纹。熔合纹不仅影响外观，而且为应力集中区，材料结构性能也受到削弱。改变流动条件（如浇口的数目与位置等）可以控制熔合纹的位置，使其处于制品低感光区和应力不敏感区（非“关键”部位）。而气穴为熔体流动推动空气最后聚集的部位，如果该部位排气不畅，就会引起局部过热、气泡，甚至充填不足等缺陷，此时应该加设排气装置。流动模拟软件可以为用户准确地预测熔合纹和气穴的位置。

7. 多浇口的平衡

当采用多浇口时，来自不同浇口的熔体相互汇合，可能造成流动的停滞和转向（潜流效应），这时各浇口的充填不平衡，影响制品的表面质量及结构的完整性，也得不到理想的简单流动，此时应调整浇口的位置。

8. 表面定向

表面定向是通过计算熔体前沿的速度方向得到的，表面定向的方向即熔体前沿到达给定制品位置的速度方向，在很大程度上说明了具有纤维填充的制品的纤维的取向。表面定向在预测制品的机械性能方面有重要的作用，因为制品在表面定向方向上的冲击强度要高，在表面定向方向上的抗拉强度也要高。通过调整浇口的位置来调节制品的表面定向，可以优化制品的机械性能。

9. 收缩指数

收缩指数是指保压完成后每个单元体积相对于该单元原始体积收缩的百分

比。收缩指数主要用于预测成型制品产生缩痕的位置和可能趋势，一般说来，在收缩指数大的地方，产生缩痕的可能性要更大。收缩指数还影响到制品的翘曲程度，为了减少制品的翘曲程度，应尽量使整个制品上的收缩指数趋于均匀。

10. 密度场

密度场显示了保压过程中制品上材料密度的分布。在保压过程中，由于制品上密度分布的不均匀，制品上密度高的地方的材料向密度低的地方流动并最终达到平衡。密度场主要用于计算制品的收缩指数，预测缩痕产生的位置和可能性。

11. 稳态温度场

稳态温度场显示了模壁（型腔和型芯表面）的温度分布，反映了模壁温度的均匀性。高温区域通常由于模具冷却不合理造成，应当避免。模壁温度的最大值与最小值之差反映了温度分布的不均匀程度，不均匀的温度分布可以产生不均匀的残余应力从而导致塑件翘曲。

12. 热流密度

模壁（型腔和型芯表面）的热流密度分布反映了模具冷却效果和塑件放热的综合效应。对于壁厚均匀的制品来说，热流小的区域冷却效果差，应予改进。对于壁厚不均匀的制品，薄壁区域热流较小，厚壁区域热流较大。正值表示放热，负值表示吸热，一般来说制品放出热量而冷却水管吸收该热量。

13. 型芯型腔温差

模具型腔与型芯的温差反映了模具冷却的不平衡程度，由于型腔和型芯冷却的不对称造成，是导致塑件产生残留应力和翘曲变形的主要原因。对于温差较大（大于10℃）的区域，应修改冷却系统设计或改变成型工艺条件（如冷却液温度等），减小模具在此区域冷却的不平衡程度。

14. 中心面温度

对于无定型塑料厚壁制品（壁厚与平均直径之比大于1/20），其脱模准则是其最大壁厚中心部分的温度达到该种塑料的热变形温度。

15. 截面平均温度

对于无定型塑料薄壁制品，其脱模准则是制品截面内的平均温度已达到所规定的制品的脱模温度。

16. 冷却时间

冷却时间是指塑件从注射温度冷却到指定的脱模温度所需的时间。根据塑件的冷却时间分布，设计者可以知道塑件的哪一部分冷却得快，哪一部分冷却得慢。理想的情况是所有区域同时达到脱模温度，则塑件总的冷却时间最短。

17. 平面应力

平面应力是垂直于壁厚方向的平面上的应力，平面应力在制品的不同壁厚处的数值是变化的。平面应力是制品出模后产生制品平面方向收缩的主要原因之一，过大的平面应力将使制品产生较大的收缩，应当避免。

18. 厚向应力

厚向应力是制品的壁厚方向的应力。厚向应力是制品壁厚方向收缩的主要原因，较小的厚向应力可以减少制品的收缩。

19. 翘曲

翘曲结果显示了经过保压和冷却过程后的制品发生变形的趋势和变形量。通过对翘曲结果的分析，改进保压和冷却工艺条件，可以减少制品的翘曲变形。

翘曲结果显示了经过保压和冷却过程后的制品发生变形的趋势和变形量。通过对翘曲结果的分析，改进保压和冷却工艺条件，可以减少制品的翘曲变形。

20. 流动前沿温度

显示熔体到达型腔各个位置时的温度。流前温度过低，容易造成滞流或短射；流前温度过高，容易造成材料裂解或表面缺陷。须保证流前温度在塑料推荐的成型温度范围内。

21. 充填浇口

显示型腔各处是由来自哪个浇口的熔体充填的，该结果可以用来确定型腔中熔体是否平衡流动，如果不同的浇口都向型腔中同一处充填，就可能会导致熔体不平衡的流动。

22. 凝固层厚度

凝固层厚度主要用于计算每个单元的凝固比例，其范围为 0 ~ 1。在充填过程中，如果某处的凝固层厚度比较大，则表示该处的热损失较严重，流动率比较小，容易滞流。充填中注射速度较快时，凝固层厚度较薄。

23. 冷却介质温度

冷却介质温度是指冷却液在冷管中的温度分布。根据此结果可以得出回路出入口的温差，在生产中精密模具温差在 2℃以内，普通模具也不要超过 5℃。

24. 冷却介质速度

冷却介质速度是指冷却液在冷管中的速度分布，速度较高时冷管中的压力降也比较大，冷却效果也会相对较好。

25. 冷却介质雷诺数

冷却介质雷诺数是指冷却液在冷管中的雷诺数分布，只有当雷诺数大于 10 000 时，冷却管道中的冷却液才能达到紊流，冷却效果才有可能较理想。

26. 可顶区域

判断在顶出时刻，制品各处是否是真正可顶出的。其中红色的表示可顶区域，蓝色的表示该区域不可顶出，绿色的区域表示中间区域。

流动模拟软件在优化设计方案更显优势。通过对不同方案的模拟结果的比较，可以辅助设计人员选择较优的方案，获得最佳的成型质量。

7.6 流动软件的正确使用

注射模流动模拟软件只是一种辅助工具，能否在生产中发挥作用并产生经济效益，在很大程度上取决于模具设计者的正确使用。

1. 流动软件的使用人员

流动软件的使用者必须熟悉注射成型工艺，具有一定的注射模设计经验。这样，用户才能针对性地利用流动软件解决模具结构设计或工艺问题，例如，如果浇口处剪切速率过高，是修正浇口尺寸，还是改变熔体温度，抑或更换注射材料呢，不具备注射成型工艺知识的人很难做出正确选择的。流动软件的输出的结果涉及塑料黏度、剪切速率、温度、压力以及它们的相互作用，即使是经验丰富的模具设计师也应学塑料流变学的知识，总结注射流动的基本规律，这样才能将理论与实践结合用好流动模拟软件。

2. 输入数据的正确性

用户首先要输入合理的注射成型工艺参数，还要有正确的材料参数（如热传导率、比热、密度、不流动温度以及黏度等）。如前所述，塑料材料的性能参数（流变性、压缩性等）十分重要，不同的性能参数将导致完全不同的模拟结果。同时，塑料材料的性能又因品种不同、牌号不同、生产厂家不同甚至批次不同而差异较大。因此，获得所用材料的准确的性能参数是使用CAE软件的前提条件。尤其是材料的黏性参数，对充模流动有重要影响，又不易通过实验直接获得。

7.7 流道和冷却设计的原则

浇口设计原则如下。

（1）浇口设计必须考虑达到快速、平衡进料。

（2）浇口位置的安排必须考虑到在成型过程中使空气能够很好地排出，如果空气不能有效排除，将导致充不满，或者在成型中留下疤痕。

（3）浇口位置要有利于控制熔合纹在制品中的位置。

（4）熔体在浇口凝固的时间是最大有效的保压时间，一个好的浇口设计可以防熔体向流道回流。

（5）浇口应该设置在制品最厚的地方，使其在成型后的功能和表面质量不会被影响。

（6）浇口的长度要尽可能的短，这样可以减少熔体通过浇口时产生的额外的压力降，一般合适的长度为 1 ~ 1.5 mm。

（7）当纤维材料通过时需要更大的浇口来尽量减少对其纤维组织的破坏，如果用潜伏和点浇口将会损坏材料。

在设计的开始阶段，我们尽量将浇口的尺寸设计得小一些，如果需要的话，还可以通过修模来加大。浇口尺寸变大总是比变小容易一些。

流道设计原则如下。

（1）流道必须能保证熔体快速填充；

（2）流道的设计必须易于脱模；

（3）对于多型腔系统，平衡的流道布置是考虑填充的均匀性和零件的质量的首要因素。流道既可以自然平衡又可以人工平衡；

（4）通过改变流道的尺寸和长度来实现流道的平衡。改变浇口的大小表面上看起来可以达到平衡流动。但是，这对于浇口的冷凝时间有很大的影响，对于零件填充的均匀性是有害的；

（5）设计师应首选小的流道尺寸以降低废料体积和产生摩擦热。在流道中产生摩擦热是提高熔体温度的有效途径，这可以用来取代可能使塑料降解的料筒高温；

（6）流道的横截面积不能小于进料口的横截面积，以便熔体能够迅速、匀速的流到浇口；

（7）如果有分流道，那么分流道的直径要小于主流道的直径。N 表示分流道的数量，那么主流道直径与分流道直径之间的关系为：$d_{主} = d_{分} \times N^{\frac{1}{3}}$；

（8）梯形流道的深度大约等于其宽度，斜边应有 5° ~ 15°的锥度；

（9）对于大多数材料来说，推荐的最小流道直径的值为 1.3 mm；

（10）对于绝大多材料来说，流道的表面必须抛光以便熔体流动和脱模；

（11）在延长的流道上有时需要多个进料口和脱模位置；

（12）所有流道的交叉点都必须设计冷料井以帮助材料通过流道系统进入型腔。冷料井的长度一般等于流道的直径。在 HSCAE 中系统能自动设计冷料井，无需用户设计。

（13）要根据加工机床的标准切削工具来选择冷流道的直径。

常用材料的典型流道直径大小见表 7 – 2。

表 7 – 2　一般材料的典型流道直径

材　料	直径 mm/英寸	材　料	直径 mm/英寸
ABS，SAN	4.8 ~ 9.6（3/16 ~ 3/8）	Fluorocarbon	4.8 ~ 9.6（3/16 ~ 3/8）
Acetal	3.2 ~ 9.6（1/8 ~ 3/8）	Impact Acrylic	8.0 ~ 12.8（3/16 ~ 1/2）
Acetate	4.8 ~ 11.2（3/16 ~ 7/16）	Ionomers	2.4 ~ 9.6（3/32 ~ 3/8）
Acrylic	8.0 ~ 9.6（3/16 ~ 3/8）	Nylon	1.6 ~ 9.6（1/16 ~ 3/8）
Butyrate	4.8 ~ 9.6（3/16 ~ 3/8）	Phenylene	6.4 ~ 9.6（1/4 ~ 3/8）

续表

材　料	直径 mm/英寸	材　料	直径 mm/英寸
Phenylene Sulfide	6.4～12.8（1/4～1/2）	Oxide	6.4～9.6（1/4～3/8）
Polyallomer	4.8～9.6（3/16～3/8）	Polypropylene	4.8～9.6（3/16～3/8）
Polycarbonate	4.8～9.6（3/16～3/8）	Polystyrene	3.2～9.6（1/8～3/8）
Polyester	3.2～8.0（1/8～3/16）	Polysulfone	6.4～9.6（1/4～3/8）
(Thermoplastic)		Polyvinyl	3.2～9.6（1/8～3/8）
Polyethylene	1.6～9.6（1/16～3/8）	(plasticized)	3.2～9.6（1/8～3/8）
Polyamide	4.8～9.6（3/16～3/8）	PVC Rigid	6.4～16.0（1/4～3/8）
Polyphenylene	6.4～9.6（1/4～3/8）	Polyurethane	6.4～8.0（1/4～3/16）

冷却系统的设计原则如下。

（1）为了达到一个经济可行的冷却时间，应该避免厚度太大的零件。随着制品厚度的增加，冷却时间将会迅速增大。如图7－2所示，在设计中应该使零件的壁厚尽量均衡。

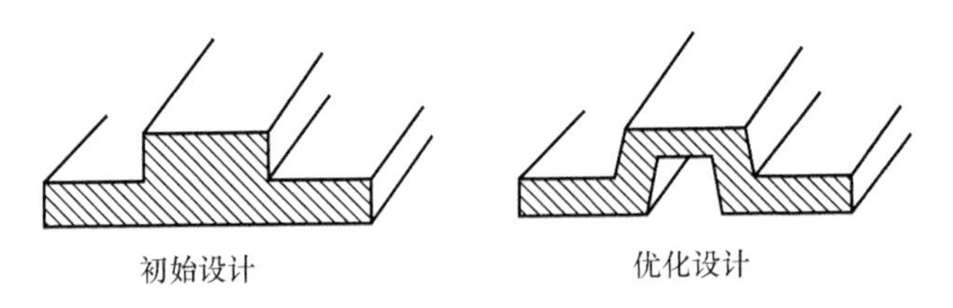

图7－2　保持壁厚的均衡

（2）冷却回路最好设置在型腔和型芯的内部，如果冷却回路设置在型腔和型芯的外部，那么就不能完全冷却了。

（3）零件两侧的温度差应该尽量达到最小值，为了保持零件的尺寸公差，这个温度差不能超过10℃。

（4）对于金属材料的模具来说，建议冷却管道的表面应该距离型腔或型芯1～2个管道直径，对于钢材料的模具为1个管道直径，铍铜材料的模具为1.5倍管道直径，铝材料的模具为2倍管道直径。如图7－3所示，两个管道中心之间的距离应该为3～5倍管道直径，一般管道的直径为10～14毫米。

（5）对于冷却剂来说，湍流的传热效果要比层流的好。如图7－4所示，在层流中，热的交换是在层与层之间进行的，然而，在湍流中，热的交换是从各个方向，包括热传导和热对流，所以其效果要显著得多。

（6）由于湍流的传热效果很好，因此，当Reynolds数超过10 000的时候，就不需要增加冷却剂的流动速度了。如图7－5所示，一定的热传递效率的提高必然导致很大的冷却剂的压力损失，因此需要提高水泵的功率而增加费用。

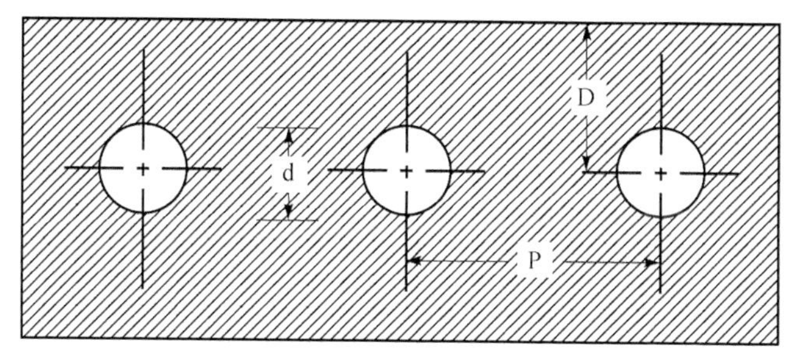

图 7－3 一般冷却管道的尺寸

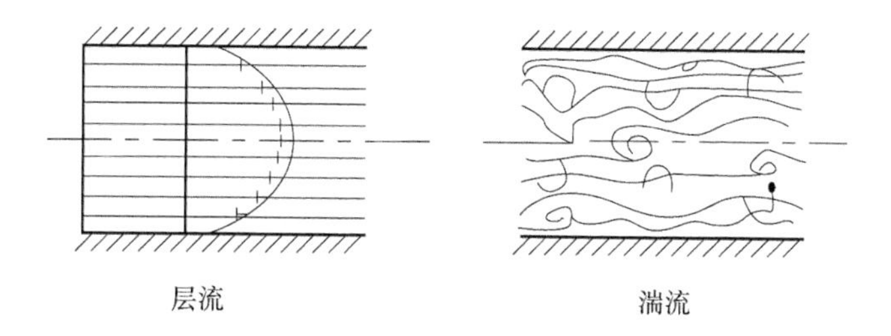

图 7－4 层流与湍流

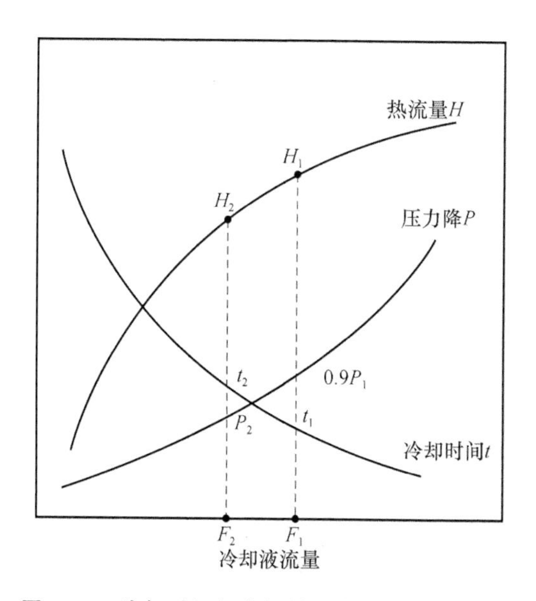

图 7－5 冷却时间和冷却剂流动速度之间的关系

（7）注意要保证冷却系统中各处都是湍流，HSCAE 冷却回路分析系统可以帮助我们发现并解决像滞流、冷却回路压力损失过大这样的问题。

（8）冷却剂总是从阻力最小的地方流过，有时，要设置阻流栓来引导冷却剂流到一些温度较高的地方。

（9）空气层会显著地削弱热传递的效果，因此，必须避免镶块和模板之间的气缝和管道中的气泡。

如图 7－5 所示，当冷却剂变成湍流，减少了冷却时间，但同时急剧地增大了冷却剂的压力损失，增加了水泵的花费。

参 考 文 献

[1] 钱铁. 塑料成型 CAE 技术 [M]. 北京：中国轻工业出版社，2011.

[2] 张玉龙. 塑料成型常见故障诊断与排除 [M]. 北京：国防工业出版社，2010.

[3] 黄锐. 塑料成型工艺学 [M]. 北京：中国轻工业出版社，2005.

[4] 王定标. CAD/CAE/CAM 技术与应用 [M]. 北京：化学工业出版社，2010.

[5] 吴崇峰. 模具 CAD/CAE/CAM 教程 [M]. 北京：中国轻工业出版社，2002.

[6] 任秉银. 模具 CAD/CAE/CAM [M]. 哈尔滨：哈尔滨工业大学出版社，2006.

[7] 吴梦陵. 材料成型 CAE 技术及应用 [M]. 北京：电子工业出版社，2011.

[8] 袁清河. CAD/CAE/CAM 技术 [M]. 北京：电子工业出版社，2010.

[9] 张洪信. 有限元基础理论与 ANSYS [M]. 北京：电子工业出版社，2009.